Informatik aktuell

Herausgeber: W. Brauer
im Auftrag der Gesellschaft für Informatik (GI)

Informatik-Fachberichte

Herausgegeben von W. Brauer
im Auftrag der Gesellschaft für Informatik (GI)

R. Hofestädt F. Krückeberg T. Lengauer (Hrsg.)

Informatik in den Biowissenschaften

1. Fachtagung der GI-FG 4.0.2
„Informatik in den Biowissenschaften"
Bonn, 15./16. Februar 1993

Springer-Verlag
Berlin Heidelberg New York
London Paris Tokyo
Hong Kong Barcelona
Budapest

Herausgeber

Ralf Hofestädt
Universität Koblenz/Landau, Fachbereich Informatik
Rheinau 3-4, W-5400 Koblenz

Fritz Krückeberg
Thomas Lengauer
GMD St. Augustin und Universität Bonn, GMD-I1
Schloß Birlinghoven, W-5205 St. Augustin 1

CR Subject Classification (1992): A.0, F.4.2, G.1.2, H.1.1, H.2.8, I.2.1, I.2.9, I.3.2, J.3

ISBN-13: 978-3-540-56456-0 e-ISBN-13: 978-3-642-78072-1
DOI: 10.1007/978-3-642-78072-1

Reprint of the original edition 1993

Satz: Reproduktionsfertige Vorlage vom Autor/Herausgeber
Druck- u. Bindearbeiten: Weihert-Druck GmbH, Darmstadt
33/3140-543210 – Gedruckt auf säurefreiem Papier

Vorwort

Die Fachtagung Bioinformatik Bonn (BIB'93) war die erste Fachtagung der Fachgruppe 4.0.2 'Informatik in den Biowissenschaften' in der Gesellschaft für Informatik e.V. Die Fachgruppe wurde zu Beginn des Jahres 1992 gegründet mit dem Ziel, die von der Bundesregierung im Programm "Biotechnologie 2000" angesprochene Lücke im Bereich Informatik und Biowissenschaften zu schließen. Die Aufgaben der Fachgruppe liegen in der Verknüpfung von Informatik und Biologie mit folgenden Schwerpunkten:

- Verflechtung moderner biotechnologischer Forschung mit anwendungsorientierter Entwicklung von Methoden und rechnergestützten Verfahren der Informatik,
- Entwicklung neuer Grundlagen, Methoden und Werkzeuge durch die Informatik, um den wachsenden, heute bei weitem noch nicht erfüllbaren Ansprüchen der Biologie besser gerecht zu werden (z.B. in der Molekulargenetik) und
- Intensivierung der innovativen Wechselwirkung beider Gebiete.

Unter dieser Zielsetzung fand die erste Fachtagung in Bonn statt. Die Fachtagung diente der Vorstellung eines Gebietes, das wir mit dem Begriff "Bioinformatik" belegen möchten. Zu dem Gebiet der "Bioinformatik" zählen zum einen Beiträge, die den Einsatz der Methoden der Informatik zur Rechnerunterstützung im Bereich der Biowissenschaften umfassen. Hier sind vor allem die rechnergestützte Analyse sowie der Entwurf von Biomolekülen oder auch biotechnologischen Prozessen zu nennen. Außerdem zählt die Modellierung und Simulation von biologischen Systemen zu diesem Gebiet. Auf der anderen Seite gehören der "Bioinformatik" Untersuchungen an, die auf der Basis von Erkenntnissen über die Informationsverarbeitung in biologischen Systemen neuartige algorithmische, rechnerarchitektonische oder allgemein informationstechnische Konzepte für eine technische Realisierung entwickeln. In diesen Bereich gehören auch Forschungen über neuronale Netze, genetische Algorithmen oder allgemeine parallele Informationsverarbeitung, die der Biologie abgeschaut werden.

Die Tagung war zweitägig und setzte sich aus eingeladenen Hauptvorträgen sowie Beiträgen zusammen, die von einem Programmkomitee aus einer Menge von 41 eingereichten Beiträgen ausgewählt wurden. Dem Programmkomitee gehörten Prof. Dr. W. Ebeling (Humboldt Universität Berlin), Dr. R. Hofestädt (Universität Koblenz-Landau), Prof. Dr. F. Krückeberg, Prof. Dr. T. Lengauer (beide GMD, Sankt Augustin / Universität Bonn), Prof. Dr. H.P. Müller (Universität Bonn), Dr. J. Selbig (GMD, Sankt Augustin), Prof. Dr. B. Schürmann, Prof. Dr. D. Schütt (beide ZFE, Siemens AG, München), Dr. K. Stüber (MPI für Züchtungsforschung Köln) und Prof. Dr. G. Veenker (Universität Bonn) an.

Zu den Hauptvorträgen wurden sieben Gäste eingeladen, die neben den Schwerpunktgebieten der Bioinformatik auch Randgebiete vorstellten. Dr. W. Stöffler (BMFT, Bonn) präsentierte einen Strategievortrag zur Molekularen Bioinformatik. Die Molekulare Bioinformatik, die in den Jahren von 1993-1997 durch ein Strategiekonzept des BMFT gefördert wird, wurde durch die Vorträge von Prof. Dr. D. Schomburg (GBF, Braunschweig) und Dr. C. Sander (EMBL, Heidelberg) vorgestellt. Andere interessante Aspekte der Bioinformatik wurden in den Vorträgen von Prof. Dr. H. Bossel (Umweltinformatik - GH Kassel) und Dr. K. Adlassnig (Medizinische Informatik - Universiät Wien) präsentiert. Außerdem hielten Dr. N. Hampp (Universität München) und Prof. Dr. W. Ebeling (Humboldt Universität Berlin) je einen Vortrag zum Thema 'Biologische Paradigmen in der Informatik'.

An dieser Stelle möchten wir uns bei allen bedanken, die zum Gelingen der Fachtagung beigetragen haben. Hier ist, neben dem Programmkomitee und den Gutachtern, Frau Mariele Knepper und dem Institut für Informatik I (Universität Bonn) ein besonderer Dank für die Organisation der Tagung zu entrichten.

Bonn, im Februar 1993

R. Hofestädt
F. Krückeberg
T. Lengauer

INHALTSVERZEICHNIS

1. Gastvorträge

2. Molekulare Bioinformatik

3. *Biologische Paradigmen in der Informatik*

4. *Modellierung biotechnologischer Prozesse*

5. *Modellierung und Simulation*

Bioinformatik

- ein Beitrag zu der Technologie des 21. Jahrhunderts

Dr. Wolfgang Stöffler
Regierungsdirektor
Bundesministerium für Forschung und Technologie
Referat 411 "Grundsatzfragen der Informationstechnik"

Die technologischen Herausforderungen der 90er Jahre

In der vor uns liegenden Dekade wird sich das Entwicklungstempo in Wissenschaft und Technik weiter beschleunigen. Moderne Technologien mit Querschnittswirkungen in die verschiedensten wissenschaftlichen und wirtschaftlichen Bereiche hinein, wie z. B. die Informations- und Biotechnologie, werden weiter an Bedeutung gewinnen. Diese sogenannten "Schlüsseltechnologien" werden erhebliche Forschungs- und Entwicklungsaufwendungen erforderlich machen, um die ihnen innewohnenden Anwendungsmöglichkeiten und Implikationen zu nutzen.

Die Internationalisierung der Wirtschaft wird in den kommenden Jahren weiter zunehmen. Der Ausbau und die Vollendung des europäischen Binnenmarktes mit rd. 350 Millionen Einwohnern bietet Chancen für zusätzliches Wachstum. Durch freien Waren- und Dienstleistungsverkehr, Niederlassungsfreiheit, Liberalisierung des Kapitalverkehrs und des öffentlichen Auftragswesens entstehen Absatzmöglichkeiten für neue Produkte und Verfahren.

Gleichzeitig müssen für die drängenden ökologischen Fragen in den nächsten Jahren neue technologische Antworten gesucht und gefunden werden. Dabei muß das Innovationspotential der Forschung in Wissenschaft und Industrie noch stärker als bisher für Produktionsverfahren, die Umweltschäden vermeiden, für umweltfreundlichere Produkte und umweltschonende Energieträger eingesetzt werden.

Das hohe Tempo des technischen Fortschritts bedingt weiterhin die Notwendigkeit einer steten Qualifikationsanpassung in allen Bereichen des staatlichen, wissenschaftlichen und wirtschaftlichen Lebens. Bis zum Jahr 2000 werden mindestens 60 % der Arbeitsplätze von dem durch die neuen Technologien bedingten Strukturwandel tangiert werden. Berufliche Weiterbildung wird von daher eine wachsende Aufgabe für Staat, Wissenschaft und Wirtschaft werden.

Technologie für das 21. Jahrhundert

In zahlreichen internationalen Studien werden derzeit die vermuteten "Schlüsseltechnologien" der Zukunft untersucht. Seit rd. zwei Jahren arbeitet der BMFT diese Studien systematisch aus. Was können wir daraus lernen? Welche Chancen für die Industriegesellschaft im 21. Jahrhundert liegen in der rasch zunehmenden Integration von Physik, Chemie und Biologie? Was folgt aus den neuen wissenschaftlichen Erkenntnissen über die molekularen Bausteine und Funktionsweisen der Natur?

Eine Bewertung der vorliegenden Studien und Empfehlungen zu Fragen einer dauerhaften, ökonomischen und ökologisch tragfähigen Entwicklung läßt dabei generell zwei Ziele erkennen:

- Wachstum aus Intelligenz
  (Das Leitbild einer Entkopplung von Wirtschaftswachsum und Ressourcenverbrauch)

und

- Wirtschaften in Kreisläufen
  (Vermeidung von Abfällen jeder Art).

Ausgehend von diesen Überlegungen, hat der BMFT unter dem Stichwort "Technologie des 21. Jahrhunderts" eine Langfristplanung angelegt. Sie umfaßt sowohl einen "bottom-up-Ansatz", der nach zukunftsweisenden technischen Entwicklungslinien fragt und attraktive Felder künftiger Spitzenforschung und Hochtechnologie ermitteln soll, als auch einen "top-down-Ansatz", bei dem ausgehend von erkennbaren gesellschaftlichen Trends Anforderungen an neue Technologien abgeleitet werden. Im einzelnen gehören dazu folgende Aktivitäten:

- Die im Auftrag des BMFT vergebene und noch laufende Studie zur "Technologie am Beginn des 21. Jahrhunderts". Diese Studie soll eine umfassende Vorausschau auf die mutmaßliche Entwicklung von Technologien unter Berücksichtigung ihrer gegenseitigen Vernetzungen ermöglichen. Gleichzeitig sollen die jeweiligen Beiträge zur Lösung gesellschaftlicher, sozialer, ökologischer und wirtschaftlicher Probleme herausgearbeitet werden. Die Untersuchung wird vom Fraunhofer-Institut für Systemtechnik und Innovationsforschung (ISI), Karlsruhe, in enger Zusammenarbeit mit sieben BMFT-Projektträgern durchgeführt.

- Schriftliche Befragung deutscher Experten zu den Realisierungschancen zukünftiger Technologien in einem Prognosezeitraum von 20 Jahren (sog. Delphi-Umfrage). Auftragnehmer ist ebenfalls das ISI in Zusammenarbeit mit dem japanischen Institut NISTEP.

- Studie zur "Produktion im 21. Jahrhundert". Eine interdisziplinäre Arbeitsgruppe der Fraunhofer-Gesellschaft soll Szenarien und Strategien für die zukünftige Produktion entwickeln, die gekennzeichnet sein wird durch geschlossene Kreisläufe, Dezentralität und selbstregulierende Systeme.

Information als Produktionsfaktor

Neben diesen in die Zukunft gerichteten Aktivitäten, hat der BMFT Ende 1992 das Förderkonzept "Informationstechnik 1993 - 1996" veröffentlicht.

Die strategische Bedeutung der Informationstechnik liegt in ihrer großen Querschnittswirkung für viele andere Bereiche der Wissenschaft und Wirtschaft. Eine im Jahre 1990 veröffentlichte Analyse des US-Handelsministeriums zur Wettbewerbssituation der USA gegenüber Japan und Europa bei den zwölf aussichtsreichsten Zukunftstechnologien ordnet nicht weniger als acht dem Bereich Informationstechnik zu.

Schon heute werden über 50 % aller Arbeitsplätze durch Informationstechnik direkt oder indirekt beeinflußt. Eine jüngste OECD-Schätzung kommt zu dem Ergebnis, daß sich der Anteil informationstechnischer Erzeugnisse und Dienstleistungen am Bruttosozialprodukt in den Industriegesellschaften innerhalb der nächsten 5 bis 7 Jahre von jetzt 3,5 % auf 7 % verdoppeln wird. Dieses überproportionale Wachstum der Informationstechnik wird voraussichtlich anhalten. Hinzu kommt die besondere Natur der Informationstechnik als Multiplikator des technischen und wirtschaftlichen Fortschritts: Untersuchungen haben gezeigt, daß 1 DM Investition in Informationstechnologien 7 DM an Anschlußinvestitionen auslöst.

Ziele der nationalen Forschungsförderung

Das übergeordnete Ziel der staatlichen Forschungs- und Technologiepolitik liegt darin, den Standort Bundesrepublik für solche Unternehmen im Bereich der

Informationstechnik attraktiv zu machen, die hier Forschung und Entwicklung betreiben und sich mit der Produktion von informationstechnischen Gütern befassen. Diese Zielsetzung gilt auch uneingeschränkt für die neuen Bundesländer. Die staatliche Forschungsförderung hat daher die Aufgabe, eine leistungsfähige wissenschaftlich-technische Forschungsinfrastruktur in der Bundesrepublik Deutschland zu sichern und auszubauen.

Die Fördermaßnahmen des BMFT im Bereich der anwendungsorientierten Grundlagenforschung werden in der Regel in Form von Verbundprojekten zwischen Forschungsinstituten und Industrie organisiert. Die Industrieunternehmen beteiligen sich an den Forschungsaufwendungen und beide Gruppen verfolgen arbeitsteilig gemeinsam definierte Ziele. Auf diese Weise werden im Zusammenwirken zwischen staatlich finanzierten Forschergruppen mit Forschern aus der Industrie zum Vorteil beider Gruppen Synergien mobilisiert.

Die Schwerpunkte der Projektförderung des BMFT orientieren sich an einigen wichtigen Anwendungsperspektiven wie z. B.

- Hochauflösende Bildsysteme, Displaytechnik
- Digitaler terrestrischer Rundfunk
- Sichere und umweltverträgliche Verkehrssysteme
- Brückenschlag zwischen Biologie und Informationstechnik, besonders im Hinblick auf neue Prinzipien der Informationsverarbeitung.

Europäische Aufgaben

Die nationale Forschungsinfrastruktur ist ein wichtiger Baustein für die europäische Forschungs- und Technologiegemeinschaft. Die europäischen Förderprogramme ESPRIT und RACE auf dem Gebiet der Informationstechnik zielen auf die verstärkte Zusammenarbeit von Forschergruppen über Ländergrenzen hinweg sowie auf die Schaffung der technologischen Grundlagen für eine europäische informationstechnische Industrie, die sich dem Wettbewerb der neunziger Jahre stellen kann. Für diesen Gestaltungsprozeß auf europäischer Ebene spielen die Impulse, die von einem innovativen nationalen Forschungsumfeld ausgehen, eine wichtige Rolle. Angesichts der Schlüsselrolle der Informations- und Kommunikationstechnik für die Wettbewerbsfähigkeit der Wirtschaft hat der BMFT ein 10-Punkte-Memorandum zur Forschungsförderung der europäischen Gemeinschaft im Bereich der Informations- und Kommunikationstechnik erstellt und der EG-Kommission übermittelt. das Memorandum unterstreicht die Bedeutung der europäischen Forschungspolitik als komplementärer Maßnahme zur nationalen Forschungs- und Technologiepolitik und drängt auf strategische Schwerpunkte der europäischen Förderung, erleichterten Zugang für kleine und mittlere Unternehmen und die Ausrichtung der pränormativen Forschung und Entwicklung für Normungs- und Standardisierungsinitiativen auf den Weltmarkt.

Die Qualität der europäischen Programme hängt entscheidend von den Anregungen und Gestaltungsbeiträgen ab, die aus nationalen Beiträgen der Forschung stammen. Daher sind nationale und europäische Forschungsförderung aufeinander angewiesen und bilden eine Einheit.

Förderüberlegungen im Bereich Bioinformatik

Im Rahmen der Vorlaufforschung für die Technologie des 21. Jahrhunderts kommt dem Gebiet Bioinformatik eine besondere Bedeutung zu.

Die moderne Biotechnologie, vor allem die Gentechnik, bietet große Chancen bei der Entwicklung neuer Medikamente und Impfstoffe, bei der Züchtung ertragreicher Pflanzen, in der Schädlingsbekämpfung und bei der Entwicklung neuer Werkstoffe. Die Erforschung von Biomolekülen und - darauf aufbauend - die gezielte Entwicklung neuer Wirkstoffe sind nur noch mit Hilfe leistungsfähiger Computer und hochspezialisierter Software erfolgversprechend. Um den Einsatz der Informationstechnik in der Molekularbiologie zu fördern, hat der BMFT daher im September 1992 das Förderkonzept "Molekulare Bioinformatik" veröffentlicht.

Die fachliche Grundlage des Konzepts wurde von einer interdisziplinären Arbeitsgruppe aus Industrie und Wissenschaft im Auftrag des BMFT erstellt. Ihre Koordinierung erfolgte durch die Gesellschaft für Mathematik und Datenverarbeitung (GMD), Birlinghoven, und die Gesellschaft für Biotechnologische Forschung (GBF), Braunschweig.

Das Förderkonzept geht von der Überlegung aus, daß Fortschritte in der biologischen Grundlagenforschung, etwa in der Aufklärung elementarer biologischer Vorgänge, ebenso wie Fortschritte in der Anwendung der Biotechnologie, z. B. in der Pharmazie, in der Landwirtschaft oder im Umweltschutz, nur mit einer engeren Verzahnung von Informatik und Biowissenschaften zu erreichen sind.

Eine engere Zusammenarbeit von Informatikern und Biowissenschaftlern ist dabei nicht nur für den Fortschritt der Biowissenschaften und für eine schnellere Markteinführung neuer biotechnologischer Produkte erforderlich, sondern ein tieferes Verständnis molekularbiologischer Vorgänge liefert auch innovative Impulse für die Informationstechnik selbst.

Mit der Förderung dieses Gebietes ist die Erwartung verbunden, die Rahmenbedingungen für Wissenschaft und Wirtschaft auf diesem für die gesamte Entwicklung der Biowissenschaften entscheidenden Gebiet zu verbessern. Die europäische Forschung ist auf diesem Gebiet im Vergleich zur nordamerikanischen Forschung durchaus konkurrenzfähig. Diese Position kann angesichts der vor allem durch die Genomforschung bedingten großen wissenschaftlich-technischen Herausforderungen nur gehalten werden, wenn leistungsfähige Methoden der Mathematik und Informatik in Verbindung mit Fortschritten im Hardwarebereich verstärkt entwickelt und angewandt werden.

Erwartet wird ein Qualitätssprung in der biotechnologischen Forschung und Entwicklung durch die interdisziplinäre Verknüpfung der Forschungskapazitäten im Bereich der Biowissenschaften mit denen der Informatik und Mathematik. Der Entwicklungsschub, der durch solche interdisziplinäre Zusammenarbeit entstehen kann, wurde in anderen Anwendungsbereichen (z. B. der Mikroelektronik) teilweise bereits vollzogen.

Für die Fördermaßnahme sind von 1993 bis 1997 50 Mio DM vorgesehen, davon entfallen 37,5 Mio DM auf Projektmittel und 12,5 Mio DM auf die institutionelle Förderung vor allem der beiden Großforschungseinrichtungen GBF und GMD.

Der jetzt vom BMFT geförderte Bereich "Molekulare Bioinformatik" umfaßt allerdings nur einen Ausschnitt aus dem Gesamtbereich "Bioinformatik" und ist inhaltlich an den angloamerikanischen Begriff "Bioinformatics" angelehnt.

In der Studie "Bioinformatics in Europe, Strategy for a European biotechnology information infrastructure" (1990), CEFIC, European Chemical Industry Federation, wird Bioinformatik als "Anwendung von Rechen- Informations- und Kommunikationstechnologien auf Probleme der Biotechnologie" definiert.

Diese relativ enge Definition betont das "Werkzeug Informatik" für die biotechnologische Anwendung. Die Nutzung von Erkenntnissen über die Informationsverarbeitung in lebenden Systemen für technische informationsverarbeitende Systeme kommt dabei zu kurz. Gerade der Ansatz "Von der Natur lernen" kristallisiert sich aber für die Technologie des 21. Jahrhunderts als ein wesentliches Element heraus und ist in vielen Bereichen der Forschung bereits Gegenstand der BMFT-Förderung, so z. B. auf den Gebieten Biosensorik oder Neuronale Netze.

Die unscharfe Definition des Begriffs Bioinformatik hat daher innerhalb des BMFT zu einer Aufteilung in die Bereiche Bioinformatik I und Bioinformatik II geführt. Die Wissenschaft ist aufgerufen, diese administrative Hilfskonstruktion durch eine eindeutige und allgemein anerkannte Auslegung zu ersetzen.

Bioinformatik I

Dieser Bereich umfaßt Informatik und Mathematik für die naturwissenschaftliche Forschung. Also die Entwicklung von Methoden zur Speicherung, Repräsentation, Transformation und Verarbeitung von in der Medizin, Pharmazie, Chemie, Biologie und Biotechnologie anfallenden Daten; insbesondere von molekularen Strukturen.

Forschungsfelder:

- Datenbanktechnologien und Datennetzwerke
  (Automatisierter Aufbau, Verwaltung und Zugriff zu großen heterogenen Datenbeständen)

- Modellierung, Simulation und Optimierung bei der Analyse und Synthese
  (Rechnergestützte Modellierung, Visualisierung, Hochleistungsalgorithmen)

- Wissensgestützte Techniken
  (Expertensysteme, Techniken zur Regelgewinnung)

Dabei werden die herausfordernden Anwendungsgebiete von Bioinformatik I zur Weiterentwicklung der Informationsverarbeitung auf den gegenwärtigen Fördergebieten und zur Weiterentwicklung der Informationsverarbeitung im Förderbereich Bioinformatik II führen.

Bioinformatik II

Unter diesen Begriff fällt Informatik im Bereich "Von der Natur lernen". Dabei sollen Erkenntnisse über die Informationsverarbeitung lebender Systeme für technische informationsverarbeitende Systeme nutzbar gemacht werden.

Forschungsfelder:

- Neuronale Informationsverarbeitung
  (Neuroinformatik und Neuronale Netze, Quantitative Künstliche Intelligenz, Natürliches Rechnen)

- Evolutive Organisation und Struktur in organisatorischen Informationssystemen
  (Evolutionäre Algorithmen, Evolutionäre Strategien, Biologisches Rechnen)

- Neue Trägermedien für Verarbeitung und Speicherung
  (Biosensorik, Bioelektronik)

Bioinformatik II liegt somit im Dialogfeld zwischen Technik und Naturwissenschaften . Ein Durchbruch im Bereich "Von der Natur lernen" kann dabei erst erwartet werden, wenn die Grundlagenforschung hinreichende Detailkenntnisse - z. B. über die Organisation der Parallelverarbeitung im Gehirn - erbracht hat. Eine Zusammenführung der Bereiche Hirnforschung und Informatik erscheint von daher sinnvoll und wird vom BMFT im Rahmen eines geplanten Workshops gefördert.

Ebenfalls in Vorbereitung befindet sich ein Förderkonzept "Evolutionäre Algorithmen und - Strategien". Neben der Neuroinformatik stellen die Evolutionären Algorithmen einen gleichberechtigten, subsymbolisch orientierten, naturanalogen Problemlösungsansatz dar. Beide Bereiche sind für eine Implementierung auf hochgradig parallelen Rechnern geeignet; die zugrundeliegenden biologischen Prozesse, Informationsverarbeitung im Zentralnervensystem bzw. Informationsverarbeitung im evolvierenden Genpool, weisen jedoch auf die Vielzahl von Hierarchisierungs- und Strukturierungsmöglichkeiten von Evolutionären Algorithmen gegenüber Neuronalen Netzen hin. Das geplante Förderkonzept soll, neben der Grundlagenforschung, den Wissenstransfer von der Forschung in die Praxis betonen.

COMPUTER AIDED PROTEIN DESIGN: METHODS AND APPLICATIONS

Dietmar Schomburg
GBF (Gesellschaft für Biotechnologische Forschung)
Mascheroder Weg 1, D-3300 Braunschweig, WEST GERMANY

1. Introduction

Since the first reports on the use of site directed mutagenesis in 1982[1] protein engineering or - when rationally aimed - protein design has been recognized as a promising and fascinating field of research in many countries. In Japan (PERI) and the U.S.A. (CARB) research institutes have been founded with the focus on protein design. More and more research institutes in the United States, Canada, Japan and Europe have been starting broad research projects on protein design (UK: SERC, W. Germany: *CAPE*).

Possible prospects for applications of designed proteins with modified activities or other new properties are very high, in the areas of pharmacology, enzyme applications in food industry[2], waste treatment and chemical synthesis, vaccine design, biosensors etc.[3,4]. This conception was very clearly lined out in an excellent article by Kevin Ulmer in 1983[5].

Encouraging results have so far been obtained only for a small number of cases including insulin, proteases and peptidic protease inhibitors, and some others[6,7,8]. On the other hand ca. 10000 results of site directed mutagenesis experiments are reported on scientific meetings and in the literature[9,10]. That demonstrates that our methods and tools in that area are still rather crude and require improvement[11,12]. Nevertheless, recent successes e.g. at *CAPE*[13] prove that in widely different areas success is possible, when the right range of methods is applied.

Simple calculations show that the random approach to protein-engineering is a very slow one. There are 10^{325} ways to arrange amino acids in a medium sized protein chain of 250 amino acids. Ca. 10^{72} molecules would form the whole estimated mass of our universe. But even when the information about the seven most important amino acids is available and only five changes should be tested for each of the positions, about 80,000 different protein-mutants have to be prepared and tested. This implies that a knowledge of the 3D-protein-structure and a good understanding of the function-activity relationship is absolutely essential in order to do rational protein-design.

Research projects in protein-design require a close cooperation between groups specialising in protein-isolation and purification, in fermentation techniques, in genetic-engineering, in DNA-synthesis and protein-crystallography (protein-NMR techniques are being established). This interdisciplinary connection between protein chemists, molecular biologists and stereochemists is essential for the protein-design cycle (Fig. 1) consisting of design, cloning, expression and testing new proteins starting from known ones.

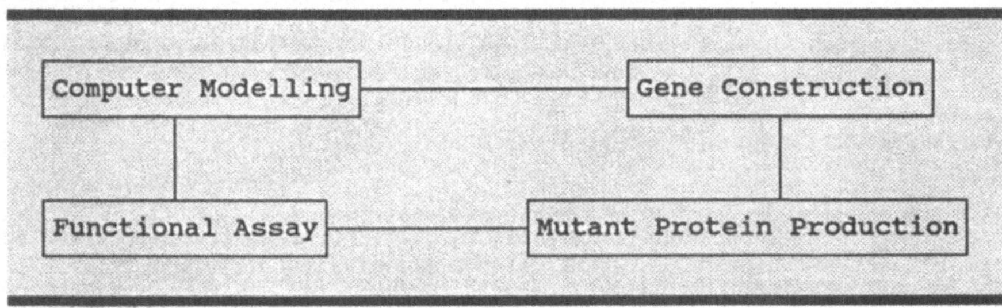

Fig. 1: Protein-Design Cycle

2. Method

2.1. Protein Structure Prediction

In the present situation the 3D-structure of the protein has to be obtained by protein-crystallography (or in some cases for small proteins by NMR 2D experiments). As protein-crystallography is still a very time-consuming technique other ways of obtaining 3D-structure information of a certain protein are very attractive. If the structure of a protein with a high sequence homology (Fig. 2, Nr. 1a) and similar function is available, computer-modelling seems to be a way out - as long as no x-ray structure is available[14,15], of course, an experimental structure determination is always preferable.

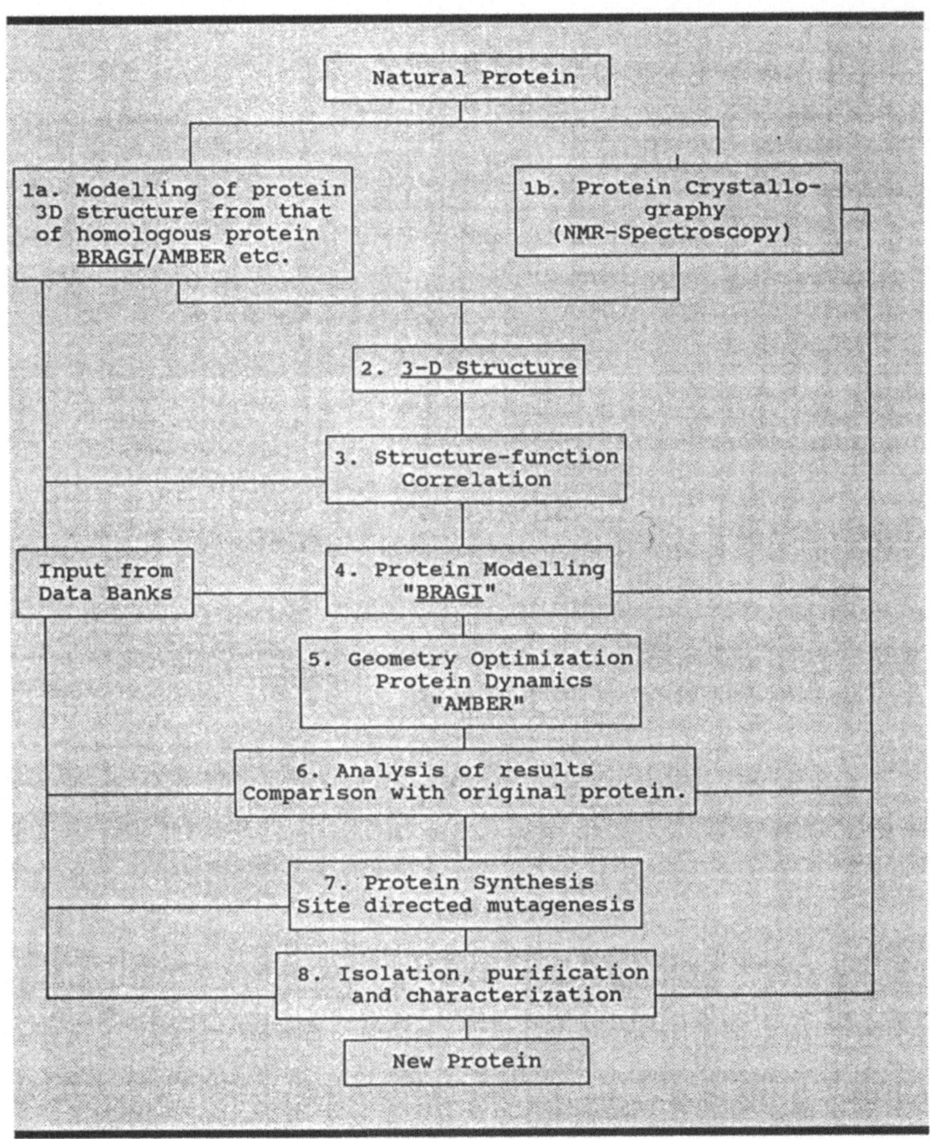

Fig. 2: Computer-Aided Protein Design

Structure prediction of homologous proteins rests on the assumption that the overall folding of the two proteins are very similar. This assumption can be checked by comparing the secondary structure prediction and the distribution of hydrophilic and hydrophobic residues. The overall amount of secondary structure of the unknown protein can be obtained by CD measurements.

In the course of designing and producing new proteins many different steps are necessary (compare Fig. 1, for an overview[16,17]). Two very important ones involve "protein modelling":

a) Construction of the 3D-structure of a protein from that of a homologous one as an alternative to experimental structure determination (x-ray diffraction on 2D NMR).

b) Identifation of those positions in the protein sequence that should be changed, and prediction of the result this change in the primary structure has on 3D-structure, activity and stability of the protein.

For step a) an essential prerequisite is the correct alignment of the amino acid sequence of the protein with respect to the homologous protein of which the 3D-structure is known. Even in closely related proteins usually a number of insertions and deletions occur. Only when these are correctly identified the modelling of the unknown 3D structure might be accomplished. In most cases this is attempted by using algorithms that perform an optimal alignment making use of amino acid identities between the two sequences[18,19]. A far better alignment can be reached by use of a finer tool that identifies "structural amino acid similarities" also in those positions where the sequences are not identical. A well-suited tool for this purpose is the structure-derived correlation matrix[20]

2.2 Planning Protein Variants

In modelling a new protein three principal steps are involved:

1) Starting from a given 3D structure a new protein is modelled with the help of molecular graphics. Possible sites for amino acid exchanges are identified and local changes are applied.

2) The 3D structure of the modified protein is predicted by force field calculations including energy minimization and protein dynamics.

3) The predicted 3D structure is compared with that of the original protein. By application of the knowledge about structure-function or structure-stability correlations the new protein is evaluated and either synthesized or the cycle is started again at step 1).

With respect to step 2) a considerable improvement has already been achieved or is at least possible by using better force fields, including solvent force fields, by use of higher speed parallel computers and by new mathematical approaches to the "local energy minima problem".

The step that has an especially great influence on the success is step 1). Here the researcher must apply his knowledge of the structure-function and structure-stability correlations together with his knowledge about structural chemistry, molecular interactions, etc.. He also needs access to a number of different data banks including protein sequence data banks, the Brookhaven data bank of known protein 3D structures, the Cambridge Crystallographic data bank, and several others depending on the project.

The rate of success of this step greatly depends on the computer software that should provide the researcher with a great flexibility in the display and the modification of proteins, but should also help to avoid traps like the local energy minima problem. In addition the interactive start of protein force field calculations and an analysis and comparison of protein 3D structures should be possible.

In the course of the GBF activities of protein design we developed a computer software package that is especially suited for performing step 1) and 3) and helps in step 2) of the scheme above.

The program BRAGI was developed for the purpose of modelling proteins with new properties from the known 3D-structure of existing ones. We felt a need for a program that has been written especially for the use in protein design projects that can be used almost instantly by the average biologist who is not a computer specialist, and includes among many others features like:

- Display and analysis of structure inherent information.
- Simulation of the influence of sequence variation on folding.
- Automatic replacement of amino acid side chains
- Structure prediction of loops
- Interpretation of protein dynamics runs
- Comparison of protein structures
- Interfaces to GROMOS, AMBER, structure databanks.

2.2.1 Modifications of a Protein Structure

There is a number of possible ways to modify the 3D-structure of a protein. The modification may be a change in conformation of main chain or side chain torsion angles, an exchange of one or several amino acids, deletion of an amino-terminal or a carboxy-terminal part, an internal deletion or insertion, addition of one amino acid or a group of amino acids at the ends of the sequence.

In this step the modeller has to make intelligent guesses about the local geometry of the modified protein before he can start the overall energy optimization and possibly a protein dynamics calculation later. A wrong orientation of the side chain or wrong modifications of the main chain angles may cause the force field program to optimize the structure into the wrong energy minimum. Therefore during (local) torsion angle change the modeller needs as much information about interactions as he can get.

Modelling of proteins, that have insertions and/or deletions with respect to the original molecule, is an especially difficult task, but the necessity may occur even during the modelling of protein structures from that of highly homologous ones.

After completion of the molecular graphics modelling an energy minimization of the changed molecule or a protein dynamics run is necessary to remove any local close contacts and in order to localize the new energy minimum. Using one of the existing protein force field programs usually means the creation of a number of files with about 100 parameters. The output is generally not directly comparable with the starting molecule, due to a necessary re-numbering etc..

3. Application of the Method

As an instructive example the design of a new protein is described. The project was a joined activity between the group of Prof. Collins at the GBF and us. The aim of the project was the design of a highy effective and selective inhibitor for human granulocyte elastase. This protease plays an important role in pathogenic states like emphysemes, adult respiratory shock syndrom and secptical shock with a high mortality. High and specific inhibition of these proteases is accomplished by peptides of smaller proteins. As a human elastase inhibitor is not known we tried to develop one out of a human trypsin inhibitor (PSTI).

3.1 Experiments

In the first step the molecular biologists prepared a number of PSTI variants concentrating on positions that have a high variability in natural ovomucoid domains and are known to play a role in the binding between inhibitor and protease. Out of these ca. 25 variants some have an inhibitory effect on elastase (inhibition constants down 10^{-11}) but the specificity of the inhibitor was not sufficient.

3.2 Computer Aided Protein Design

At the same time a 3D-model of the complex between human granulocyte elastase and human PSTI was developed in our group. The two three-dimensional structures of PSTI and human elastase were not available, so we predicted the structures out of that of the porcine PSTI (73% sequence homology to human PSTI) and that of porcine pancreas elastase (only 38% sequence homology to human leucocyte elastase). This was done in the followin order:

a) exchange of amino acid side chains,
b) modelling insertions and deletions with loops stemming from a loop data bank (see above),
c) separate energy minimizations for both molecules,
d) manual docking of both molecules
e) energy minimization of the complex.

The value of this 3D-model was checked against the experimental results. As we could explain the experimentally derived trends in the inhibition constant, we hoped to be able to use this model for the development of new variants.

In the first such prediction we suggested three new variants where we tried to optimize charge interactions between the protease and our designed inhibitors and also improve the specificity. All three were produced by the molecular biologists and their activity was tested. Two of them had inhibition constants near 10^{-10}, the third one had a K_i value of ca. 10^{-11} and an improved specificity.

In the second prediction cycle four new variants were planned with the experience we had from the previous cycle. This time we tried to optimize hydrophobic contacts. This time all four variants showed improved inhibition constants or a highly improved protease specificity. An inhibition of chymotrypsin could no longer be found. In addition one of the variants showed a totally new quality by being a permanent elastase-inhibitor in contrast to all others that are transient inhibitors. This meant the successful completion of this research project.

4. Conclusions

Being a huge step forward compared to random or "semi-random" mutagenesis, computer aided protein design is a dynamic area of research. The areas where progress is most expected involve the understanding of the protein folding, the development of new molecular mechanics force fields (and algorithms), the improvement of tools for the evaluation of "homologies" with respect to 3D-structure and the development of molecular graphics and modelling packages that use the stereochemical knowledge we have.

The value of the method could be demonstrated in a number of successful protein-design projects.

References

1. Compare for example: G. Winter, A.R. Fersht, A.J. Wilkinson, M. Zoller, and M. Smith, Nature 299 (1982) 756.

2. R.L. Jackman and R.Y. Yada, Food Biotechnology, **1**, 167 (1987).

3. P. Carter and J.A. Wells, Science 237 (1987) 394.

4. R.J. Massey, Nature 328 (1987) 457.

5. K.M. Ulmer (1983), Science **219**, 666.

6. For a recent review: R.J. Leatherbarrow and A.R. Fersht, Protein Eng. 1 (1986) 7.

7. C. Cunningham and J.A. Wells, Protein Eng. 1 (1987) 319.

8. J. Collins, M. Szardenings, F. Maywald, H. Blöcker, R. Frank, H.-J. Hecht, B. Vasel, D. Schomburg, E. Fink und H. Fritz, Hoppe-Seyler's Z. Biol. Chem. **371**, 29-36 (1990).

9. J.A. Wells and D.B. Powers, J. Biol.Chem. **261** (1986) 6564.

10. J.R. Knowles, Science 236 (1987) 1252.

11. C.O. Pabo and E.G. Suchanek, Biochemistry 25 (1986) 5987.

12. T.L. Blundell, B.L. Sibanda, M.J.E. Sternberg, and J.M. Thornton, Nature 326 (1987) 347.

13. Centre for Applied Protein Engineering at the GBF in Braunschweig, Germany

14. e.g. B.L. Sibanda, T.L. Blundell, P.M. Hobart, M. Fogliano, J.S. Brinda, B.W. Dominy & J.M. Chirgwin (1984); FEBS Lett. **174**, 102.

15. T.A. Jones and S. Thirup (1986), EMBO J. **5**, 819.

16. Nr. 1a of Fig. 2 describes the task of modelling an unknown 3D-structure of an existing protein out of a known structure of a homologuous protein whereas Nr. 4 and 5 are standing for the task of predicting 3D-structure changes after exchange of amino acids in a protein of known 3D-structure. The methods used are rather similar.

17. T. Blundell and M.J.E. Sternberg, Trends in Biotechnology, 3 (1985) 228.

18. S.B. Needleman and C.D. Wünsch, J. Mol. Biol. **48**, 433 (1970).

19. T.F. Smith and M.S. Waterman, J. Mol. Biol. **147**, 195 (1981).

20. K. Niefind and D. Schomburg, J. Mol. Biol. **219**, 481-497 (1991)

The prediction and design of protein structures

Chris Sander, Protein Design Group,European Molecular Biology Laboratory, D-6900 Heidelberg, Europe

Prediction of three-dimensional protein structure from sequence alone is a classical problem of molecular biology. Progress with this problem has been slow over the last 20 years. Using evolutionary information in the form of sequence and structure alignments of related proteins opens up powerful new approaches that bring us closer to a solution. For example, prediction of secondary structure has now been advanced to the 70% three-state accuracy level using a neural network algorithm with multiple related sequences as input [1]. In another example, structure comparison of actin with its distant evolutionary cousins led to a database search pattern that identified a new class of bacterial ATPases, probably ancient relatives of actin [2]. These approaches work because mutational noise and disparate functional requirements are averaged out, leaving a clearer sequence signal for the three-dimensional fold.

As genome projects begin to deliver many thousands of new protein sequences each year, determination of protein function and structure by computational means takes on increasingly practical importance. In an anticipation of things to come, we have analyzed all proteins of the first eukaryotic chromosome sequenced, yeast chromosome III. Extrapolating into the future, the probability of determining the structure of a newly sequenced protein is currently at about 0.15, and the probability of predicting its approximate function is about 0.42 [3]. Efforts are underway to increase these limits by improving theoretical methods for the detection of remote evolutionary homologues. The just completed implementation of a profile search algorithm on a 1024 processor multicomputer will lead to application of these methods to all database sequences in reasonable time [4]. Without computational methods, the exploration of the remaining white areas of nature's protein map would probably take a very long time even after the complete sequence of the human genome is known.

Beyond natural proteins lies the realm of protein design. The recent topological redesign of a small protein illustrates the capacity of the protein engineer to successfully make changes in protein structures that are unlikely to occur in natural evolution [5]. While protein redesign is already partially successful, de novo protein design, i.e., the invention of new amino acid sequences, is in its infancy [6]. A promising approach being pursued at present is the combination of molecular design with the amplifying power of cellular selection to evolve new protein molecules.

[1] B. Rost, C. Sander, *Journal of Neural Systems*, vol. 3. (1992).
[2] P. Bork, C.Sander, A. Valencia, *PNAS* 89, 7290-7294 (1992).
[3] P. Bork, C. Ouzounis, M. Scharf, C. Sander, R. Schneider, E. Sonnhammer, *Nature* 338, 287 (1992).
[4] C. Sander and R. Schneider, unpublished.
[5] C. Sander, *Biochem. Soc. Symp.* 57, 25-33 (1990).
[6] C. Sander, *Curr. Opin. Struc. Biol.* 1, 630-638

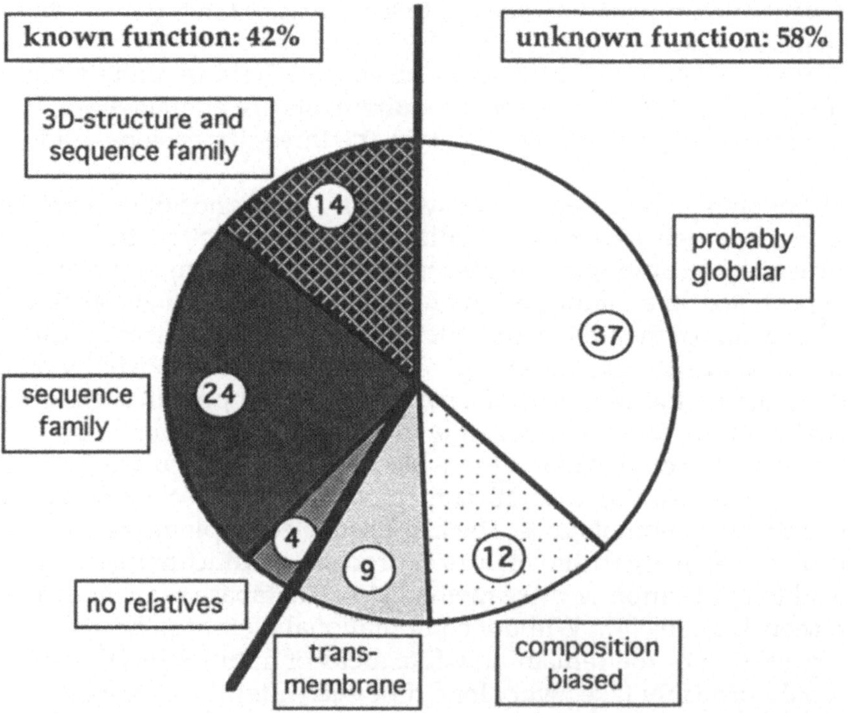

Information clock of yeast chromosome III proteins. Information accumulated to date by all methods, experimental and theoretical. Information content increases counterclockwise. It is possible to build reasonable three-dimensional models of 14% of 176 proteins coded for by the chromosome.

Modellbildung, Simulation, Umweltsystemanalyse: Beispiel Waldwachstum

Hartmut Bossel
Forschungsgruppe Umweltsystemanalyse
im FB 17 Mathematik/Informatik
Gesamthochschule/Universität Kassel
3500 Kassel

1. Überblick

Das Verhalten dynamischer System läßt sich auf zwei grundsätzlich verschiedene Arten darstellen: In beschreibenden (statistischen) Modellen wird lediglich bisher beobachtetes Verhalten nachgeahmt durch geeignete mathematische Formulierungen, die über die Beobachtungsdaten parametrisiert werden. In erklärenden (strukturtreuen) Modellen wird versucht, das Systemen in seiner verhaltensbestimmenden Struktur nachzubilden, wobei es über Realparameter parametrisiert wird.

Verhaltensgültigkeit kann nur von Modellen erwartet werden, die eine strukturtreue Beschreibung der Prozesse enthalten, die die essentielle Dynamik des Realsystems bestimmen. In strukturgültigen Modellen wiederum entsprechen die Parameter entsprechenden (meßbaren) Parametern im Realsystem. 'Parameterschätzung' und 'Parameter-anpassung' haben daher normalerweise keine Berechtigung in Realstrukturmodellen - außer dort, wo aggregierte Beschreibungen von Mikroprozessen legitim sind (z.B. für die Abhängigkeit der Photosynthese von der Einstrahlung). Falls die Modellergebnisse nicht mit Beobachtungen übereinstimmen, ist die Anpassung der Modellparameter nicht erlaubt, solange diese aus dem Realsystem verfügbar sind. Bei fehlender Übereinstimmung muß nach Prozessen gesucht werden, die u.U. übersehen worden sind. Allerdings kann es zulässig sein, ein struktur- und verhaltensgültiges Modell, das z.B. für einen Waldstandort entwickelt wurde, nach Anpassung schwer zu bestimmender Parameter auch für einen anderen Standort zu verwenden.

Im folgenden soll die Entwicklung strukturtreuer Modelle am Beispiel forstlicher Systemanalyse etwas vertieft werden (Bossel 1991, Bossel u. a. 1991). Die Forstplanung ist heute noch bestimmt durch beschreibende Modelle (Ertragstafeln), deren Aussagen mit fortschreitender Umweltänderung immer unzuverlässiger werden, und die daher durch dynamische Modelle ersetzt werden müssen, die die in Bäumen und Wald ablaufenden Prozesse genauer und gültig beschreiben.

2. Strukturtreue Modellbildung in der forstlichen Systemanalyse

Wälder sind dynamische Systeme, deren Zustandsgrößen sich mit der Zeit beträchtlich verändern. Eine dieser Zustandsgrößen, die Derbholzmasse, ist der eigentliche Grund der Forstwirtschaft, und die Prognosen von Wachstum und Ertrag haben daher immer die größte Bedeutung gehabt. Aber es gibt auch andere Anforderungen, die komplexere Beschreibungen erfordern: Planungsinstrumente für die Forsteinrichtungsplanung; Instrumente zur Abschätzung der Langfristauswirkungen von Umweltbelastungen; Methoden zur Vorhersage der ökologischen Sukzession im Wald; Modelle zur Untersuchung von Dynamik, Stabilität und Resilienz natürlicher und künstlicher Waldökosysteme. Diese Werkzeuge können in erster Linie wissenschaftliche, betriebswirtschaftliche oder didaktische Zwecke haben.

Die unterschiedlichen Anwendungszwecke erfordern unterschiedliche Modelltypen und verschiedene Modellbildungsansätze. Ein einziges Supermodell, das die diversen Anfordungen gleichzeitig erfüllen kann, kann es nicht geben. In der forstlichen System-analyse wird es daher auch unterschiedliche Modellansätze geben müssen.

Jeder dynamische Prozeß wird durch die charakteristischen Zeitkonstanten seiner Komponenten bestimmt. In Wäldern reichen diese von Minuten (Stomata-Prozesse), über Stunden (Tageszyklus, Bodenwasserdynamik), zu Tagen (Nährstoffdynamik, Phänologie), zu Monaten (jahreszeitlicher Rhythmus, Zuwachs), zu Jahren (Baumwachstum und Alterung), zu Jahrzehnten (Sukzession), zu Jahrhunderten (Reaktion auf Klimaveränderungen). Der Modellzweck bestimmt, welche dieser Zeitskalen im Modell betont werden muß. Normalerweise bedeutet das die aggregierte Beschreibung von Prozessen mit anderen Zeitskalen, aber der Aggregationsgrad muß sich nach der verlangten Verhaltensgültigkeit richten.

3. Grundprozesse strukturtreuer Modelle der Walddynamik

Die heutigen Anforderungen größerer Anwendbarkeit, Gültigkeit und Zuverlässigkeit der Aussage verlangen von dynamischen Modellen des Waldwachstums eine hinreichend genaue Darstellung der Prozesse, die das Zeitverhalten des Realsystems, d.h. von Bäumen und Wäldern bestimmen. Das verlangt nicht unbedingt Detailbeschreibungen jedes Teilprozesses in jedem einzelnen Modell, aber es bedeutet daß gewisse essentielle Prozesse hinreichend genau abgebildet werden müssen, und daß u.U. die Ergänzung durch andere Prozesse notwendig sein wird, um Antwort auf bestimmte Fragen geben zu können.

Im folgenden sollen die für forstdynamische Modelle wichtigen Prozesse entsprechend dem heutigen Entwicklungsstand kurz charakterisiert und kommentiert werden. Die Übersicht beschränkt sich auf erklärende (strukturtreue) Modelle. Simulationsmodelle dieser Art lassen sich in zwei Kategorien unterteilen:

(1) Modelle, deren Dynamik vor allem durch die Darstellung der physiologischen Prozesse auf der Baumebene bestimmt ist (Prozeßmodelle: Agren und Axelsson 1980, Hari u. a. 1985, Bossel 1986, Mohren 1987, Running und Coughlan 1988).

(2) Modelle, deren Dynamik vor allem durch die Darstellung von Lichtkonkurrenz-Prozessen auf der Ebene von 'Gaps' (Waldlücken, bzw. Flächenelemente von etwa 0.1 ha) bestimmt wird (Gap-Modelle: z.B. Shugart 1984, Shugart und Seagle 1985, Solomon 1986, Kienast 1987, Bossel und Krieger 1991).

Die im folgenden erwähnten, für die Entwicklung realer Wälder wichtigen Prozesse finden sich nur teilweise in heutigen Modellen. Prozeßmodelle sind in dieser Hinsicht meist vollständiger als Gap-Modelle.

Lichteinstrahlungsgeometrie.. In den meisten neueren Modellen werden Sonnenstand und Einstrahlung (photoaktive Strahlung PAR) als Funktion der geographischen Breite, der Jahreszeit und u.U. der Tageszeit ermittelt: eine genaue Ermittlung der Primärproduktion ist anders nicht möglich. In gemäßigten und borealen Breiten ist der Abschattungseffekt von Nachbarbäumen sehr viel ausgeprägter als in (sub)tropischen Breiten; er muß daher dort explizit berücksichtigt werden (Mohren 1987; Oker-Blom u.a. 1988; Kolström 1991).

Lichtdämpfung im Bestand. Die korrekte Beschreibung der Photoproduktion im Wald erfordert die Berücksichtigung der Tiefenstruktur der Laubkrone, der dadurch entstehenden Lichtdämpfung, und der sich daraus ergebenden reduzierten Produktivität der Blätter der tieferen Blattschichten. Der Lichtkompensationspunkt von (Schatten)Blättern bestimmt zusammen mit der Lichtdämpfung pro Blattschicht die Blattmasse in der Laubkrone (Blattflächenindex) und damit auch die Gesamt-Photoproduktion wie auch einen wichtigen Anteil des Assimilatverbrauchs. Beide spielen in der Gesamt-Energiebilanz eine herausragende Rolle (Krieger u.a. 1988).

Lichtkonkurrenz. Lichtkonkurrenz ist der Antrieb der Bestandsdynamik. In Mischwäldern bestimmt sie den relativen Vorteil einer Baumart in Konkurrenz mit anderen und damit auch die Sukzessionsdynamik. Dieser Mechanismus wird in Gap-Modellen explizit dargestellt. Die korrekte Darstellung der Lichtkonkurrenz erfordert genaue Baumhöhen-Modellierung und eine gültige Darstellung der Lichtdämpfung und Beschattungseffekte.

Photosynthese. Die genaue Berechnung der Photoproduktion in den verschiedenen Blattschichten der Laubkrone (und damit auch der Gesamtproduktion der Krone) erfordert genaue Kenntnis der Blattproduktion als Funktion der empfangenen Einstrahlung. Dabei müssen Dunkelatmung, Lichtkompensationspunkt und Lichtsättigung als wichtige Parameter berücksichtigt werden. Die nichtlineare Abhängigkeit der Photoproduktion von der Strahlung, die nichtlineare Lichtdämpfung in der Krone sowie die sich im Tageslauf und Jahreslauf verändernden Lichtintensitäten führen zu einem insgesamt hochgradig nichtlinearen Verhalten der Kronen-Photoproduktion, die in den meisten Anwendungen keine einfachen Approximationen erlaubt. Diese Effekte sind in Waldlücken-Modellen wie FORSKA und PANCAKE (Fulton 1991) und in manchen Einzelbaummodellen enthalten (Mohren 1987; TREEDYN Modell, Bossel und Schäfer 1989).

Wachstumsdynamik. Die in manchen Waldmodellen (Gap-Modellen) praktizierte Vorgabe von Wachstumsfunktionen, die durch die jeweiligen Lichtbedingungen modifiziert werden, stellt einen insgesamt unbefriedigenden Approximationsansatz dar: Baumwachstum wird durch die Netto-Assimilationsrate angetrieben, die wiederum vor allem von der Einstrahlung, der Kronenstruktur, dem Wasser- und Nährstoffangebot, Umweltbelastungen und forstlichen Maßnahmen abhängt. Baumwachstum sollte daher durch einen entsprechenden Satz von Differentialgleichungen, wenigstens für die wichtigsten Zustandsgrößen (Blattmasse, Feinwurzelmasse, Derbholzmasse) ausgedrückt werden. Grundsätzlich sollte die Einbeziehung aller Produktions- und Respirationsraten eine korrekte Beschreibung der Baumdynamik vom Keimstadium bis zum Altersstadium ermöglichen, ohne daß Zeitabhängigkeiten explizit vorgegeben werden. Um rasche aber zuverlässige Berechnung der Baumentwicklung zu ermöglichen, müssen möglichst kompakte Differentialgleichungssysteme entwickelt werden. Hier ist noch Forschungsarbeit zu leisten.

Auswirkungen der Nährstoff- und Wasserversorgung auf Photosynthese und Wachstum. Nährstoffmangel und Wasserstreß können Waldwachstum kritisch einschränken. Die entsprechenden Prozesse müssen daher zuverlässig dargestellt werden, wenigstens in kompakter Form. Dies ist kein triviales Problem: Bodenwasser- und Stickstoffdynamik haben typische Zeitkonstanten von Stunden oder Tagen; die Verwendung von Jahresmitteln ist daher nicht zulässig. Bestenfalls läßt sich auf ein 'effektives' Jahresmittel aggregieren, aber dies erfordert immer noch eine detaillierte Beschreibung der Prozesse und die Simulation entsprechender dynamischer Systeme mit einer Zeitauflösung von Stunden.

Wurzelkonkurrenz:. Über Wurzelkonkurrenz ist wenig bekannt. Baumkronen lassen sich geometrisch trennen. Dagegen sind die Wurzelmatten der Bäume im Waldboden ohne erkennbare geometrische Muster miteinander verflochten. Wurzeln stehen in Nährstoff- und Wasserkonkurrenz, aber es wird auch kooperatives Verhalten beobachtet. Erhebliche Auswirkungen der Wurzelkonkurrenz auf die Entwicklung einzelner Bäume müssen erwartet werden. Bei Reinbeständen ist aber anzunehmen, daß dies die Gesamtdynamik des Bestands nicht wesentlich beeinflussen kann. Es kann aber zu arten-spezifischen Vorteilen führen und auf diese Weise die Sukzessionsdynamik in Mischbeständen beeinflussen.

Artenspezifische Parameter; Unterarten. Baumparameter können sich von Baumart zu Baumart erheblich unterscheiden. Erhebliche Unterschiede werden aber auch zwischen Unterarten festgestellt. Diese Differenzierungen ergeben sich meist aus ko-evolutionären Anpassungsprozessen. Aus ihnen können sich kleine aber entscheidende Vorteile ergeben, die dann wieder die Walddynamik und insbesondere die Sukzession bestimmen. Für die Konkurrenz entscheidende Parameter (z.B. spezifisches Höhenwachstum, Wurzelwachstum, Trockenstreß-Empfindlichkeit usw.) müssen daher identifiziert und mit größerer Genauigkeit als andere Parameter ermittelt werden.

Standortspezifische Parameter. Einige der wachstumsbestimmenden Parameter sind nicht konstant, sondern verändern sich mit Veränderungen des Ökosystems. Die Bodenwasserdynamik und Stickstoffmineralisierung sind Beispiele. Sie sind Teil der Rückkopplungsschleifen der Sukzessionsdynamik und sollten im Modell explizit so dargestellt werden. Trotz äußerlich homogenem Bild eines bestimmten Standorts finden sich oft erhebliche Differenzierungen in Waldböden auch über kleine Distanzen (Schäfer 1989). Auf die Bestimmung wirklich repräsentativer Parameter für einen gegebenen Standort muß daher einige Sorgfalt gelegt werden.

Randeffekte und gegenseitige Beeinflussung von Flächenelementen (Gaps). Die in vielen Gap-Modellen verwendete Annahme fehlender Beeinflussung zwischen benachbarten Gaps gilt nur für homogene Wälder, in denen Gap-Modelle sowieso nicht sinnvoll verwendet werden können. In Wirklichkeit bestehen erhebliche Wirkungen zwischen benachbarten Flächenelementen; sie müssen daher berücksichtigt werden (ZELIG Modell, s. Urban 1991): Lichtgenuß und Abschattung; Evaporation; Mineralisierung; Fauna und Flora sind davon betroffen. Die relativen Randeffekte hängen von der Größe der Lücken ab; unterschiedliche Größen begünstigen unterschiedliche Spezialisten und beeinflussen damit die Sukzession. Die Größe dieser Flächenelemente im Modell ist daher ein wichtiger Parameter (Levey 1988, Popma und Bongers 1988, Uhl u.a. 1988). Modelle, in denen Randeffekte dargestellt werden, müssen daher auf Empfindlichkeit in bezug auf die Größe der Flächenelemente untersucht werden.

Pipe-Model Theory; Wurzel/Sproß-Abstimmung. Während manche Baumprozesse die direkte Beobachtung zulassen (Photosynthese, Transpiration, Lichtdämpfung), sind andere wichtige Prozesse der Beobachtung kaum oder garnicht zugänglich (z.B. Assimilatverteilung auf die verschiedenen Organe des Baums; Wachstum und Respiration der Feinwurzeln) und können nur über indirekte Beobachtungen parametrisiert werden. Darüberhinaus ist anzunehmen, daß die entsprechenden Parameter sich mit dem Zustand des Baums, mit der Jahreszeit usw. verändern. Diese Prozesse haben einen erheblichen Einfluß auf die Baumentwicklung und damit auf die Walddynamik. Um mit diesen weitgehend unbekannten Prozessen im Modell umzugehen, wird sinnvollerweise mit Hypothesen über die Funktionsprinzipien der Assimilatverteilung, der Optimierung von Wachstum und funktionalem Gleichgewicht und der effizienten Nutzung von Assimilaten, Nährstoffen und Wasser gearbeitet. Es lassen sich verschiedene derartige Prinzipien formulieren: z. B. die Pipe-Model Theory (Shinozaki u.a. 1964); Wurzel/Sproß-Abstimmung (Thornley 1976); Allokationshierarchie (Schäfer u. a. 1988). Bisher ist nicht klar, welche dieser Hypothesen (für sich allein oder in Kombination mit anderen) der Realität am nächsten kommt, oder ob nicht etwa andere 'Entscheidungsstrategien' betrachtet werden müssen. Modelle der Baumdynamik sind zur Überprüfung der verschiedenen Hypothesen und zum Vergleich mit Beobachtungen hervorragend geeignet. Die Zuverlässigkeit von Waldmodellen hängt letztlich von einer zufriedenstellenden Lösung der modellmäßigen Darstellung der Assimilatverteilung ab. Die Forschung sollte sich daher vor allem auch auf diesen Aspekt konzentrieren.

Jahreszeitliche Effekte: Phänologie.. Jahreszeitliche Veränderungen der exogenen Inputs werden in traditionellen Gap-Modellen nicht berücksichtigt, obwohl sie signifikante jahreszeitliche und kumulative Wirkungen in Bäumen haben, die sich auch in Einzelbaum-Prozeßmodellen deutlich zeigen. Durch die Verwendung von Jahresmitteln in Modellen lassen sich die Wirkungen singulärer Ereignisse wie Trockenperioden, Frost, Schnee, Monsun und Windstürmen nicht darstellen. Wie oben erwähnt, hängt auch die Photoproduktion der Krone nichtlinear von den Kronenparametern und der Jahreszeit ab. Dabei ist nicht die Zeit selbst, sondern eher die jahreszeitliche Temperatursumme die entscheidende Variable. Diese jahreszeitliche Abhängigkeit mit ihren die Phänologie bestimmenden (Temperatur)Ereignissen darf für genauere Analysen nicht vernachlässigt werden. Zur effizienten und genauen Darstellung empirischer Wetterdaten hat sich dabei die Approximation durch Fourier-Reihen mit etwa 60 Gliedern bewährt (Schäfer u.a. 1990).

Respiration; Assimilatbilanz. Waldwachstum resultiert aus dem (kleinen) Nettoüberschuß zwischen Assimilation und Respiration. Prozeßmodelle berechnen den Zuwachs entsprechend, während in den weitverbreiteten Gap-Modellen das Wachstum nicht aus der Assimilatbilanz, sondern aus empirischen Zusammenhängen zwischen Lichtgenuß und Zuwachs bestimmt wird. Die Assimilatbilanz ist aber die kritische Bestimmungsgröße der Walddynamik, insbesondere unter Streß. Durch Umweltbelastung verursachte Assimilatdefizite können über Rückkopplungsschleifen in den physiologischen Prozessen des Baums zu beschleunigtem Verfall führen; entsprechende Zusammenbruchsprozesse können ohne Darstellung der Assimilatbilanz überhaupt nicht modelliert werden. Trotzdem verbleiben auch bei heutigen Prozeßmodellen, in denen diese Bilanz in Einzelheiten dargestellt wird, erhebliche Unsicherheiten, da zuverlässige Daten für gewisse Prozesse einfach fehlen, weil entweder die Untersuchungen auf große Schwierigkeiten stoßen oder schlichtweg bisher nicht durchgeführt worden sind. So fehlen selbst für die forstwirtschaftlich wichtigsten Waldbaumarten zuverlässige Daten über Feinwurzelatmung und Feinwurzelumlauf, Splintholzatmung usw., die in der Gesamtbilanz eine entscheidende Rolle spielen. Zuverlässige Meßdaten über diese Prozesse sind dringend erforderlich, um die verbleibenden Unsicherheiten dieser Modelle weiter zu verringern.

4. Verhaltengültigkeit mit Minimalmodellen

Diese Übersicht sollte nicht mißverstanden werden als Aufforderung zur Entwicklung möglichst komplexer Modelle, die alle Prozesse beinhalten, die Baumwachstum und Waldentwicklung beeinflussen oder beeinflussen könnten. Es sollte eher darauf aufmerksam gemacht werden, daß die Dynamik von Bäumen und Wäldern durch einige Schlüsselprozesse bestimmt wird, die im Modell richtig und vollständig dargestellt werden müssen.

Von der rechentechnischen Praxis her besteht die Notwendigkeit, kompakte Baummodelle zu entwickeln, die Strukturgültigkeit mit einer möglichst geringen Zahl von Zustandsgrößen erreichen, und die ein gültiges Verhaltensspektrum für die gesamte in der Realität vorgefundene Bandbreite der Standort-, Klima-, Bewirtschaftungs- und Umweltbelastungsbedingungen erzeugen können. Die Entwicklung entsprechender Modelle ist Voraussetzung für die Entwicklung von computergestützten Forstplanungsinstrumenten für die Langfristplanung über größere Waldgebiete. In diesen Anwendungen ist die Kopplung der standortbezogenen Waldsimulation mit geographischen Informationssystemen unabdingbar.

Literaturhinweise

G. I. Agren, B. Axelsson 1980: PT - a tree growth model. In: T. Persson (ed), Structure and Function of Northern Coniferous Forests - An Ecosystem Study. Ecol. Bull. (Stockholm), 32 (525-536).

H. Bossel 1986: Dynamics of forest dieback: systems analysis and simulation. Ecol. Modelling 34 (259-288).

H. Bossel 1991: Modelling forest dynamics: Moving from description to explanation. Forest Ecology and Management 42 (129-142).
H. Bossel, H. Krieger 1991: Simulation model of natural tropical forest dynamics. Ecological Modelling 59 (37-71).
H. Bossel, H. Krieger, H. Schäfer, N. Trost (1991): Simulation of forest stand dynamics, using real-structure process models. Forest Ecology and Management 42 (3-21).
H. Bossel, H. Schäfer 1989: Generic simulation model of forest growth, carbon and nitrogen dynamics. Ecol. Modelling 48 (221-265).
M. R. Fulton 1991: A computationally efficient forest succession model: Design and initial tests. Forest Ecology and Management 42 (23-34).
P. Hari, L. Kaipiainen, E. Korpilahti, A. Mäkelä, T. Nilson, P. Oker-Blom, J. Ross, R. Salminen 1985: Structure, radiation and photosynthetic production in coniferous stands. Univ. Helsinki, Dept. Silviculture, Res. Note 54, 233 pp.
F. Kienast 1987: FORECE - A forest succession model for southern central Europe. Oak Ridge Nat. Lab., ORNL/TM-10575, Environ. Sci. Div. Publ. No. 2980, 73 pp.
T. Kolström 1991: Modelling early development of a planted pine stand: An application of object-oriented programming. Forest Ecology and Management 42 (63-77).
H. Krieger, H. Schäfer, H. Bossel 1988: Modell zur Entwicklung eines Fichtenbestandes bei lichtkonkurrenzbedingter Stammzahlreduktion. In: W. Ameling (ed), Simulationstechnik, Informatik Fachberichte 179. Springer, Berlin (488-493).
D. J. Levey 1988. Tropical wet forest treefall gaps and distributions of understory birds and plants. Ecology 69 (1076-1089).
G. M. J. Mohren 1987: Simulation of forest growth, applied to Douglas fir stands in The Netherlands. Ph. D. Thesis, Agricultural University, Wageningen, 184 pp.
P. Oker-Blom, S. Kellömäki, E. Valtonen, H. Väisänen 1988: Structural development of Pinus sylvestris stands with varying initial desity: a simulation model. Scand. J. For. Res., 3 (185-200).
J. Popma, F. Bongers 1988: The effect of canopy gaps on growth and morphology of seedlings of rainforest species. Oecologia (Berlin) 75 (625-632).
S. W. Running, J. C. Coughlan 1988: A general model of forest ecosystem processes for regional applications. I: Hydrologic balance, canopy gas exchange and primary production processes. Ecol. Modelling, 42 (125-154).
H. Schäfer 1989: Untersuchungen zur potentiellen Stickstoffnettomineralisation in nordhessischen und südniedersächsischen Buchenwäldern. Verh. Ges. Ökol. 17 (353-363).
H. Schäfer, H. Bossel, H. Krieger, N. Trost 1988: Modelling the responses of mature forest trees to air pollution. GeoJournal 17 (279-287).
H. Schäfer, H. Krieger, N. Trost, H. Bossel 1990: Szenariensimulation zur Wachstumsdynamik von Buchenbeständen unter Immissionsbelastung. Forstwiss. Centralbl., 109 (287-295).
K. Shinozaki, K. Yoda, J. Hozumi, T. Kira 1964: A quantitative analysis of plant form - The pipe model theory. Jpn. J. Ecol., 14 (97-105).
H. H. Shugart 1984: Theory of forest dynamics. Springer, New York, 278 pp.
H. H. Shugart, S. W. Seagle 1985: Modeling forest landscapes and the role of disturbances in ecosystems and communities. In: S. T. A. Pickett and P. S. White (editors), The Ecology of Natural Disturbance and Patch Dynamics. Academic Press, New York (353-368).

A. M. Solomon 1986: Transient response of forests to CO_2-induced climate change: simulation modeling experiments in eastern North America. Oecologia (Berlin) 68 (567-579).
J. H. M Thornley 1976: Mathematical Models in Plant Physiology. Academic Press, London, 381 pp.
C. Uhl, K. Clark, N. Dezzeo, P. Maquirino 1988: Vegetation dynamics in Amazonial treefall gaps. Ecology 69 (751-763).
D. L. Urban, G. B. Bonan, T. M. Smith, H. H. Shugart 1991: Spatial applications of gap models. Forest Ecology and Management 42 (95-110).

Wissensbasierte Entscheidungsunterstützung in der Medizin

Klaus-Peter Adlassnig

Institut für Medizinische Computerwissenschaften
Universität Wien
Währinger Gürtel 18–20, A - 1090 Wien, Österreich

1. Einleitung

Das Interesse an „formalen" Anweisungen für den praktisch handelnden Arzt läßt sich bis in das Altertum zurückverfolgen. So wurden, wie in Buchanan und Shortliffe (1984, S. 12f) berichtet, Tafeln aus Neubabylonischer Zeit (etwa 650 v.Chr.) gefunden, die mit konkreten Handlungsanweisungen für das alltägliche Leben versehen waren. Darunter fanden sich auch Anweisungen zur medizinischen Untersuchung und zur Diagnose und Prognose von Krankheiten. Die folgenden Beispiele sind aus Wilson (1956) und Wilson (1962) zitiert:

„When you are about to examine a sick man ..."

„IF, after a day's illness, he begins to suffer from headache, ..."

„IF a mother conceives again, her scalp and forehead becoming yellowish in colour, ..."

„IF ... head ..., he will die suddenly."

In neuerer Zeit begann die Entwicklung von computergestützten Diagnosemethoden und medizinischen Entscheidungshilfen in den Jahren 1958/59 mit dem Vorschlag von Lipkin und Hardy (1958) zur computergestützten Differentialdiagnose von Blutkrankheiten und mit der bedeutenden Arbeit über „Reasoning Foundations of Medical Diagnosis" von Ledley und Lusted (1959). Seit jener Zeit wurde eine große Anzahl von Computerprogrammen, die Diagnose- und Therapievorschläge unterbreiten, entwickelt und teilweise auch praktisch eingesetzt (Shortliffe et al., 1979; Kulikowski, 1985; Szolovits et al., 1988; Haux, 1988; Haux, 1989; Wyatt, 1991).

Bis zu Ende der 60er Jahre lag das Schwergewicht bei der Erstellung von Computerprogrammen zur medizinischen Entscheidungsunterstützung auf der Anwendung mathematischer Methoden. Zur Anwendung kamen probabilistische Verfahren — hier hauptsächlich Verfahren, die sich auf das Bayes Theorem stützten (Warner et al., 1961), diskriminanzanalytische Verfahren (Jesdinsky, 1972; Victor et al., 1972), faktorenanalytische Verfahren (Überla, 1965), Verfahren der numerischen Mustererkennung (Kulikowski, 1970), der Entscheidungsanalyse (Card und Good, 1971) sowie einfache lernende abstrakte Neuronen- und Perzeptronennetze (Adlassnig und Grabner, 1980). Die Anwendung dieser Systeme war zumeist auf kleine medizinische Gebiete, die maximal 20–30 unterschiedliche Entscheidungsklassen enthielten, beschränkt. Diese Verfahren lassen sich nach wie vor gut in überschaubaren Bereichen einsetzen (de Dombal, 1974; Pauker und Kassirer, 1987). Sie verlangen aber als Grundlage präzise Angaben über die Häufigkeit des Auftretens von Symptomen, von Kombinationen von Symptomen, von Krankheiten; oder sie erfordern repräsentative Fallstichproben oder benötigen genaue Informationen über kausale und/oder statistische (bedingte oder unbedingte) Zusammenhänge zwischen den medizinischen Objekten (Fryback, 1978). In der praktischen Medizin ist dies jedoch zumeist nicht gegeben — man denke nur an seltene Erkrankungen —, wie dies auch das nachfolgenden Zitat anschaulich beschreibt:

... my friends who are expert about medical records tell me that the attempt to dig out from even the most sophisticated hospital's record the frequency of association between any particular symptom and any particular diagnosis is next to impossible—and when I raise the question of complexes of symptoms, they stop speaking to me. For another thing, doctors keep telling me that diseases change, that this year's flu is different from last year's flu, and so that symptom-disease records extending back over time are of very limited usefulness. ...

All these arguments against symptom-disease statistics as a basis of diagnosis are perhaps somewhat overstated. Where such statistics can be obtained and believed, obviously they should be used. But I argue that usually they cannot be obtained, and even in those instances in which they have been obtained, they may not deserve belief.

(Edwards, 1972, S. 139)

2. Wissensbasierte Entscheidungsunterstützung

Die seit Ende der 60er/Anfang der 70er Jahre entstandenen wissensbasierten Systeme zur medizinischen Entscheidungsunterstützung sind unter Berücksichtigung der oben erwähnten Problematik entwickelt worden (Shortliffe und Buchanan, 1975). Es erfolgt hier keine rein numerisch-mathematische Behandlung des Problems mehr, sondern man wählt einen symbolisch-logischen Lösungsansatz, wobei man auch heuristische Lösungsmethoden zuläßt. Unter Heuristiken versteht man dabei *Wissenselemente* und *Problemlösungsmethoden*, die sich auf keine fundierte Theorie stützen können — nicht weil man eine theoretische Fundierung ablehnt, sondern weil der medizinische Erkenntnisstand diese noch nicht erbracht hat —, die aber in der Praxis erfolgreich eingesetzt werden.

Grundsätzlich handelt es sich bei wissensbasierten Systemen zur medizinischen Entscheidungsunterstützung um Computerprogramme, die den Arzt im Krankenhaus oder in der Arztpraxis (a) beim Finden der richtigen *Diagnose*, (b) bei der Auswahl einer optimalen *Therapie*, (c) bei der Einschätzung der *Prognose* und (d) bei der *Patientenführung* unterstützen. Bisher gibt es noch kein Programm, welches all diese Eigenschaften in sich vereinigt. Die derzeitigen Computersysteme sind zumeist nur für einen kleinen Teilbereich der oben angegebenen Aufgaben geschaffen worden. Sie dienen jedoch alle der direkten patientenbezogenen Unterstützung der ärztlichen Tätigkeit. Wissensbasierte Systeme werden entweder im Rahmen von medizinischen Informationssystemen oder als Einzelsysteme — vielfach auf dem Personalcomputer — zur Verfügung gestellt (Shortliffe, 1986; Shortliffe, 1987).

Wissensbasierte Systeme verfügen zumeist über das Spezialwissen von Experten, welches sich auf konkrete Fälle in individuellen Entscheidungssituationen anwenden läßt. Sie werden deshalb auch *Expertensysteme* genannt (Duda und Shortliffe, 1983; Hayes-Roth et al., 1983; Schnupp und Leibrandt, 1986; Puppe, 1988; Buchanan und Smith, 1988; Puppe, 1990). Der Kern eines wissensbasierten Systems wird von einer Wissensbasis gebildet, in der das Wissen über das jeweilige Fachgebiet in kompakter, oft auch hochstrukturierter Form gespeichert ist. Der Umfang solch einer Wissensbasis kann größer als das Wissen eines einzelnen Experten sein. Primär dienen wissensbasierte Systeme der Unterstützung von Nicht-Spezialisten — das können jedoch sehr wohl „Fachpersonen“ sein —, aber auch ein Spezialist kann sich infolge der Mächtigkeit eines wissensbasierten Systems von diesem Hilfestellung holen.

Die Entwicklung von wissensbasierten Systemen, also von Computerprogrammen, die über Wissen und über Problemlösungsmethoden verfügen, war ein praktisches Ergebnis der interdisziplinären Forschung auf dem Gebiet der *Artificial Intelligence*, die etwa Mitte der 50er Jahre initiiert wurde (Lenat, 1984; Charniak und McDermott, 1985; Shapiro, 1992). („Artificial Intelligence“ wird etwas unglücklich mit „Künstlicher Intelligenz“ übersetzt. Das englische Wort „intelligence“ beinhaltet aber auch das Element des Nachforschens, Nachprüfens; der deutsche Begriff „Intelligenz“ jedoch nicht.) Allgemein ist Artificial Intelligence:

> ... the part of computer science concerned with designing intelligent computer systems, that is, systems that exhibit the characteristics we associate with intelligence in human behavior—understanding language, learning, reasoning, solving problems, and so on.
>
> (Barr und Feigenbaum, 1981, S. 3)

Die grundsätzliche Erreichbarkeit dieses Zieles ist nach wie vor Gegenstand wissenschaftlicher Debatte (Churchland und Churchland, 1990; Searl, 1990) jedoch haben eine Reihe von Erkenntnissen aus diesem Bereich wesentlich zur Entwicklung komplexer, praktisch brauchbarer Computersysteme zur Entscheidungsunterstützung in den verschiedensten Bereichen, so auch in der Medizin, beigetragen.

Mit diesen auf den Methoden der Artificial Intelligence basierenden Systemen ist es in der Medizin möglich geworden, Entscheidungsunterstützung für Anwendungsbereiche mit unscharfem, unsicherem und unvollständigem Wissen zu entwickeln. Es können umfangreiche und komplexe Gebieten mit bis zu mehreren hundert Entscheidungsklassen bearbeitet und gute Ergebnisse erzielt werden (vgl. dazu das differentialdiagnostische Konsultationssystem QMR (Quick Medical Reference) mit fast 600 Diagnosen und über 4 300 Symptomen (Bankowitz et al., 1989)).

Man erwartet sich von wissensbasierten Systemen in der Medizin eine qualitative Verbesserung in vielen Fragen der diagnostischen und therapeutischen Entscheidungsfindung im konkreten Einzelfall und damit allgemein eine Erhöhung der Qualität der Krankenbehandlung. Weiterhin erhofft man sich aus den Versuchen zur Computerisierung von bestimmten Bereichen der Medizin wichtige Impulse für eine Theorie der Medizin — Impulse auch für eine *Theorie der klinischen Praxis* (Sadegh-Zadeh, 1977; Blois, 1980; Sadegh-Zadeh, 1990).

Auf Grund der Erfahrungen mit früheren Programmen zur medizinischen Entscheidungsunterstützung fordert man noch eine Reihe weiterer Eigenschaften für wissensbasierte Systeme. Man strebt volle inhaltliche Transparenz des Systems an, da dies unabdingbare Voraussetzung für jede breitere medizinische Akzeptanz ist. Wissensbasierte Systeme werden also in der Art entwickelt, daß sie ihre gefundene Problemlösung durch Angabe des benutzten Wissens erklären können. Weitere Eigenschaften, die man bei wissensbasierten Systemen als notwendig erachtet, sind Flexibilität und Benutzerfreundlichkeit. Flexibilität wird dadurch erreicht, daß die dem Programm zugrundeliegenden einzelnen Wissenselemente leicht hinzugefügt, geändert oder gelöscht werden können. Eine benutzerfreundliche Bedienung eines wissensbasierten Systems wird dann erzielt, wenn der Umgang mit dem System keinerlei programmsprachliches Vorwissen — weder für den Endbenutzer noch für den Experten — erfordert.

Das bekannteste frühe Beispiel eines wissensbasierten medizinischen Computerprogramms liegt mit dem System MYCIN (Shortliffe, 1976) vor. (Der Name MYCIN leitet sich aus dem häufigen Suffix gebräuchlicher Anti-Mikroben-Mittel ab.) MYCIN wurde zur Erarbeitung von Diagnose- und Therapievorschlägen bei Patienten mit Infektionskrankheiten entwickelt. Das medizinische Wissen von MYCIN besteht zum größten Teil aus heuristischen WENN-DANN-REGELN. Als Beispiel sei die folgende Regel in Abbildung 1 angeführt (Shortliffe, 1976, S. 71):

IF
1) The stain of the organism is grampos, and
2) the morphology of the organism is coccus, and
3) the growth conformation of the organism is clumps,

THEN
there is suggestive evidence (.7) that the identity of the organism is staphylococcus.

Abbildung 1: Beispiel einer heuristischen MYCIN-Regel. Der Ausdruck „suggestive evidence" wird numerisch mit 0.7 repräsentiert und als Sicherheitsgrad der obigen Aussage verstanden. Als Sicherheitsgrade sind Werte aus dem Intervall von -1 (sicher ausgeschlossen) bis $+1$ (sicher bewiesen) erlaubt.

MYCIN's Diagnose- und Therapievorschläge wurden in einer Blindstudie mit jenen von Fachexperten, weiteren Ärzten sowie Medizinstudenten verglichen, wobei die Akzeptanz der von MYCIN erstellten Vorschläge im Durchschnitt sowohl die der Fachexperten als auch die der anderen Ärzte und der Medizinstudenten übertraf (Yu et al., 1979). MYCIN wurde jedoch nie in den klinischen Routinebetrieb überführt, da das in der Wissensbasis gespeicherte medizinische Wissen — obwohl mehr als 400 solcher Regeln umfassend (Buchanan et al., 1977) — noch nicht für einen praktischen Einsatz ausreichte.

3. Grundlagen wissensbasierter Systeme

Folgende Bereiche sind bei der Entwicklung medizinischer Expertensysteme zu bearbeiten:

Die *medizinische Methodologie* untersucht die in dem jeweiligen Anwendungsbereich wichtigen Konzepte, ihren Inhalt und ihre Beziehung zueinander sowie die im Rahmen der Patientenuntersuchung und -behandlung ablaufenden Prozesse (Hartmann, 1977; Blois, 1980; Connelly und Johnson, 1980). Die Ergebnisse dieser Untersuchung bilden eine wesentliche Grundlage für die Zieldefinition und den Aufbau des entsprechenden medizinischen Expertensystems.

Die *Systemanalyse* befaßt sich mit der Analyse des Ursprungs, der Ausbreitung und der Nutzung medizinischer Informationen im Anwendungsbereich sowie mit Untersuchungen der organisatorischen Struktur der jeweiligen medizinischen Einrichtung. Die Integration eines medizinischen Expertensystems in bestehende Organisationsstrukturen erfolgt auf der Basis dieser Analyse (Pryor et al., 1983; Adlassnig et al., 1986).

Die *Wissensrepräsentation* umfaßt das Gebiet der Strukturierung, der formalen Repräsentation und der Speicherung von medizinischem Wissen in der Wissensbasis eines Computersystems. Unter medizinischem Wissen versteht man dabei im besonderen Symptomatologie, Ätiologie und Pathogenese von Krankheiten sowie Indikationen, Kontraindikationen und Wechselwirkungen von Therapien, prognostische Hinweise usw. Formal wird medizinisches Wissen in Form von Krankheitsprofilen, Entscheidungstabellen, WENN-DANN-Regeln, assoziativen oder kausalen Netzwerken sowie strukturierten Objekten oder Frames dargestellt und in einer computerinternen Form gespeichert (Reggia und Thurim, 1985; Shortliffe, 1986; Adlassnig und Kolarz, 1986; Shortliffe, 1987; Miller, 1988; Schill, 1990).

Die Gebiete *Wissensakquisition* und *Maschinelles Lernen* beinhalten die Frage des Erwerbs von medizinischem Wissen entweder vom medizinischen Experten oder durch maschinelles Lernen an Hand von computergerecht gespeicherten Patientenkrankengeschichten mit gewöhnlich bekannten Entscheidungsausgang (Adlassnig und Kolarz, 1986; Musen und van der Lei, 1989; Shapiro, 1992).

Inferenzmechanismen dienen dem Ziehen von logischen Schlußfolgerungen an Hand gegebener Patientendaten unter Verwendung des in der Wissensbasis gespeicherten medizinischen Wissens. Besonderes Schwergewicht liegt hier in der sorgfältigen Auswahl des entsprechenden formalen Inferenzverfahrens (z.B. klassische zwei- oder mehrwertige Logiken, PROLOG, unscharfe Logik (Fuzzy-Logik), nicht-monotone Logiken usw.) sowie des Verfahrens zur Kombination medizinischer Evidenz (z.B. BAYES Theorem, Sicherheitsfaktoren, DEMPSTER-SHAFER-Theorie usw.) (Adlassnig, 1986; Adlassnig, 1988; Genesereth und Nilsson, 1989; Neapolitan, 1989; Gottlob et al., 1990; López de Mántaras, 1990; Sombé, 1992).

Mensch-Maschine-Schnittstellen bilden eine wichtige Komponente bei der Entwicklung und dem Einsatz medizinischer Expertensysteme, da sie wesentlich die Akzeptanz dieser Systeme in der Praxis beeinflussen (Timmers und Blum, 1991).

Eine *automatische Konsistenzprüfung* ermöglicht das Aufrechterhalten der formalen Konsistenz des in der Wissensbasis gespeicherten medizinischen Wissens (Lopez et al., 1990; Moser und Adlassnig, 1992).

Die *Bewertung* der Güte und der Akzeptanz von Expertensystemen bildet die letzte Stufe im Entwicklungprozeß von Expertensystemen. Die Ermittlung von Sensitivität und Spezifität (und damit der ggf. falsch positiven und falsch negativen Entscheidungen des Computersystems) ist eine wesentliche Voraussetzung für den routinemäßig praktischen Einsatz eines Expertensystems (Adlassnig und Scheithauer, 1989; Rossi-Mori et al., 1990; Wyatt und Spiegelhalter, 1990).

4. Einsatz wissensbasierter Systeme

Tabelle 1 gibt einen Überblick über einige wissensbasierte Systeme zur Entscheidungsunterstützung in der Medizin, die — nach bestem Wissen des Autors — im praktischen Betrieb stehen, sei es im Routine- oder im Testbetrieb. Die Tabelle beinhaltet gleichzeitig eine Kategorisierung der Art des Einsatzes medizinischer wissensbasierter Systeme.

Tabelle 1: Überblick über einige praktisch realisierte wissensbasierte Systeme in der Medizin unter Berücksichtigung ihrer Einsatzart.

Wissensbasierte Systeme in der Medizin		
Name	Bereich	Entwickler
Medizinische Wissensbanken		
PDQ	Onkologische Therapieprotokolle	National Institute of Health, Bethesda
Intelligente Monitoringsysteme		
ONCOCIN	Klinische Onkologie	Stanford University School of Medicine
Wissensbasierte Befundinterpretationssysteme		
PUFF	Lungenfunktionsdiagnostik	Pacific Medical Center, San Francisco
SPE	Serum-Protein-Elektrophorese	Rutgers University, New Jersey
HEPAXPERT-I und -II	Hepatitis-A- und -B-Serologie	Universität Wien, Medizinische Fakultät
Klinische Konsultationssysteme		
QMR	Interne Medizin	University of Pittsburgh School of Medicine
DXplain	Interne Medizin	Harvard Medical School, Boston
CADIAG-2	Rheumatologie, Gastroenterologie	Universität Wien, Medizinische Fakultät
AI/RHEUM	Rheumatologie	National Library of Medicine, Bethesda
Wissensbasierte Informationssysteme		
HELP	Krankenhausinfektionen, Antibiotika-Therapie, Digoxin-Therapie	LDS Hospital, Salt Lake City

Medizinische Wissensbanken, die entweder zentral über ein Computernetz angeboten oder auf Computerdisketten erhältlich und subskribiert werden können, stellen umfangreiche Sammlungen medizinischer Informationen dar, die der praktisch tätige Arzt zum Nutzen des Patienten anwenden kann. Ein interessantes Beispiel hierfür liegt mit dem vom amerikanischen National Cancer Institut und der National Library of Medicine gemeinsam betriebene System PDQ (Physician Data Query) (National Library of Medicine, 1988) vor. Der Kern von PDQ ist eine durch den Arzt abrufbare Wissensbank, die mehr als 1 000 Therapieprotokolle aus klinischen Versuchsreihen zur Behandlung von an Krebs erkrankten Patienten bereithält. Der Arzt selbst kann über PDQ jene Protokolle auswählen und einsehen, die auf seinen Patienten anwendbar sind und damit einen optimalen Behandlungserfolg erzielen. Es gibt derzeit schon eine Vielzahl verschiedener medizinischer Wissensbanken. Beispielhaft sei weiters auf Bernstein et al. (1980) und Lindberg und Schoolman (1986) verwiesen.

Intelligente Monitoringsysteme werden zur kontinuierlichen Überwachung medizinischer Daten verwendet. Zeigen sich Daten außerhalb des medizinisch gewünschten Bereiches, so werden Bildschirm- oder Druckerausgaben aktiviert und dem verantwortlichen Arzt oder der betreuenden Schwester übermittelt. Die Monitorfunktionen werden von Programm-Alarmmoduln wahrgenommen, die dann aktiviert werden, wenn bestimmte pathophysiologische Bedingungen in den Patientendaten, die als Regeln oder andere Entscheidungskriterien in der Wissensbank des entsprechenden Systems gespeichert wurden, erfüllt sind. Das System ONCOCIN (ONCOCIN leitet sich aus Oncology und Mycin ab.) dient zur Therapieüberwachung und -korrektur in einer onkologischen Ambulanz (Shortliffe et al., 1984) und wird seit etlichen Jahren mit gutem Erfolg eingesetzt.

Wissensbasierte Befundinterpretationssysteme werden zur Hilfestellung bei der Interpretation von Laborbefundergebnissen oder zur Erstellung zusammenfassender Laborergebnisberichte verwendet. Man setzt derzeit große Hoffnungen in die Entwicklung solcher Systeme (Spackmann und Connelly, 1987; O'Moore, 1988; Armas et al., 1989), deren Brauchbarkeit im Routineeinsatz schon von einigen Computersystemen gezeigt wurde. Als Beispiele seien hier das System PUFF (Leitet sich aus „Pulmonary Function Test Results" ab.) zur automatischen Lungenfunktionsdiagnostik (Aikins et al., 1983), das System SPE (Serum Protein Electrophoresis) zur automatischen Interpretation von Serum-Elektrophorese-Tests (Weiss et al., 1983) sowie die Systeme HEPAXPERT-I und -II (Hepatitis Experte, Version 1 und Version 2) zur automatischen Interpretation der Hepatitis-A- und -B-Serologie (Horak und Adlassnig, 1990; Adlassnig et al., 1991) genannt (siehe Abbildung 2).

Klinische Konsultationssysteme dienen der Konsultation durch den Arzt im konkreten Einzelfall. Der Arzt wird solch ein System als Hilfsmittel, das ihm die gestellte Diagnose oder ausgewählte Therapie entweder bestätigt oder neue diagnostische oder therapeutische Möglichkeiten aufzeigt, heranziehen. Ein Konsultationssystem kann auf seltene Diagnosen hinweisen, diese begründen, Vorschläge zur weiteren Untersuchung des Patienten geben und die getroffenen Entscheidungen auf Vollständigkeit überprüfen.

Datum	Anti - HAV	IgM anti-HAV	HAV (Stuhl)
16.11.1992	pos/neg	negativ	

Eine akute Hepatitis A kann ausgeschlossen werden. In seltenen Fällen sind im Frühstadium der Erkrankung IgM anti-HAV Antikörper noch nicht nachweisbar, sodaß bei dringendem klinischen Verdacht die Bestimmung von IgM anti-HAV einige Tage später wiederholt werden sollte.

Zur Kontrolle des nicht eindeutig negativen oder positiven Befundes wird neuerliche Materialeinsendung empfohlen.

Datum	HBsAg	Anti-HBs	Anti-HBc	IgM anti-HBc	HBeAg	Anti-HBe
16.11.1992	positiv	positiv	positiv	positiv	negativ	negativ

IgM anti-HBc Antikörper bei negativem HBe-Antigen und negativen Anti-HBe Antikörpern) findet sich im Verlauf der akuten Hepatitis B und charakterisiert die Serokonversion sowohl von HBs-Antigen zu Anti-HBs als auch von HBe-Antigen zu Anti-HBe Antikörpern. Diese Phase kann als prognostisch günstiges Zeichen hinsichtlich eines nicht-chronischen Verlaufes der Erkrankung angesehen werden, wenn sie innerhalb von 10 Wochen nach Krankheitsbeginn auftritt. Blut und Sekrete (Speichel, Sperma, Muttermilch) des Patienten sind infektiös.

Abbildung 2: Beispiel eines von HEPAXPERT-II automatisch erstellten Befundausdruckes.

Das derzeit größte Konsultationssystem ist das System QMR mit fast 600 Krankheitsprofilen aus dem Gesamtbereich der Internen Medizin (Bankowitz et al., 1989). Eine Reihe von Teststudien bestätigen die Brauchbarkeit des Programms. DXPLAIN (explained by disease) enthält die Beschreibungen einer Vielzahl von Krankheiten in Form von Symptomlisten und wird über ein US-weites Computernetz angeboten (Hupp et al., 1986). Das System CADIAG-2 (Adlassnig, 1986; Adlassnig et al, 1986; Adlassnig, 1988) wurde zur Unterstützung der Differentialdiagnose in der Internen Medizin entwickelt und konnte bisher für den Bereich der Rheumatologie und für Teilbereiche der Gastroenterologie fertiggestellt und mit mehreren hundert Krankheitsfällen getestet werden (Kolarz und Adlassnig, 1986; Adlassnig und Akhavan-Heidari, 1989; Adlassnig und Scheithauer, 1989). Abbildung 3 zeigt einen Beispielausdruck mit einer bewiesenen Diagnose. Zusätzlich dazu werden noch ausgeschlossenen Diagnosen, Diagnosehypothesen, nicht berücksichtigte Diagnosen, Untersuchungsvorschläge sowie ungeklärte Symptome angezeigt.

```
=======>BEWIESENE DIAGNOSE

+       MORBUS BECHTEREW

Begründung:

        REGEL

WENN
              mindestens  4 von  5 Kriterien:
              -       LUMBALGIE SEIT MEHR ALS 3 MONATEN, KEINE BESSERUNG DURCH
                       RUHE
              +       SCHMERZEN UND BEWEGUNGSEINSCHRÄNKUNG VON THORAX UND
                       BRUSTWIRBELSÄULE
              +       EINGESCHRÄNKTE BEWEGLICHKEIT DER LENDENWIRBELSÄULE
              +       WS, INSPIRATORISCH-EXSPIRATORISCHE DIFFERENZ KLEINER ALS 4
                       CM
              -       ANAMNESE ODER OBJEKTIVE SYMPTOME VON IRITIS ODER
                       IRIDOZYKLITIS
       oder
                      ?       RÖNTGEN, WS, SAKROILIAKALARTHRITIS
                      oder
                      +                      BAMBUSSTABPHÄNOMEN
              und mindestens  1 von  5 Kriterien:
                      -       LUMBALGIE SEIT MEHR ALS 3 MONATEN, KEINE BESSERUNG
                               DURCH RUHE
                      +       SCHMERZEN UND BEWEGUNGSEINSCHRÄNKUNG VON THORAX UND
                               BRUSTWIRBELSÄULE
                      +       EINGESCHRÄNKTE BEWEGLICHKEIT DER LENDENWIRBELSÄULE
                      +       WS, INSPIRATORISCH-EXSPIRATORISCHE DIFFERENZ KLEINER
                               ALS 4 CM
                      -       ANAMNESE ODER OBJEKTIVE SYMPTOME VON IRITIS ODER
                               IRIDOZYKLITIS
und nicht mindestens  1 von  7 Kriterien:
              -       HAUT, PSORIASIS
              -       KONJUNKTIVITIS ODER URETHRITIS
              -       ARTHROPATHIE BEI COLITIS ULCEROSA
              -       ARTHROPATHIE BEI ENTERITIS REGIONALIS
              -       OSTEOLYTISCHE ODER OSTEOPLASTISCHE HERDE
              -       BSG, STARK ERHÖHT
              ?       SAURE PHOSPHATASE, SERUM, ERHÖHT
DANN                                                          Auf. Bew.
+       MORBUS BECHTEREW                                           1,00
```

Abbildung 3: Die Diagnose „Morbus Bechterew" wird vom CADIAG-2 als bewiesene Diagnose für den Patienten ausgegeben. Als Begündung werden die für den Morbus Bechterew als WENN-DANN-Regel implementierten, klinisch-adaptierten New-York-Kriterien aus dem Jahr 1966 angezeigt (van der Linden et al., 1984). Diese weisen eine Beweiskraft (Bew.) von insgesamt +1 auf. Der Computerausdruck zeigt explizit an, welche der geforderten Kriterien erfüllt (gekennzeichnet durch +) und welche definitiv nicht erfüllt (gekennzeichnet durch −) sind.

AI/RHEUM (Artificial Intelligence/Rheumatology) enthält einen Kriterienkatalog für etwa 30 rheumatologische Diagnosen und ist für Ärzte ohne spezielle Ausbildung in der Rheumatologie gedacht (Kingsland et al., 1983; Kingsland et al., 1986).

Die meisten der heute existierenden wissensbasierten Systeme in der Medizin sind eigenständige Computersysteme, die sich teilweise schwer in die klinische Praxis integrieren lassen, da die Patientendateneingabe meist zu langwierig ist. Die direkte Übernahme der Patientendaten aus einer zentralen Patientendatenbank eines Krankenhaus- oder medizinischen Informationssystems ist von großem Vorteil und wird bei den Systemen HELP (Pryor et al., 1983) und CADIAG-2 (Adlassnig et al., 1986) angewandt.

Wissensbasierte Informationssysteme stellen eine Integration von wissensbasierten und Informationssystemen dar. Im Vordergrund steht hier die Erfassung der medizinischen Daten des Patienten; die wissensbasierte Entscheidungsunterstützung erfolgt automatisch. Beispielhaft für diese medizinischen Informationssysteme der neuen Generation ist das System HELP (Health Evaluation through Logical Processing) (Pryor et al., 1983), ein integriertes Krankenhausinformationssystem mit eingebauter medizinischer Entscheidungslogik. Wissensbasierte Elemente sind in Form von Alarmmoduln zum computergestützten Monitoring von sich häufenden Krankenhausinfektionen (Evans et al., 1985), von Patienten mit Antibiotika-Therapie (Pestotnik et al., 1990) und mit Digoxin-Therapie (White et al., 1984) im praktischen Einsatz.

5. Diskussion

Die zentrale Frage bei der Entwicklung von wissensbasierten Systemen zur Entscheidungsunterstützung in der Medizin ist, inwieweit sie eine *echte* Unterstützung der eigentlichen medizinischen Arbeit, der Patientenbehandlung, bieten. Einige wissensbasierte Systeme haben in diesem Sinne ihren klinisch-praktischen Nutzen schon bewiesen: Darunter fallen die Systeme HELP, QMR, ONCOCIN, PUFF und HEPAXPERT-I und -II.

Auf Grund dieser Erfahrungen gepaart mit den Erfahrungen beim Einsatz von medizinischen Informationssystemen und -datenbanken (Rennels und Shortliffe, 1987; Orthner und Blum, 1989) kann man sich dem folgenden Zitat sehr wohl anschließen, obwohl unklar ist, wie weit in der Zukunft diese Vorstellungen angesiedelt sind und in welcher Form sie sich bewahrheiten werden.

> Künftige Computer — womöglich so unerläßlich wie das Stethoskop — können den Arzt umfassend fachlich informieren und ihn bei der Behandlung seiner Patienten beraten. Werden auch gesamte Krankenhäuser mit elektronischen Informationsnetzen ausgestattet und mit medizinischen Expertensystemen verbunden, könnten Diagnose und Therapie erheblich erleichtert werden.
>
> (Rennels und Shortliffe, 1987, S. 128]

Der Computer — und das wird aus dem obigen Zitat auch deutlich — fungiert aber „nur“ als Werkzeug, wenn auch als äußerst flexibles. Die endgültige Entscheidung in jeder Phase der Patientenbehandlung obligt nach wie vor dem verantwortlichen Arzt.

Literatur

Adlassnig, K.-P. (1986) Fuzzy Set Theory in Medical Diagnosis. *IEEE Transactions on Systems, Man, and Cybernetics* **SMC-16**, 260–265.

Adlassnig, K.-P. (1988) Uniform Representation of Vagueness and Imprecision in Patient's Medical Findings Using Fuzzy Sets. In *Proc. EMCSR 88*, Kluwer Academic Publishers, Dordrecht, 685–692.

Adlassnig, K.-P. & Akhavan-Heidari, M. (1989) CADIAG-2/GALL: An Experimental Diagnostic Expert System for Gallbladder and Biliary Tract Diseases. *Artificial Intelligence in Medicine* **1**, 71–77.

Adlassnig, K.-P. & Grabner, G. (1980) Approaches to Computer-Assisted Diagnosis in Gastroenterology. *EDV in Medizin und Biologie* **11**, 74–80.

Adlassnig, K.-P., Horak, W. & Chizzali-Bonfadin, C. (1991) Integrated Medical Database and Expert System HEPAXPERT-II: Automatic Interpretation of Tests for Hepatitis A and B. In *Proc. MIE'91*, Springer-Verlag, Berlin, 1041.

Adlassnig, K.-P. & Kolarz, G. (1986) Representation and Semiautomatic Acquisition of Medical Knowledge in CADIAG-1 and CADIAG-2. *Computers and Biomedical Research* **19**, 63–79.

Adlassnig, K.-P., Kolarz, G., Scheithauer, W. & Grabner, H. (1986) Approach to a Hospital-Based Application of the Medical Expert System CADIAG-2. *Medical Informatics* **11**, 205–223.

Adlassnig, K.-P. & Scheithauer, W. (1989) Performance Evaluation of Medical Expert Systems Using ROC Curves. *Computers and Biomedical Research* **22**, 297–313.

Aikins, J. S., Kunz, J. C., Shortliffe, E. H. & Fallat, R. J. (1983) PUFF: An Expert System for Interpretation of Pulmonary Function Data. *Computers and Biomedical Research* **16**, 199–208.

Armas, S. E., Warkentin, M. E. & Armas, O. A. (1989) Expert Systems in Laboratory Medicine and Pathology. *Artificial Intelligence in Medicine* **1**, 79–85.

Bankowitz, R. A., McNeil, M. A., Challinor, S. M., Parker, R. C., Kapoor, W. N. & Miller, R. A. (1989) A Computer-Assisted Medical Diagnostic Consultation Service. *Annals of Internal Medicine* **110**, 824–832.

Barr, A. & Feigenbaum, E. A. (1981) *The Handbook of Artificial Intelligence—Volume I.* Pitman Books Limited, London.

Bernstein, L. M., Siegel, E. R. & Goldstein, C. M. (1980) The Hepatitis Knowledge Base. A Prototype Information Transfer System. *Annals of Internal Medicine* **93**, 169–181.

Blois, M. S. (1980) Clinical Judgment and Computers. *The New England Journal of Medicine* **303**, 192–197.

Buchanan, B. G., Davis, R., Yu, V. & Cohen, S. (1977) Rule Based Medical Decision Making: MYCIN. In *Proc. MEDINFO 77*, North-Holland Publishing Company, Amsterdam, 147–150.

Buchanan, B. G. & Shortliffe, E. H. (Eds.) (1984) *Rule-Based Expert Systems—The MYCIN Experiments at the Stanford Heuristic Programming Project.* Addison-Wesley Publishing Company, Reading, Massachusetts.

Buchanan, B. G. & Smith, R. G. (1988) Fundamentals of Expert Systems. *Annual Review of Computer Science* **3**, 23–58.

Card, W. I. & Good, I. J. (1971) Logical Foundations of Medicine. *British Medical Journal* **1**, 718–720.

Charniak, E. & McDermott, D. (1985) *Introduction to Artificial Intelligence.* Addison-Wesley Publishing Company, Reading, Massachusetts.

Churchland, P. M. & Churchland, P. S. (1990) Ist eine denkende Maschine möglich? *Spektrum der Wissenschaft* **März 1990**, 47–54.

Connelly, D. P. & Johnson, P. E. (1980) The Medical Problem Solving Process. *Human Pathology* **11**, 412–419.

de Dombal, F. T., Leaper, D. J., Horrocks, J. C., Staniland, J. R. & McCann, A. P. (1974) Human and Computer-Aided Diagnosis of Abdominal Pain: Further Report with Emphasis on Performance of Clinicians. *British Medical Journal* **1**, 376–380.

de Mántaras, R. L. (1990) *Approximate Reasoning Models.* Ellis Horwood Limited Publishers, Chichester.

Duda, R. O. & Shortliffe, E. H. (1983) Expert Systems Research. *Science* **220**, 261–268.

Edwards, W. (1972) N=1: Diagnosis in Unique Cases. In Jacquez, J. A. (Ed.) *Computer Diagnosis and Diagnostic Methods.* Charles C. Thomas Publisher, Springfield.

Evans, R. S., Gardner, R. M., Bush, A. R., Burke, J. P., Jacobson, J. A., Larson, R. A., Meier, F. A. & Warner, H. R. (1985) Development of a Computerized Infectious Disease Monitor. *Computers and Biomedical Research* **18**, 103–113.

Fryback, D. G. (1978) Bayes' Theorem and Conditional Nonindependence of Data in Medical Diagnosis. *Computers and Biomedical Research* **11**, 423–434.

Genesereth, M. R. & Nilsson, N. J. (1989) *Logische Grundlagen der Künstlichen Intelligenz.* Friedr. Vieweg & Sohn, Braunschweig.

Gottlob, G., Frühwirth, T. & Horn, W. (Hrsg.) (1990) *Expertensysteme.* Springer-Verlag, Wien.

Hartmann, F. (1977) Elemente des ärztlichen Erkenntnisprozesses. In Reichertz, P. L. & Goos, G. (Eds.) *Informatics and Medicine—An Advanced Course.* Springer-Verlag, Berlin.

Haux, R. (1988) Expertensysteme in der Medizin — eine einführende Übersicht (Teil 1). *Software Kurier für Mediziner und Psychologen* **1**, 65–77.

Haux, R. (1989) Expertensysteme in der Medizin — eine einführende Übersicht (Teil 2). *Software Kurier für Mediziner und Psychologen* **2**, 1–11.

Hayes-Roth, F., Waterman, D. A. & Lenat, D. B. (Eds.) (1983) *Building Expert Systems.* Addison-Wesley Publishing Company, Inc., Reading, Massachusetts.

Horak, W. & Adlassnig, K.-P. (1990) HEPAXPERT-I: Ein Expertensystem zur automatischen Interpretation von Hepatitis-A- und -B-Serologie-Befunden. *Leber Magen Darm Austria* **3**, 17–21.

Hupp, J. A., Cimino, J. J., Hoffer, E. P., Lowe, H. J. & Barnett, G. O. (1986) DXplain—A Computer-Based Diagnostic Knowledge Base. In *Proc. MEDINFO 86*, Elsevier Science Publishers B. V. (North-Holland), 117–121.

Jesdinsky, H. J. (1972) Diagnose-Modelle in der Medizin. *Methods of Information in Medicine* **11**, 48–59.

Kingsland III, L. C., Lindberg, D. A. B. & Sharp, G. C. (1983) AI/RHEUM—A Consultant System for Rheumatology. *Journal of Medical Systems* **7**, 221–227.

Kingsland III, L. C., Lindberg, D. A. B. & Sharp, G. C. (1986) Anatomy of a Knowledge-Based Consultant System: AI/RHEUM. *M. D. Computing* **3**, 18–26.

Kolarz, G. & Adlassnig, K.-P. (1986) Problems in Establishing the Medical Expert Systems CADIAG-1 and CADIAG-2 in Rheumatology. *Journal of Medical Systems* **10**, 395–405.

Kulikowski, C. A. (1970) Pattern Recognition Approach to Medical Diagnosis. *IEEE Transactions on Systems Science and Cybernetics* **SSC-6**, 173–178.

Kulikowski, C. A. (1985) Artificial Intelligence Methods for Expert Medical Consultant Systems. *The Mount Sinai Journal of Medicine* **52**, 87–93.

Ledley, R. S. & Lusted, L. B. (1959) Reasoning Foundations of Medical Diagnosis. *Science* **130**, 9–21.

Lenat, D. B. (1984) Computer Software for Intelligent Systems. *Scientific American* **251**, 204–213.

Lindberg, D. A. B. & Schoolman, H. M. (1986) The National Library of Medicine and Medical Informatics. *The Western Journal of Medicine* **145**, 786–790.

Lipkin, M. & Hardy, J. D. (1958) Mechanical Correlation of Data in Differential Diagnosis of Hematological Diseases. *The Journal of the American Medical Association* **166**, 113–125.

Lopez, B., Meseguer, P. & Plaza, E. (1990) Knowledge Based Systems Validation: A State of the Art. *AI Communications* **3**, 58–72.

Miller, P. L. (1988) *Selected Topics in Medical Artificial Intelligence*. Springer-Verlag, New York.

Moser, W. & Adlassnig, K.-P. (1992) Consistency Checking of Binary Categorical Relationships in a Medical Knowledge Base. *Artificial Intelligence in Medicine* **4**, 389–407.
filbreak

Musen, M. A. & van der Lei, J. (1989) Knowledge Engineering for Clinical Consultation Programs: Modeling the Application Area. *Methods of Information in Medicine* **28**, 28–35.
filbreak

National Library of Medicine (1988) *NLM OnLine Databases, Fact Sheet*. U.S. Department of Health and Human Services, Public Health Service, National Institutes of Health, Bethesda, Maryland, U.S.A.

Neapolitan, R. E. (1990) *Probabilistic Reasoning in Expert Systems—Theory and Algorithms*. John Wiley & Sons, Inc., New York.
filbreak

O'Moore, R. R. (1988) Decision Support Based on Laboratory Data. *Methods of Information in Medicine* **27**, 187–190.

Orthner, H. F. & Blum, B. I. (Eds.) (1989) *Implementing Health Care Information Systems*. Springer-Verlag, New York.

Pauker, S. G. & Kassirer, J. P. (1987) Decision Analysis. *The New England Journal of Medicine* **316**, 250–257.

Pestotnik, S. L., Evans, R. S., Burke, J. P. Gardner, R. M. & Classen, D. C. (1990) Therapeutic Antibiotic Monitoring: Surveillance Using a Computerized Expert Systems. *The American Journal of Medicine* **88**, 43–48.

Pryor, T. A., Gardner, R. M., Clayton, P. D. & Warner, H. R. (1983) The HELP System. *Journal of Medical Systems* **7**, 87–102.

Puppe, F. (1988) *Einführung in Expertensysteme*. Springer-Verlag, Berlin.

Puppe, F. (1990) *Problemlösungsmethoden in Expertensystemen*. Springer-Verlag, Berlin.

Reggia, J. A. and Tuhrim, S. (Eds.) (1985) *Computer-Assisted Medical Decision Making, Volume 1 und Volume 2*. Springer-Verlag, New York.

Rennels, G. D. & Shortliffe, E. H. (1987) Moderne Computer in der Medizin. *Spektrum der Wissenschaft* **Dezember 1987**, 128–136.

Rossi-Mori, A., Pisanelli, D. M. & Ricci, F. L. (1990) Evaluation Stages and Design Steps for Knowledge-Based Systems in Medicine. *Medical Informatics* **15**, 191–204.

Sadegh-Zadeh, K. (1977) Grundlagenprobleme einer Theorie der klinischen Praxis. Teil 1: Explikation des medizinischen Diagnosebegriffs. *Metamed* **1**, 76–102.

Sadegh-Zadeh, K. (1990) In dubio pro aegro. *Artificial Intelligence in Medicine* **2**, 1–3.

Schill, K. (1990) *Medizinische Expertensysteme — Methoden und Techniken*. R. Oldenbourg Verlag, München.

Schnupp, P. & Leibrandt, U. (1986) *Expertensysteme — Nicht nur für Informatiker*. Springer-Verlag, Berlin.

Searl, J. R. (1990) Ist der menschliche Geist ein Computerprogramm? *Spektrum der Wissenschaft* **März 1990**, 40–47.

Shapiro, S. C. (Ed.) (1992) *Encyclopedia of Artificial Intelligence, Second Edition, Volume 1 and Volume 2*. John Wiley & Sons, Inc., New York.

Shortliffe, E. H. (1976) *Computer-Based Medical Consultation: MYCIN*. Elsevier, New York.

Shortliffe, E. H. (1986) Medical Expert Systems—Knowledge Tools for Physicians. *The Western Journal of Medicine* **145**, 830–839.

Shortliffe, E. H. (1987) Computer Programs to Support Clinical Decision Making. *Journal of the American Medical Association* **258**, 61–66.

Shortliffe, E. H. & Buchanan, B. G. (1975) A Model of Inexact Reasoning in Medicine. *Mathematical Biosciences* **23**, 351–379.

Shortliffe, E. H., Buchanan, B. G. & Feigenbaum, E. A. (1979) Knowledge Engineering for Medical Decision Making: A Review of Computer-Based Clinical Decision Aids. *Proceedings of the IEEE* **67**, 1207–1224.

Shortliffe, E. H., Scott, A. C., Bischoff, M. B., Campell, A. B., van Melle, W. & Jacobs, C. D. (1984) An Expert System for Oncology Protocol Management. In Buchanan, B. G. & Shortliffe, E. H. (Eds.) *Rule-Based Expert Systems—The MYCIN Experiments of the Stanford Heuristic Programming Project*. Addison-Wesley Publishing Company, Reading/Massachusetts, 653–665.

Sombé, L. (1992) *Schließen bei unsicherem Wissen in der Künstlichen Intelligenz*. Vieweg, Braunschweig.

Spackman, K. A. & Connelly, D. P. (1987) Knowledge-Based Systems in Laboratory Medicine and Pathology. *Archives of Pathology and Laboratory Medicine* **111**, 116–119.

Szolovits, P., Patil, R. S. & Schwartz, W. B. (1988) Artificial Intelligence in Medical Diagnosis. *Annals of Internal Medicine* **108**, 80–87.

Timmers, T. & Blum, B. I. (Eds.) (1991) *Software Engineerinmg in Medical Informatics*. North-Holland, Amsterdam.

Überla, K. (1965) Zur Verwendung der Faktorenanalyse in der medizinischen Diagnostik. *Methods of Information in Medicine* **4**, 89–92.

van der Linden, S., Valkenburg, H. A. & Cats, A. (1984) Evaluation of Diagnostic Criteria for Ankylosing Sponylitis. *Arthritis and Rheumatism* **27**, 361–368.

Victor, N., Giere, W. & Pirtkien, R. (1972) Einsatz von Diskriminanzanalysen in der medizinischen Diagnostik beim Vorliegen qualitativer Daten. *Methods of Information in Medicine* **11**, 248–253.

Warner, H. R., Toronto, A. F., Veasey, L. G. & Stephenson, R. (1961) A Mathematical Approach to Medical Diagnosis—Application to Congenital Heart Disease. *The Journal of the American Medical Association* **177**, 177–183.

Weiss, S. M., Kulikowski, C. A. & Galen, R. S. (1983) Representing Expertise in a Computer Program: The Serum Protein Diagnostic Program. *The Journal of Clinical Laboratory Automation* **3**, 383–387.

White, K. S., Lindsay, A., Pryor, T. A., Brown, W. F. & Walsh, K. (1984) Application of a Computerized Medical Decision-Making Process to the Problem of Digoxin Intoxication. *JACC* **4**, 571–576.

Wilson, J. V. K. (1956) Two Medical Texts from Nimrud. *Iraq* **18**, 130–146.

Wilson, J. V. K. (1962) The Nimrud Catalogue of Medical and Physiognomical Omnia. *Iraq* **24**, 52–62.

Wyatt, J. (1991) Computer-Based Knowledge Systems. *Lancet* **338**, 1431–1436.

Wyatt, J. & Spiegelhalter, D. (1990) Evaluating Medical Expert Systems: What to Test and How? *Medical Informatics* **15**, 205–217.

Yu, V. L., Fagan, L. M., Bennett, S. W., Clancey, W. J., Scott, A. C., Hannigan, J. F., Buchanan, B. G. & Cohen, S. N. (1979) An Evaluation of MYCIN's Advice. *The Journal of the American Medical Association* **242**, 1279–1282.

Gentechnologisch modifizierte Bakteriorhodopsine als neue Materialien für die optische Informationsverarbeitung

N. Hampp*, C. Bräuchle* und D. Oesterhelt**
* Institut für Physikalische Chemie, LMU München, Sophienstr. 11, 8000 München 2
** Max-Planck Institut für Biochemie, Am Klopferspitz 18A, 8033 Martinsried

1 Einleitung

Die Verarbeitung komplexer Muster ist eine Domäne der analogen optischen Datenverarbeitung, bei der die ihr inherente Parallelität zum Tragen kommt. Datendurchsatz und Signal/Rauschverhältnis hängen entscheidend von dem benutzten optischen Verarbeitungsmedium ab. Durch genetische Modifikation des bakteriellen Photochroms Bakteriorhodopsin, welches dem menschlichen Augenpigment Rhodopsin verwandt ist, konnten neue Materialien mit überragender Leistung gewonnen werden.

2 Struktur und Funktion von Bakteriorhodopsin

Bakteriorhodopsin (BR) findet sich in der Zellmembran des Halobakteriums *H. halobium* in Form 2-dimensional kristalliner Bereiche, den sogenannten Purpurmembran-Fragmenten (Oesterhelt und Stoeckenius, 1971). Diese erhielten ihren Namen wegen ihrer intensiv violetten Färbung, die von der retinalhaltigen chromophoren Gruppe des BRs herrührt. BR ist das Schlüsselprotein der halobakteriellen Photosynthese (Kouyama *et al.*, 1988).

Die molekulare Funktion des BR ist die einer lichtgetriebenen Protonenpumpe. Die Absorption eines Photons induziert eine reversible Farbänderung des Proteins (Photochromie) und resultiert im Transport eines Protons vom Inneren der Zelle (Cytoplasma) zum umgebenden Medium (Mathies *et al.*, 1991; Tittor, 1991). Dabei wandelt BR Lichtenergie in chemische Energie um. Der von BR unter Bestrahlung erzeugte Protonengradient zwischen dem Cytoplasma der Zelle und dem äußeren Medium wird von einer membrangebundenen ATP-ase als Energiequelle genutzt, um ATP aus ADP zu regenerieren. ATP ist ein universeller Brennstoff lebender Zellen. Das Gespann aus BR und ATP-ase stellt somit das einfachste bekannte photosynthetische System dar (Oesterhelt, 1989).

Die Struktur von BR ist gut untersucht und derzeit mit einer Auflösung von 3.5 Å parallel zur Membranebene und 10 Å senkrecht dazu bekannt (Henderson *et al.*, 1990). Auch die molekulare Kopplung zwischen Protonentranslokation und Photochromie dieses halobakteriellen Retinalproteins ist weitgehend verstanden. Diesen Zusammenhang stellt man meist als sogenannten Photozyklus dar (Abb.1). Das derzeit anerkannte Modell geht auf Varo und Lanyi (1990) zurück. Die einzelnen Zustände sind durch den gebräuchlichen Einbuchstabencode gekennzeichnet. Die Indizes geben die jeweiligen Absorptionsmaxima an. Die Konfiguration des Retinals all-*trans*/13-*cis* ist durch aufrechte bzw. schräge, der Protonierungszustand der Schiffbase durch gefüllte (prot.) und 'leere' (deprot.) Buchstaben dargestellt.

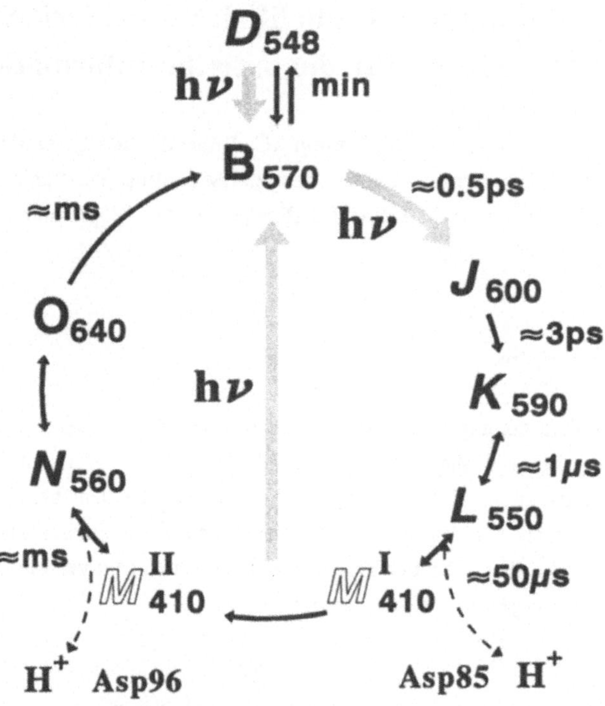

Abb. 1 Photozyklus von Bakteriorhodopsin

Purpurmembran (PM) kann leicht aus Halobakterien in Reinform isoliert werden (Oesterhelt und Stoeckenius, 1974). Dabei bleibt die Funktion des BR voll erhalten. Die PM-Form verleiht dem BR eine für ein Protein ganz ungewöhnliche thermische Stabilität. Für technische Applikationen sind daher BR und PM als Synonyme aufzufassen. Genutzt wird jedoch die molekulare Funktion der BR-Moleküle. Weder Erhitzen noch enzymatischer (mikrobiologischer) Abbau durch Proteasen zerstören die BR-Funktion. Seine hohe Toleranz gegenüber dem äußeren pH-Wert verdankt BR seinen innermolekularen Protonen-Donor/Akzeptorgruppen (Asp85 und Asp96), die eine weitgehende Entkopplung seiner Funktion vom externen pH-Wert garantieren.

3 Herstellung und Eigenschaften optischer Medien auf Bakteriorhodopsinbasis

Die Funktion des BR als Photochrom und Protonenpumpe hat, zusammen mit seinen ungewöhnlich robusten chemischen Eigenschaften, schon bald nach seiner Entdeckung und ersten Charakterisierung zur Publikation von Vorschlägen geführt, die mögliche technische Anwendungen des BRs skizzierten (Reviews: Bräuchle *et al.*, 1991; Oesterhelt *et al.*, 1991; Hampp *et al.*, 1992a).

Um das BR-Molekül für optische Applikationen zu optimieren, muß es in seinen photophysikalischen Eigenschaften verändert werden. Die Modifikation der Aminosäuresequenz von BR zur Veränderung seiner photophysikalischen Eigenschaften folgt einem Vorbild der Natur. Den drei Farbpigmenten des Auges ist Retinal als chromophore Gruppe gemein; ihre verschiedenen Absorptionsbereiche beruhen auf unterschiedlichen Aminosäuresequenzen.

Tab.1 Eigenschaften von BR-Filmen für die dynamische Holographie

Spektralbereich	
• schreiben	400 - 700 nm
• lesen	400 - 800 nm
Auflösung	≥ 5000 Linien/mm
Lichtempfindlichkeit	
• B-Typ	1 - 80 mJ/cm^2 (variabel)
• M-Typ	30 mJ/cm^2
Beugungseffizienz	0.1 - 7 %
Reversibilität	> 10^6 Schreib-/Löschzyklen
Polarisationsaufzeichnung	möglich
Rückkehr in den Anfangszustand	
• thermisch	10 ms - 100 s (variabel)
• photochemisch	≈ 50 μs
Dicke	10 - 400 μm

Durch den Austausch einer einzigen, funktionell wichtigen Aminosäure, nämlich Asparaginsäure in Position 96 (Asp96), die als Protonendonor für den Schritt $M^{II} \rightarrow L$ dient (vgl. Abb.1), läßt sich eine BR-Variante gewinnen, deren thermische Relaxationsrate $M \rightarrow B$ durch den externen pH-Wert gesteuert werden kann (Miller und Oesterhelt, 1990). Damit hält man ein Material in der Hand, dessen Absorptionszustand vom Verhältnis photochemischer Raten (graue breite Pfeile in Abb.1) determiniert wird. Diese Variante heißt BR_{D96N} und ist das meist verwendete Material für dynamische Anwendungen.

Ist es erst einmal gelungen, einen Halobakterienstamm herzustellen, der die Geninformation für eine den optischen Anforderungen konforme BR-Variante trägt (Ni *et al.* 1990), so kann dieses neue Material mit konventionellen biotechnologischen Methoden in beliebigen Mengen gewonnen werden. Aus dem Rohmaterial werden Polymerfilme hergestellt, die Bakteriorhodopsin als photoaktive Komponente enthalten. Die Eigenschaften von BR-Filmen für dynamische holographische Anwendungen sind in Tab. 1 zusammengestellt.

4 Holographische Echtzeit-Mustererkennung mit Bakteriorhodopsin-Filmen als optischem Verarbeitungsmedium

Die holographische Mustererkennung ist ein typisches Beispiel für ein paralleles, analoges optisches Informationsverarbeitungsverfahren. Sie hat insbesondere bei der Quantifizierung der Ähnlichkeit komplexer Muster prinzipielle Vorteile gegenüber sequentiellen digitalelektronischen Systemen. Die mechanische Empfindlichkeit eines solchen kohärenten Systems und die zur Verfügung stehenden wenig leistungsfähigen Schnittstellen zur konventionellen Elektronik begrenzen derzeit den Einsatz dieser Korrelatorsysteme.

Für die holographische Mustererkennung mit BR-Filmen wird ein modifizierter 'Dual-Axis Joint-Fourier-Transform' (DAJFT) Korrelator verwendet (Lee *et al.*, 1979). Dieser Korrelatortyp läßt sich am leichtesten für den Betrieb mit zwei Wellenlängen modifizieren. Die zu verarbeitenden Muster werden in Form von Videosignalen eingespeist und auf den Flüssigkristallbildschirmen (LCTVs) in den zwei Schreibstrahlen des Korrelators dargestellt. Die aus einem Laserstrahl durch einen polarisierenden Strahlteiler (PST), Strahlaufweitungen (SA) und Raumfilterung (RF) gewonnenen kohärenten Schreibstrahlen werden in ihrer räumlichen Amplitudenverteilung moduliert. In der hinteren Brennebene der Fouriertransformlinsen (FTL) erhält man die Darstellung der Eingabemuster im Ortsfrequenzraum. Diese beiden Fourierdarstellungen werden in der Ebene des BR-Films überlagert und zur Interferenz gebracht. Die resultierende Intensitätsverteilung wird in dem BR-Film aufgezeichnet. In dem beschriebenen Experiment wurden sogenannte M-Typ Hologramme verwendet (Hampp *et al.*, 1990a), die den Echtzeitbetrieb des Korrelator ermöglichen. Die Wellenlänge des Leselasers beträgt 530 nm, die des Schreiblasers 413 nm. Das am holographischen Gitter im BR-Film abgebeugte Leselicht wird zurücktransformiert (FTL) und auf einen CCD-Sensor abgebildet. Das Korrelationssignal wird ohne jegliche elektronische Nachbearbeitung auf einem Monitor dargestellt. Zur Visualisierung des Korrelationsergebnisses kann es mit den beiden Eingangssignalen gemischt und zusammen dargestellt werden.

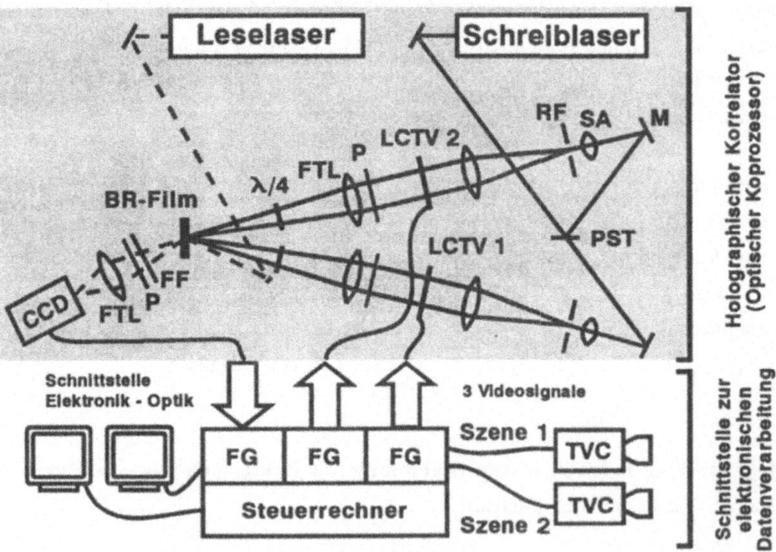

Abb. 2 Aufbau eines holographischen Korrelators mit einem Bakteriorhodopsin-Film als Verarbeitungsmedium und seine Anbindung an die Elektronik

Die Dateneingabe erfolgt über zwei Videokameras (TVC), direkt oder über zwei 'frame grabber'(FG), die z.B. zur Kontrastaufsteilung eingesetzt werden können. Die Schnittstelle zu dem eigentlichen (sensitiven) holographischen Korrelator bilden drei Standard Videosignale. Dadurch ist der Betrieb des Korrelators entkoppelt vom Ort der zu verarbeitenden Szenen.

In Abb. 3 ist ein Beispiel für die Funktion des DAJFT-Korrelators dargestellt. In Abb. 3A ist ein Stück einer DNA-Sequenz (ohne Aufbereitung durch eine Codierung) in mehreren Zeilen als Eingabe in den einen Ast des Korrelators zu sehen. In der Mitte des Bildschirms ist (in weiß) die gesuchte Sequenz überlagert dargestellt. Aus technischen Gründen wird sie gespiegelt angezeigt. Sie wird im zweiten Ast des Korrelators angezeigt. In der dritten Zeile von oben ist ein weißer Punkt zu erkennen. Dies ist das zugemischte Ausgangssignal des Korrelators. Die Position des Punktes zeigt den Ort der gesuchten Sequenz an, seine Helligkeit, die Ähnlichkeit der markierten mit der gesuchten Sequenz. In Abb. 3B ist das Ausgangssignal des Korrelator ohne Überlagerung mit den beiden Eingangssignalen dargestellt. Neben dem hellen weißen Punkt ist eine Vielzahl weniger intensiver Punkte zu erkennen. Sie zeigen Korrelationen mit geringem Maß an Ähnlichkeit zur Suchsequenz an. Für die quantitative Auswertung dient die Pseudo-3D-Darstellung der Intensitätsverteilung auf dem CCD-Sensor (Abb. 3C).

Bei einem Korrelator handelt es sich um einen analogen optischen Prozessor. Daher ist das Signal/Rauschverhältnis von entscheidender Bedeutung. Unter Ausnutzung der Polarisationsaufzeichnungsfähigkeit der BR-Filme, wird erreicht, daß Streulicht und Signal mit praktisch orthogonalen Polarisationen am Detektor vorliegen. Dadurch kann das Streulicht mit einem einfachen Linearpolarisationsfilter effizient unterdrückt werden (Hampp *et al.*, 1992c). Es wird ein Signal/Rauschverhältnis von 45 dB erreicht (Thoma und Hampp, 1992).

Für den Echtzeitbetrieb mit Videotaktrate werden schon für eine relativ kurze Betriebsdauer von 12h mehr als 10^6 Schreib-/Löschzyklen von dem Holographiematerial gefordert. Die Reversibilität des Materials ist also von entscheidender Bedeutung, um einen Dauerbetrieb überhaupt zu ermöglichen. Bis jetzt konnten keine meßbaren Verschlechterungen der holographischen Eigenschaften der BR-Filme im Betrieb festgestellt werden. Experimentell konnte gezeigt werden, daß 10^6 Hologramm Schreib-/Löschzyklen ohne meßbare Zerstörung durchführbar sind (Hampp *et al.*, 1990b). Während eines Hologramm Schreib-/Löschzyklus durchläuft jedes einzelne BR-Molekül eine Vielzahl seiner Photozyklen (siehe Abb. 1).

Die räumliche Auflösung von BR-Filmen ist mit 5000 Linien/mm sehr hoch und deshalb in keiner der optischen bzw. holographischen Applikationen limitierend (Hampp *et al.*, 1992b). Die hohe Auflösung beruht auf der Entkopplung der einzelnen BR-Chromophore in der PM und im BR-Film durch den umgebenden Proteinkäfig.

Die relativ niedrige Lichtsensitivität der BR-Filme im mJ/cm²-Bereich kommt bei Fourierhologrammen nicht wesentlich zum Tragen. Innerhalb der einzelnen Fourierkomponenten liegt ausreichend Leistung vor, um den Bereich der Echtzeitverarbeitung zu erreichen (Anstieg und Zerfallzeiten kleiner 40 ms).

A

ATGAGTGCACTTCTGATCCTAGCCCTTGTGGGA
GCTGCTGTTGCTTTCCCTGTGGATGATGACAAG
ATGTTGGAGGATACACCTGCC[illegible]AGAGTTCTGTC
CCCTATCAGGTGTCCCTAAATGCTGGCTACCAC
TTCTGTTGGAGGTTCCCTCATCAATGACCAGTG
GGTGGTGTCTGCAGCTCACTGCTACAAATACCG
CATCCAAGTGAGACTGATTATAATCAACAACAT
CAATGTCCTGGAGGGCAATGAGCAGTTGTTGAT
TCTGCCAAGATCARCCGGCACCCCAGGAGACAA
TCATGGACCCTGGACAATGACATXATGCTGATC

B

C

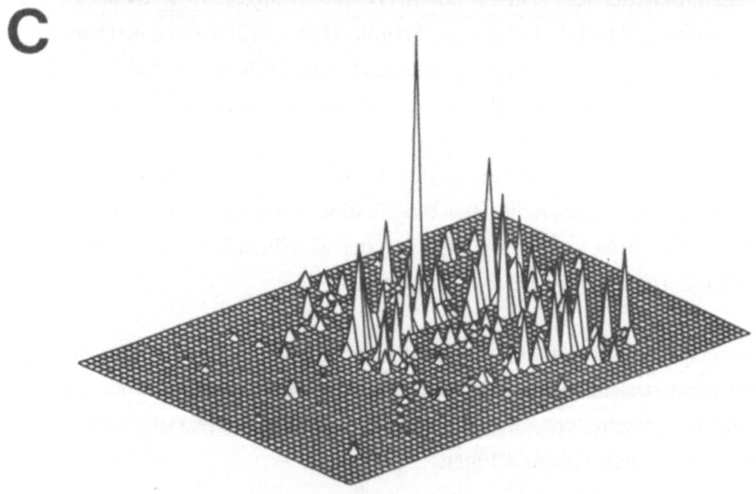

Abb. 3 Eingangs- und Ausgangssignale des DAJFT-Korrelators

Gerade bei der holographischen Mustererkennung kommen also die positiven Eigenschaften (Dynamik, Reversibilität, Polarisationsaufzeichnung) der BR-Filme voll zum Tragen, während Parameter wie die Lichtsensitivität nur eine untergeordnete Rolle spielen. Der Zusammenhang der molekularen Eigenschaften der BR-Moleküle, über die optischen Parameter der BR-Filme hin zur Leistung eines darauf basierenden Mustererkennungssystems, ist in Tab. 2 noch einmal zusammengefaßt.

Tab. 2 Bedeutung der molekularen Eigenschaften von BR für die Systemleistungen eines holographischen Mustererkennungssystems mit BR-Filmen

Molekulare Eigenschaften des BR	Parameter der BR-Filme	Leistung des Mustererkennungssystems
• mol. Absorption & Quantenausbeute (B u. M) • M-Lebensdauer & Temperatur	• Lichtempfindlichkeit (M-Typ: 30 mJ/cm²)	• Bedarf an Laserleistung (Schreiben ≈ 25 mW/cm², Lesen ≈ 60mW/cm²)
• Übergangszeiten $B \rightarrow M$ & $M \rightarrow B$	• Hologrammanstieg und -zerfallzeiten (< 40 ms)	• Datendurchsatz (25 Bilder/Sek.)
• linearer Chromophor	• Polarisationsaufzeichnung	• Signal/Rausch-Verhältnis (45 dB)
• Purpurmembran-Form des BR bzw. der BR-Varianten	• Reversibilität (> 10^6) • thermische Stabilität	• Einsatzdauer der BR-Filme (Jahre) • Wartung des Systems
• Absorptionsbereich des B- und des M-Zustandes	• Spektralbereich (400 - 700 nm)	• nutzbare Laserlichtquellen (Krypton-Gaslaser, NdYag-Frequenzverdoppelt, HeNe, Laserdioden 650-670 nm)
• Dicke der BR-Filme (10 μm - 25 μm)	• ebene oder Volumenhologramme	• Einfluß der Braggbedingung • Raum-Bandbreiten Produkt • Quantifizierung von Ähnlichkeit
• Größe des BR (5 nm) • Unabhängigkeit der Reaktion einzelner BR-Moleküle	• räumliche Auflösung (5000 Linien/mm)	

5 Zusammenfassung

Mit den BR-Filmen konnte ein Korrelator realisiert werden, der Echtzeitmustererkennung mit einem sehr guten Signal/Rauschverhältnis erlaubt. Nicht nur die Szene in der gesucht wird (Vorlage), sondern auch das Suchkriterium kann in Echtzeit verändert werden.

Für einen möglichen technischen Einsatz ist die räumliche Trennung des sensitiven holographischen Korrelators, von den Umgebungsbedingungen der zu verarbeitenden Szenen wichtig. Die Schnittstelle zum BR-Korrelator für die Ein-/Ausgabe der Daten sind drei

Standard Videosignale. Die beiden Eingabeszenen werden mit Videokameras aufgenommen, das Ergebnis auf einem Monitor dargestellt.

Die mit dem 'BR-Korrelator' erzielten Systemleistungen sind, soweit aus der Literatur bekannt, bisher unerreicht von vergleichbaren Systemen (z.B. Rajbenbach *et al.*, 1991). Es soll hier erwähnt werden, daß die Systemleistung des BR-Korrelators derzeit durch die elektrooptischen Ein- und Ausgabekomponenten limitiert wird und nicht durch die Leistungsfähigkeit des BR-Films.

Dieses Vorhaben wurde mit finanzieller Förderung des *Bundesministeriums für Forschung und Technologie* (FKZ 0319231 B) durchgeführt.

6 Literaturverzeichnis

Bräuchle C., N. Hampp, D. Oesterhelt (1991) Optical applications of bacteriorhodopsin and its mutated variants. *Adv. Mater.* **3**:420-428.

Hampp N., C. Bräuchle, D. Oesterhelt (1990a) Bacteriorhodopsin wildtype and variant aspartate-96 → asparagine as reversible holographic media. *Biophys. J.* **58**:83-93.

Hampp N., C. Bräuchle, D. Oesterhelt (1990b) Optical properties of polymeric films of bacteriorhodopsin and its functional variants: new materials for optical information processing. *SPIE* **1125**:2-8.

Hampp N., R. Thoma, D. Zeisel, C. Bräuchle, D. Oesterhelt (1992a) Bacteriorhodopsin variants for holographic pattern recognition. *Biomolecular Electronics* (im Druck).

Hampp N., A. Popp, C. Bräuchle, D. Oesterhelt (1992b) Diffraction efficiency of bacteriorhodopsin films for holography containing wildtype BR_{WT} and its variants BR_{D85E} and BR_{D96N}. *J. Phys. Chem.* **96**:4679-4685.

Hampp N., R. Thoma, D. Oesterhelt, C. Bräuchle (1992c) Biological photochrome bacteriorhodopsin and its genetic variant Asp96 → Asn as media for optical pattern recognition. *Appl. Opt.* **31**:1834-1841.

Henderson R., J. M. Baldwin, T. A. Ceska, F. Zemlin, E. Beckmann, K. H. Downing (1990) Model for the structure of bacteriorhodopsin based on high-resolution electron cryo-microscopy. *J. Mol. Biol.* **213**:899-929.

Kouyama T., K. J. Kinosita, A. Ikegami (1988) Structure and function of bacteriorhodopsin. *Adv. Biophys.* **24**:123-175.

Lee T. C., J. Rebholz, P. Tamura (1979) Dual-axis joint-Fourier-transform correlator. *Opt. Lett.* **4**:121-123.

Mathies R. A., S. W. Lin, J. B. Ames, W. T. Pollard (1991) From femtoseconds to biology: Mechanism of bacteriorhodopsin's light-driven proton pump. *Annu. Rev. Biophys. Biophys. Chem.* **20**:491-518.

Miller A., D. Oesterhelt (1990) Kinetic optimization of bacteriorhodopsin by aspartic acid 96 as an internal proton donor. *Biochim. Biophys. Acta* **1020**:57-64.

Ni B. F., M. Chang, A. Duschl, J. Lanyi, R. Needleman (1990) An efficient system for the synthesis of bacteriorhodopsin in Halobacterium halobium. *Gene* **90**:169-172.

Oesterhelt D. (1989) Photosynthetic systems in procaryotes. The retinal proteins of halobacteria and the rection centre of purple bacteria. *Biochemistry Intern.* **18**:673-694.

Oesterhelt D., W. Stoeckenius (1971) Rhodopsin-like protein from the purple membrane of Halobacterium halobium. *Nature (London), New Biol.* **233**:149-152.

Oesterhelt D., W. Stoeckenius (1974) Isolation of the cell membranes of Halobacterium halobium and its fractionation into red and purple membrane. *Methods Enzymol.* **31**:667-678.

Oesterhelt D., C. Bräuchle, N. Hampp (1991) Bacteriorhodopsin: a biological material for information processing. *Quart. Rev. Biophys.* **24**:425-478.

Rajbenbach H., S. Bann, J. P. Huignard (1991) A compact photorefractive joint transform correlator for industrial recognition tasks. *Technical digest of optical computing topical meeting, Salt Lake City.*

Thoma R., N. Hampp (1992) Real-time holographic correlation of two video signals using bacteriorhodopsin films. *Opt. Lett.* **17**:1158-1160.

Tittor J. (1991) A new view of an old pump: bacteriorhodopsin. *Curr. Opin. Struct. Biol.* **1**:534-538.

Varo G., J. K. Lanyi (1991) Kinetic and spectroscopic evidence for an irreversible step between deprotonation and reprotonation of the Schiff base in the bacteriorhodopsin photocycle. *Biochemistry* **30**:5008-5015.

Chaos, Entropie und Sequenzanalyse

W. Ebeling
Humboldt-Universität Berlin, Fachbereich Physik
1040 Berlin, Invalidenstr. 42

1. Selbstorganisation komplexer Strukturen

Zu den wichtigsten Leistungen der modernen Wissenschaft gehört, daß das auf Intuition beruhende Konzept der griechischen Philosophen von CHAOS und KOSMOS heute wissenschaftlich durchführbar geworden ist. Das CHAOS war für die griechischen Denker der wüste Urzustand unserer Welt, aus dem sich durch kreative Prozesse der geordnete Kosmos entwickelt hat. Heute wissen wir mit einiger Sicherheit, daß unsere Welt vor etwa 17-20 Milliarden Jahren aus einer sehr heißen, dichten und homogen verteilten Urmaterie entstanden ist. Diese Urmaterie war völlig unstrukturiert, sie war "chaotisch". Am Beginn ihrer Entwicklung war unsere Welt also noch ohne jede Ordnung, sie hatte sich noch nicht entfaltet, war noch im Zustande höchster Symmetrie. In einem langen zeitlichen Prozeß wurden die ursprünglichen Symmetrien durch Prozesse der Selbstorganisation eine nach der anderen gebrochen und es bildeten sich immer neue Strukturen heraus (Ebeling et al., 1982, 1986, 1990; Eigen und Schuster, 1977, 1978; Nicolis und Prigogine, 1987).

Im Blickfeld der vorliegenden Untersuchung stehen informations- tragende Sequenzen, wie die Biomoleküle DNA und RNA, Texte als Buchstabenfolgen und Musikstücke als Folgen von Noten. Trotz der zentralen Bedeutung solcher Sequenzen für alle Lebensprozesse und für die menschliche Zivilisation ist ihre Struktur bis heute noch wenig verstanden (Grassberger, 1989, 1990; Li, 1991; Günther et al., 1992). Völlig ungeordnete (chaotische) Sequenzen entsprechen Bernoulli-Folgen. Das Gegenstück dazu bilden Folgen mit periodischer Anordnung gewisser Gruppen von Buchstaben. Die natürlichen oder auch künstlichen informationstragenden Sequenzen sind weder chaotisch noch sind sie periodisch. Ihre Struktur liegt zwischen Chaos und Ordnung. Sie ist das Ergebnis einer Kette von Prozessen der Selbstorganisation.

Wie wir gezeigt haben, müssen sich die Ordnungsstrukturen, mit denen wir es heute zu tun haben, aus ursprünglich chaotischen Strukturen entwickelt haben. Das CHAOS muß folglich kreative Potenzen in sich getragen haben. Zum Verständnis der Kreativität von chaotischen Zuständen hat die Theorie der Selbstorganisation und die moderne Chaosforschung ganz wesentlich beigetragen. Wir haben gelernt, daß sich die komplexe heutige Welt als Resultat von Prozessen der Selbstorganisation verstehen läßt.
Eine zentrale Rolle bei der Ausarbeitung der Theorie der Selbstorganisation und Evolution hat der Entropiebegriff gespielt (Haken, 1988; Wolkenstein, 1990; Ebeling und Feistel, 1992). Dieser Fundamentalbegriff der modernen Wissenschaften wurde implizit als Maß für die Unbestimmtheit des Ausganges von Glücksspielen schon im 18. Jahrhundert von De Moivre verwendet. Er wurde im 19. Jahrhundert dann durch Clausius, Boltzmann und Gibbs ausgearbeitet und durch die Arbeiten von Shannon, McMillan, Khinchin, Jaynes u.a. mehr oder weniger vollendet. Der Entropiebegriff wird auch die Grundlage der nachfolgenden Untersuchung darstellen.

2. Informationsentropie und Statistisch-Thermodynamische Entropie der Physik

Nach Shannon heißt die mittlere Unbestimmtheit einer normierbaren Wahrscheinlichkeitsverteilung p(x)

$$H = M\,[\ln (1/p(x))] = - \int dx\; p(x) \ln p(x) \qquad (1)$$

die Informationsentropie dieser Verteilung. Dabei definiert $\mathbf{x} = (x_1,\ldots,x_d)$ den Zustand des Systems bezüglich der zu beobachtenden Freiheitsgrade. Ist $\mathbf{x}$ ein vollständiger Satz von Koordinaten und Impulsen der Teilchen eines makroskopischen Systems $\mathbf{x} = (q_1,\ldots,q_{3N}, p_1, \ldots,p_{3N})$, dann gilt für die statistisch-thermodynamische Entropie S der Physik

$$S = k_B\, H \qquad (2)$$

Mit anderen Worten, die statistisch-thermodynamische Entropie eines physikalischen Makrozustandes entspricht der

Information, die notwendig ist, um den Mikrozustand aufzuklären. Die Informationsentropie steht in keinem direkten Zusammenhang zur statistischen Entropie, wenn die Zustandsvariablen **x** nicht ein kompletter Satz mikroskopischer Variablen sind. Häufig werden die **x** auf der Grundlage einer reduzierten Beschreibung konstruiert (Ordnungsparameter), wobei "irrelevante" mikroskopische Freiheitsgrade eliminiert werden. Die Informationsentropie der Wahrscheinlichkeitsverteilung der Ordnungsparameter stellt nur einen Bruchteil der gesamten statistischen Entropie dar. Dennoch ist dieser Anteil für die Strukturbildung entscheidend, da dissipative Strukturen durch kollektive Moden charakterisiert werden. Selbstorganisation und Strukturbildung vollziehen sich auf makroskopischer Ebene und werden durch makroskopische Freiheitsgrade bestimmt (Ebeling, 1992).

Wir gehen nun auf eine von Jaynes stammende Methode ein, die sich allgemein mit dem Problem des Schlußfolgerns auf der Basis unvollständiger Informationen befaßt (Ebeling et al., 1990). Angenommen, von einer normierbaren Wahrscheinlichkeitsverteilung P(x) sind nur m Erwartungswerte

$$\langle A_i \rangle = \int dx\, P(x)\, A_i(x)\ , \quad i=1,...,m \tag{3}$$

der Größen $A_i(x)$ bekannt. Gesucht ist die Verteilung P. Da die Vorgabe endlich vieler Erwartungswerte nicht ausreicht, um P eindeutig festzulegen, schlug Jaynes vor, die gesuchte Verteilung aus einem Variationsproblem zu bestimmen und die Informationsentropie unter Beachtung der Nebenbedingungen sowie der Normierungsbedingung

$$\int dx\, P(x) = 1 \tag{4}$$

zu maximieren. Das Ergebnis lautet

$$P(x) = Z^{-1} \exp\,[- \sum \lambda_i\, A_i(x)\,]\ , \tag{5}$$

wobei die Lagrange-Parameter λ_i implizit durch die Relationen

$$\langle A_i \rangle = - (\delta / \delta\lambda_i)\, \ln Z\ , \tag{6}$$

$$Z = \int dx \exp [- \sum \lambda_i A_i(x)] \quad (7)$$

gegeben sind. Unter allen Verteilungen mit den geforderten Erwartungswerten (3) wird die mit der größten Unbestimmtheit ausgewählt. Diese Vorgehensweise, so argumentierte Jaynes, entspricht der geschilderten Situation: Jede von (6) abweichende Verteilungsfunktion mit den vorgegebenen Erwartungswerten (3) würde auf zusätzlichen Informationen beruhen, die jedoch nach Voraussetzung nicht vorliegen. Wendet man diese Methode nun auf ein makroskopisches System an, welches sich im Kontakt mit einem Wärmebad befindet, so ist die Gesamtenergie

$$E = \langle H(p_1,...,q_{3N}) \rangle \quad (8)$$

fixiert und man erhält die kanonische Verteilung

$$\rho (p_1,...,q_{3N}) = Z^{-1} \exp [- \beta H(p_1,...,q_{3N})] \quad (9)$$

$$\beta = 1 / k_B T \quad (10)$$

Jaynes hat postuliert, daß das Prinzip der maximalen Informationsentropie auch auf Nichtgleichgewichtszustände anwendbar ist. Gelingt es, einen Satz von Größen A_i zu finden, deren Erwartungswerte den Zustand des Systems im Nichtgleichgewicht vollständig charakterisieren, so wird der sogenannte relevante statistische Operator ρ (t) aus dem Prinzip der maximalen Informationsentropie gewonnen (Röpke, 1987). Während die Anwendbarkeit des Prinzips der maximalen Entropie in abgeschlossenen Systemen auf dem II. Hauptsatz der Thermodynamik basiert und die kanonische Verteilung auch auf unabhängigem Wege abgeleitet werden kann, ist die Situation für gepumpte Nichtgleichgewichtssysteme weniger klar. Außerdem muß betont werden, daß das Prinzip der maximalen Informations-Entropie die grundlegende Frage offen läßt, welche A_i im konkreten Falle zu wählen sind bzw. welche Nebenbedingungen (3) anzuwenden sind. Die Fixierung der Energie verliert in gepumpten Systemen ihre dominierende Rolle als

Nebenbedingung. Von Haken (1988) ist das Prinzip der maximalen Informationsentropie mit dem Ordnungsparameterkonzept und der Bifurkationstheorie verknüpft worden, um die Willkür bei der Auswahl der Nebenbedingungen zu verringern. So läßt sich z.B. die Verteilungsfunktion für den Ein-Moden-Laser bestimmen, wenn als Nebenbedingungen die Korrelationsfunktionen der Intensität und der Fluktuationen des emittierten Lichtes fixiert werden. Entropieveränderungen unterliegen dem zweiten Hauptsatz, der nur solche Prozesse zuläßt, die keine Entropie vernichten.
Die "normale" Newtonsche oder Hamiltonsche Mechanik ist nun nicht in der Lage, den tiefliegenden Widerspruch zwischen der Reversibilität der mikroskopischen Bewegung und dem Irreversibilität fordernden zweiten Hauptsatz aufzuklären. Es bedurfte der Einführung eines neuen Konzeptes, welches von zentraler Bedeutung für die moderne Chaosforschung ist, seine Wurzeln jedoch bereits in Poincare's Arbeiten aus dem vorigen Jahrhundert hat. Es handelt sich um das Konzept der Instabilität einer Bewegung gegenüber einer Variation der Anfangsbedingungen, wir sprechen auch von Divergenz der Bahnen. Dieses Konzept der Instabilität, bzw. einer Divergenz der Bewegungen hängt wiederum mit einem weiteren Entropie-Begriff zusammen, der Kolmogorov-Entropie (auch Kolmogorov-Sinai-Entropie oder K-Entropie gennant).
Einfach gesagt, verstehen wir unter Instabilität die Eigenschaft bestimmter Systeme, daß benachbarte Bahnen ausananderstreben. Daß heißt, zwei anfänglich dicht benachbarte Trajektorien laufen in kurzer Zeit weit auseinander, eine kleine Variation der Anfangsbedingungen schaukelt sich bereits nach Durchlaufen eines kleinen Zeitintervalls zu großen Abweichungen auf. Eine kleine Unsicherheit in der Kenntnis edr Anfangsbedingungen führt nach kurzer Zeit zu weitgehender Unkenntnis des tatsächlichen Zustandes des Systems. Für instabile (stochastische) Gebiete des Phasenraumes wächst die Abweichung zweier ursprünglich dicht benachbarter Trajektorien exponentiell mit der Größe des Zeitintervalls an. Solche Systeme bezeichnet man heute als chaotisch. Es war schon Poincare (1892) bekannt, daß eine Reihe mechanischer Mehrkörperprobleme, wie das Dreikörperproblem der Himmelsmechanik, die Eigenschaft der Instabilität besitzen. Allerdings mußte nach Poincares genialen Ansätzen noch mehr als ein halbes Jahrhundert vergehen, bis ein Zusammenhang zwischen

der Instabilität mechanischer Bewegungen und dem zweiten Hauptsatz hergestellt wurde. Zu den Pionieren dieser wichtigen Richtung der Physik zählen Birkhoff, Hopf, Krylov, Born, Kolmogorov, Arnold, Moser, Sinai und Chirikov. Die Instabilität der mechanischen Bewegungen ist nach dem heutigen Verständnis die Ursache für den regellosen Charakter der molekularen Bewegungen in Gasen und makroskopischen Körpern, d.h. für das molekulare Chaos. Es existiert ein quantitatives Maß für das Auseinanderstreben von Trajektorien, welches man den Lyapunov-Exponenten nennt. Lyapunov war ein russischer Mathematiker, der Ende vorigen Jahrhunderts die mathematischen Grundlagen für dieses Konzept schuf, das heute seinen Namen trägt. Im engen Zusammenhang mit den Lyapunov-Exponenten steht die sogenannte Kolmogorov-Entropie. Diese Größe, welche eine Verallgemeinerung der Entropie einer Nachrichtenquelle nach Shannon, McMillan und Khinchin darstellt, ist unter recht allgemeinen Voraussetzungen gleich der Summe der positiven Lyapunov-Exponenten einer Bewegung. Auch Kolmogorov war ein russischer Mathematiker; er hat die neueren Entwicklungen noch wesentlich mit geprägt bevor er vor wenigen Jahren verstarb. Es sei betont, daß trotz der geschilderten wichtigen Beiträge noch viele wichtige Fragen offen sind, wozu insbesondere das Problem der Beziehung zwischen Kolmogorov-Sinai-Entropie und Entropieproduktion gehört. Eines ist jedoch schon sicher, die entscheidende Wurzel für die makroskopische Gerichtetheit ist die Instabilität, die Divergenz der mikroskopischen Bewegungen, d.h. das mikroskopische Chaos, welches durch eine positive Kolmogorov-Sinai-Entropie charakterisiert wird. Der chaotische Charakter der mikroskopischen Bewegung von Vielteilchensystemen führt zu einer neuen Qualität, der makroskopischen Irreversibilität. Der Übergang zur Nichtumkehrbarkeit der Bewegungen ist wiederum entscheidende Voraussetzung für Prozesse der Selbstorganisation.

3. Die Entropie von Sequenzen

Die Trajektorie von Prozessen in diskreten Zustandräumen entsprechen Folgen von Buchstaben, die zur Bezeichnung der Zustände eingeführt werden. Umgekehrt können Sequenzen von Buchstaben über einem Alphabet $A_1, \ldots A_\lambda$ als Prozeß in einem

Zustandsraum mit λ Zuständen dargestellt werden. Weiterhin können alle Prozesse in kontinuierlichen Zustandsräumen durch Buchstabenfolgen approximiert werden, wenn man den Zustandsraum in Zellen einteilt (symbolische Dynamik). Somit besteht eine sehr enge Beziehung zwischen Sequenzen und Dynamik. Der dynamische Standpunkt soll auch dieser Untersuchung zugrunde gelegt werden (Grassberger, 1990; Ebeling und Nicolis, 1990, 1992; Atmanspacher und Scheingraber, 1991).

Zwischen dem Charakter eines Prozesses und dem Ordnungs- bzw. Korrelationszustand der zugeordneten Sequenzen bestehen enge Beziehungen. So entsprechen Bernoulli-Prozesse einer ganz unkorrelierten (chaotischen) Buchstabenfolge, periodische Prozesse dagegen korrespondieren zu geordneten (periodischen) Buchstabenfolgen. Markov-Prozesse erzeugen Sequenzen mit einer kurzreichweitigen Teilordnung. Wie wir zeigen werden, existiert auf der Grenze zwischen Ordnung und Chaos der Fall einer ausgeprägten langreichweitigen Ordnung. Wir gehen nun systematisch daran, die im vorigen Abschnitt entwickelten Begriffe auf Sequenzen zu übertragen. Nehmen wir an, daß

$A_1A_2........A_n$

eine Teilsequenz der Länge darstellt und daß

$$p^{(n)}(A_1...A_n)$$

die Wahrscheinlichkeit ist, in der Gesamtsequenz den Block "$A_1...A_n$" zu finden. Weiter möge

$$p^{(n)} \quad (A_1...A_n|A_k)$$

die Wahrscheinlichkeit sein, nach dem Block "$A_1...A_n$" den Buchstaben "A_k" auf der Position (n + 1) zu finden. Wir definieren dann folgende Größen:

1) Die Entropie per Block der Länge n (Blockentropie):

$$H_n = - \sum p^{(n)} \, (A_1...A_n) \log p^{(n)} \, (A_1...A_n) \; . \tag{11}$$

Die Blockentropie bezeichnet die mittlere Unbestimmtheit von n-Blöcken

$$H_n = \; < \log 1/ \, p^{(n)} \, (A_1...A_n) > \; . \tag{12}$$

2) Die Entropie per Buchstabe eines n-Blockes:

$$H^{(n)} = H_n/n \tag{13}$$

3) Die bedingte Entropie als Ungewißheit des Buchstabens, der auf einen n-Block folgt:

$$h_n = H_{n+1} - H_n \qquad \text{if } n \geq 1 \tag{14}$$

$$h_0 = H_1$$

4) Die Entropie der Quelle nach Shannon, Khinchin und Mc Millan:

$$h = \lim_{n \to \infty} H^{(n)} = \lim_{n \to \infty} h_n \tag{15}$$

Letztere Größe ist das diskrete Analogon der Kolmogorov- Sinai Entropie dynamischer Systeme, die wir im vorigen Abschnitt eingeführt haben. Für Bernoulli-Prozesse gilt

$$h_0 = h_1 = \dots = h_n = h = \log \lambda$$

das heißt, die Ungewißheit ist immer gleich und kann durch Beobachtung eines Blockes nicht reduziert werden. Für Markov-Prozesse erster Ordnung fällt die bedingte Entropie nur beim ersten Schritt. Es gilt also

$$h_0 > h_1 = h_2 = h .$$

Für Markov-Prozesse m-ter Ordnung gilt

$$h_n = h \qquad \text{if } n \geq m \tag{16}$$

Von speziellem Interesse sind Prozesse mit langreichweitigem Gedächtnis, die einer weitreichenden Korrelation in den Sequenzen entsprechen. Mc Millan and Khinchin haben für ergodische Prozesse nachgewiesen, daß (Khinchin, 1957)

$$H_{n+1} \geq H_n , \qquad H^{(n+1)} \leq H^{(n)} \tag{17}$$

gilt und daß der Grenzwert in Gl. (15) existiert (Khinchin, 1957). In früheren Arbeiten haben wir die Hypothese aufgestellt, daß für eine sehr allgemeine Klasse von Sequenzen folgende Asymptotik gilt (Ebeling und Nicolis, 1991, 1992)

$$H_n = nh + gn^{\mu_0} (\log n)^{\mu_1} + e \qquad (18)$$

wobei

$$0 \leq \mu_o < 1 \qquad \text{oder} \qquad \mu_o = 1, \quad \mu_1 < 0 \qquad (19)$$

angenommen wird. In allen Fällen wo $g \neq 0$ gilt, liegt weitreichende Ordnung vor. Von besonderem Interesse ist der Fall

$$g > 0 \;, \; h = 0 \quad (\text{ or } h << 1 \;). \qquad (20)$$

Die Asymptotik ist dann

$$H_n = g\, n^{\mu_0} (\log n)^{\mu_1} + e \qquad (21)$$

$$H^{(n)} = gn^{(\mu_0 - 1)} (\log n)^{\mu_1} + en^{-1} \qquad (22)$$

Die Blockentropie zeigt dann lange Korrelationen. Spezielle Fälle sind logarihmische Gesetze

$$H^{(n)} = g \; (\log \; n)^{\mu_1} + en^{-1}, \qquad \mu_1 < 0 \qquad (23)$$

und Potenzgesetze

$$H^{(n)} = gn^{(\mu_0 - 1)} + en^{-1}, \qquad \mu_0 < 1 \qquad (24)$$

Unsere Arbeitshypothese besteht darin, daß informationstragende Sequenzen in vielen Fällen Korrelationen mit weitreichendem Charakter zeigen. Für die zugeordneten Prozesse entspricht das einem Gedächtnis sehr langer Reichweite. Um den Nachweis solcher Korrelationen bzw. Gedächtniseffekte zu führen, ist eine Entropieanalyse unter spezieller Berücksichtigung der Asymptotik für große n erforderlich.

4. Entropieanalyse von Sequenzen endlicher Länge

Seit Shannons berühmter Arbeit über die Entropie gedruckter englischer Texte (Shannon, 1951), gehört die Entropieanalyse zu den Standardverfahren der angewandten Informatik (Jaglom und Jaglom, 1984). Für die Berechnung der Entropien n-ter Ordnung benötigen wir die Wahrscheinlichkeiten aller möglicher n-Blöcke; insgesamt gibt es λ^n verschiedene Blöcke (Wörter). Steht für die Analyse eine Sequenz der Länge L zur Verfügung, können die Wahrscheinlichkeiten nur aus den ausgezählten relativen Häufigkeiten geschätzt werden. Für kleine Blöcke, die der Bedingung

$$\lambda^n \ll L$$

genügen, wirft diese Schätzung keine ernsten Probleme auf. Shannons Pionierarbeit folgte eine ganze Reihe von Untersuchungen von Texten in verschiedenen Sprachen sowie auch von Musikstücken (Jaglom und Jaglom, 1984). Die Existenz weitreichender Korrelationen in Texten mindestens bis zur Ordnung n = 100 darf heute als (fast) sicher gelten. Ob es für n > 100 zu einer Sättigung (Verschwinden der Korrelationen) kommt, wie z.B. Burton und Licklider (1955) vermuten, ist noch unklar. Einige Autoren (Hilberg, 1990, Ebeling und Nicolis, 1992) schließen auf Grund ihrer Analysen auf einen langsamen Abfall der Korrelationen in Texten nach einem Wurzelgesetz

$$H^{(n)} \sim g / \sqrt{n} \qquad (25)$$

Seit den 70er Jahren wurden Entropie- Untersuchungen auch auf die Struktur von Biosequenzen ausgedehnt. Als ein wesentliches Resultat dieser Untersuchungen darf man betrachten, daß die Struktur von Biosequenzen der von Markov-Prozessen höherer Ordnung ähnelt (Gatlin, 1972; Ebeling et al., 1982, 1987; Nicolis, 1991; Li, 1991; Herzel und Schmitt, 1992). Die genaue Ordnung dieser Prozesse steht heute noch nicht fest. Sowohl Gatlins Analyse als auch neuere Untersuchungen (Herzel und Schmitt, 1992) deuten darauf hin, daß die Ordnung mindestens 5 oder 6 ist.

Wir diskutieren nun einige methodische Fragen, die mit der Schätzung der Wahrscheinlichkeiten bzw. der Entropie verbunden sind. Nehmen wir zunächst an, daß ein Ensemble von N Wörtern

zur Verfügung steht, von denen N_1 zur Sorte 1, N_2 zur Sorte 2 usw. gehören. Sind $< N_i >$ die entsprechenden Mittelwerte, so sind die
mittleren relativen Häufigkeiten

$$q_i = < N_i > / N$$

die beste Schätzung für die Wahrscheinlichkeiten im Sinne der im 2. Kapitel besprochenen Entropiemaximierung. In Abb. 1 wurden die relativen Häufigkeiten für Wörter der Länge 3 und der Länge 6 aus einem deutschen Text (Kapitel 8 des Buches "Selbstorganisation in der Zeit") dargestellt. Dabei wurde eine Darstellung nach Pareto und Zipf entsprechend abfallender Häufigkeit gewählt. Man erkennt, daß die häufig verwandte Approximation durch Potenzgesetze für Wörter fester Länge nicht brauchbar ist. Man sieht weiter, daß mit zunehmender Wortlänge die Verteilung immer flacher wird und sich der Form einer einfachen Stufe nähert. Der mathematische Hintergrund für diese sogenannte E-Eigenschaft ist ein von McMillan und Khinchin für ergodische Prozesse bewiesenes Theorem (Khinchin, 1957).
Für die Berechnung der Entropie benötigen wir die Größe ($p_i \log p_i$); daher wird es günstiger sein, diese Größe anhand der Mittelwerte

$$< (N_i / N) \log (N_i / N) >$$

zu schätzen. Im Grenzfall $\lambda^n \gg L$ kann jedes Wort nur einmal auftreten, es muß daher gelten

$$< (N_i / N) \log (N_i / N) > \approx - (\log N) / N \qquad (26)$$

Im entgegengesetzten Grenzfall gilt nach Herzel (1988) die Abschätzung

$$< (N_i / N) \log (N_i / N) > \approx p_i \log p_i - 1 / 2N \qquad (27)$$

Wir benutzen nun das oben schon erwähnte E-Theorem vom McMillan and Khinchin. Es besagt, daß für genügend großes n die Menge der n-Wörter in zwei Klassen fällt:
1) Die Klasse der Standard-Wörter, welche häufig auftreten. Die Summe der Wahrscheinlichkeiten für Wörter dieser Klasse ist nahezu eins. In dieser Klasse mögen M verschiedene Wörter liegen. Sie sind nach McMillan und Khinchin nahezu gleich

häufig und ihre Wahrscheinlichkeit ist näherungsweise 1 / M .

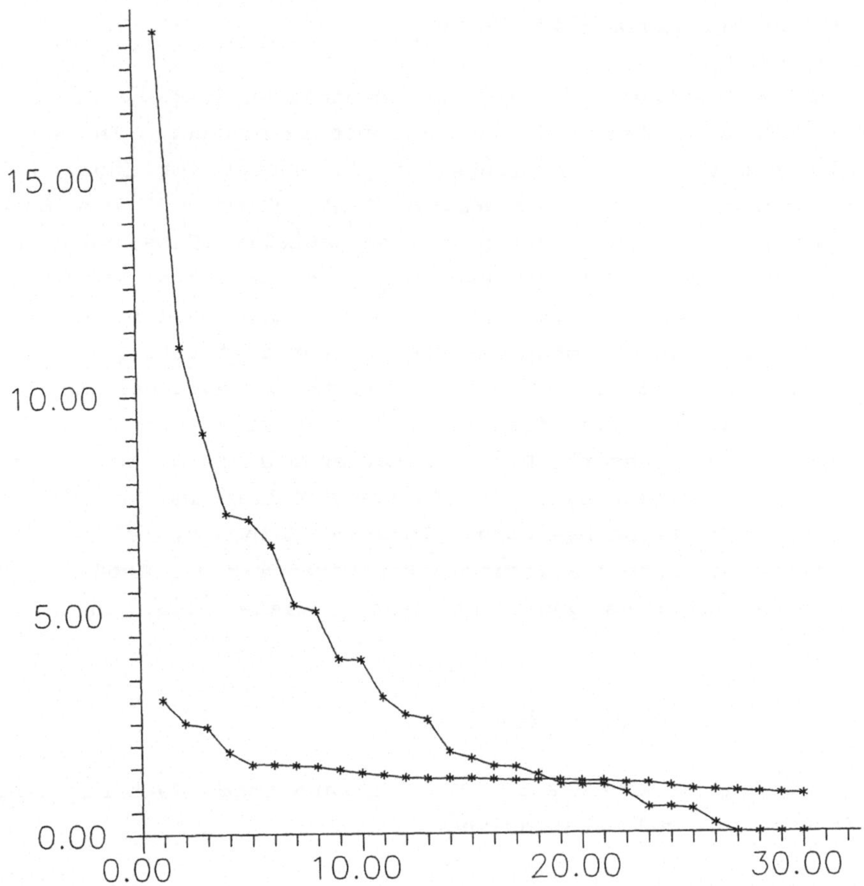

Abb. 1 Die rang-geordneten relative Häufigkeiten von Wörtern der Länge 3 und der Länge 6 für einen deutschen Text zur Theorie der Selbstorganisation, der mit einem 3-er Alphabet kodiert wurde.

2) Die Klasse der Nicht-Standard-Wörter, welche sehr selten auftreten. Die Summe der Wahrscheinlichkeiten für das Auftreten dieser Wörter ist nahezu Null.
Die grafische Darstellung dieser Eigenschaft entspricht der sich in Abb. 1 andeutenden Formation einer Stufenverteilung der Häufigkeiten. Die Zahl der Standard-Wörter hängt mit der Entropie zusammen und ist durch

$$M = N_n^* = \lambda^{H_n} \tag{28}$$

gegeben. Die gewonnenen Beziehungen lassen sich zu folgender einfacher Interpolationsformel verknüpfen

$$H_n(N) = \frac{H_n - .5\,(M/N) + C_2(M/N)^2 + \quad + C_m(M/N)^m\,(\log N)}{1 + C_m(M/N)^m} \tag{29}$$

Hierbei sind $C_k > 0$ und $m \geq 2$ freie Interpolationskonstanten. Man kann diese Formel zur Berechnung des Grenzwertes H_n verwenden, indem man jeweils eine Schätzung rechts einsetzt und iterativ den empirischen Mittelwert aus Folgen der Länge N, den wir $H_n(N)$ genannt haben, immer besser approximiert. Dabei ist es von Vorteil, einen möglichst umfangreichen Satz empirischer Daten für Sequenzen verschiedener Länge (aber aus demselben Text stammend) simultan anzupassen. Diese Anpassung kann auf grafischem Wege erfolgen (Ebeling und Nicolis, 1992). Auf diesem Wege wurden z.B. folgende Resultate (in Einheiten log λ) gefunden:

1) Text in deutscher Sprache (Kapitel 8 des o.g. Buches)

$$\lambda = 3: \quad H^{(n)} \approx 3.25\, n^{-.5} - 3.25\, n^{-1} \tag{30}$$

$$\lambda = 32: \quad H^{(n)} \approx 1.75\, n^{-.5} - .85\, n^{-1} \tag{31}$$

2) Klassische Musik (Sonate 31/2 von L. v. Beethoven)

$$\lambda = 3 \quad H^{(n)} \approx 6.7\, n^{-.75} - 5.9\, n^{-1} \tag{32}$$

$$\lambda = 32 \quad H^{(n)} \approx 4.1\, n^{-.75} - 3.3 \tag{33}$$

5. Diskussion

Das zentrale Anliegen dieser Arbeit bestand darin, die Rolle der Entropie für die Charakterisierung von Chaos und Ordnung herauszuarbeiten. Dabei sind wir der Hypothese gefolgt, das die Klasse der Prozesse, die auf der Grenze zwischen Chaos und

Regularität liegt, von besonderem Interesse ist. Um diese These zu beleuchten, betrachten wir noch einmal Biosequenzen, Texte und Notenfolgen.

Bekanntlich spielen Biopolymere eine zentrale Rolle für alle Lebensprozesse. Von besonderer Bedeutung sind dabei die Polynukleotide RNA, DNA und die Proteine. Formal handelt es sich bei diesen Molekülen um Sequenzen (Worte) über einem Alphabet mit $\lambda = 4$ bzw. $\lambda = 20$ Buchstaben. Es gibt nun

$$N_{\lambda n} = \lambda^{n} \tag{34}$$

verschiedene Möglichkeiten der Generierung von Sequenzen der Länge n. Wie man sieht, wächst die mögliche Anzahl von Sequenzen exponentiell mit der Länge an und diese Zahl ist für $n > 100$ so groß, daß es in der Natur keine Chance für die Realisierung aller Möglichkeiten gibt. Die real vorkommenden DNA-, RNA- und Proteinsequenzen müssen somit das Resultat einer außerordentlich scharfen Selektion sein. Selektion bedeutet formal, daß die Wörter der Länge n nicht mehr alle mit gleicher Wahrscheinlichkeit vorkommen. Nach dem E-Theorem von McMillan und Khinchin wird die Anzahl der häufigen Wörter durch die Entropie bestimmt und es gilt

$$N_n^* = \lambda^{H_n} \tag{35}$$

Mit der Skalen-Annahme aus Teil 3 folgt daraus

$$N_n^* = C\,\lambda^{nh + g\, n^{\mu_0}(\log n)^{\mu_1}} \tag{36}$$

Unter der Voraussetzung, daß $h \ll \log \lambda$ gilt, folgt daraus

$$N_n^* \ll \lambda^{n} \tag{37}$$

Die Entropie ist somit ein allgemeines Maß für die Schärfe der Selektion, die zur Auswahl der Klasse der Biopolymeren geführt hat. Der genaue Wert von h ist heute noch nicht bekannt. Wir wissen nur, daß die spezifischen Entropien für Polynukleotide mindestens bis zur 5. oder 6. Ordnung fallen. Gatlin (1972) hat für die DNA der Kaninchen-Leber einen Wert

$$h \approx 1.94 \text{ bit} \quad (38)$$

geschätzt. Wir glauben aber, daß exakte Untersuchungen zu noch wesentlich kleineren Werten führen werden.
Für die deutsche Sprache hat Küpfmüller (1954) den Wert der Entropie geschätzt zu

$$h \approx 1.3 \text{ bit} \quad (39)$$

Nach Hilbergs Untersuchungen, die durch unsere eigenen Befunde bestätigt werden, ist sogar h = 0 in Verbindung mit einem sehr schwachen Abklingen nach einem Wurzelgesetz keinesfalls ausgeschlossen. Durch ein solches Potenzgesetz wird die Existenz von Korrelationen auf allen Skalen ausgedrückt (Schroeder, 1991).
Kommen wir nun zur Entropie von Musik, die von uns formal als eindimensionale Notenfolge aufgefasst wird. Diese Annahme ist natürlich eine extreme Vereinfachung, die aber das hier untersuchte Problem der Existenz sehr weitreichender Korrelationen nicht berühren sollte. In den klassischen Untersuchungen von Pinkerton (1956) wurde Musik aus einem Kinderliederbuch auf eine Folge von 7 Noten aus einer einzigen Oktave (do, re, mi, fa, sol, la, si) ond dem Zeichen "O" für "Halten der Note" abgebildet. Der musikalische Text wurde als Folge von Achtelnoten geschrieben. In unserer Untersuchung wurde eine Beethovensonate ebenfalls als Folge von Achtelnoten kodiert. Dabei wurde zunächst ein stark reduziertes Alphabet mit nur 3 Buchstaben (Auf, Ab und Halten bzw. Pause) und später auch ein Alphabet mit 32 Buchstaben (2 1/2 Oktaven, Pause und halten eines Tones) benutzt. Die in den Gleichungen (32-33) zusammengefassten Resultate lassen den Schluß auf weitreichende Korrelationen auch in Tonfolgen zu. In anderen Worten, auch Musik (zumindest gute Musik) ist auf der Grenze zwischen Chaos und Ordnung angesiedelt. Wenn das zutreffen sollte, kann darin eine Bestätigung für Birkhoff's Theorie ästhetischer Werte gesehen werden. Nach Birkhoff ist ein Kunstwerk nur dann schön und interessant, wenn es weder zu regulär und vorhersagbar, noch zu sehr mit Überraschungen gespickt ist (Schroeder, 1991).
Zusammenfassend darf konstatiert werden, daß die Größe Entropie nicht nur eine zentrale Größe der Physik ist, sondern daß sie

auch von großer Bedeutung für die Aufklärung der Struktur informationstragender Sequenzen ist.

Literatur

H. Atmanspacher, H. Scheingraber (eds.): Information Dynamics, Plenum Press, New York, London, 1991

N.G. Burton, J.C.R. Licklider: Longrange Constraints in the Statistical structure of Printed English, Amer. J. Psychol. **68** (1955) 650

W. Ebeling: Chaos, Ordnung und Information, URANIA-Verlag-Verlag Leipzig und Verlag H. Deutsch Frankfurt/M. 1989

W. Ebeling, R. Feistel: Physik der Selbstorganisation und Evolution, Akademie-Verlag Berlin 1982, 1986

W. Ebeling, A. Engel, R. Feistel: Physik der Evolutionsprozesse, Akademie-Verlag Berlin 1990

W. Ebeling, H. Engel, H. Herzel: Selbstorganisation in der Zeit, Akademie-Verlag Berlin 1990

W. Ebeling, G. Nicolis: Entropy of Symbolic Sequences, the Role of Correlations. Europhys. Letters 14 (1991) 191; Word Frequency and Entropy of Symbolic Sequences a Dynamical Perspective. Chaos, Solitons and Fractals **2** (1992) 100

M. Eigen, P. Schuster: The Hypercycle. Naturwissenschaften 64 (1977) 541; 65 (1978) 341

R. Feistel: Ritualisation und die Selbstorganisation der Information. In: Selbstorganisation, Jahrbuch für Komplexität (U. Niedersen, Hrsg.), Duncker & Humblot, Berlin 1990

P. Grassberger: Estimation of Information Content of symbol sequences and Efficient Codes, IEEE Trans. Inf. Theory **35** (1989) 669; Randomness, Information and Complexity, Universität Wuppertal 1990

R. Günther, B. Schapiro, P. Wagner: Physical Complexity and Zipfs Law, Int. J. Theor. Phys. **31** (1992) 525

H. Haken: Information and Selforganization. Springer, Berlin, Heidelberg, New York 1988

H. Herzel: Complexity of Symbol Sequences. Syst. Anal. Model. Simul. **5** (1988) 435

H. Herzel, A. Schmitt: Zur Struktur von Biosequenzen, Humboldt-Universität Berlin 1992

A.I. Khinchin: Mathematical Foundations of Information Theory, Dover Publ.. New York 1957

K. Küpfmüller: Die Entropie der deutschen Sprache, Fernmeldetechn. Z. **6** (1954) 265

W. Li: On the Relationship Between Complexity and Entropy for Markov Chains and Regular Languages. Complex Systems **5** (1991) 399

G. Nicolis, I. Prigogine: Die Erforschung des Komplexen. Piper-Verlag München, Zürich 1987

R.C. Pinkerton: Information Theory and melody, Scientific American **194** (1956) 77

G. Röpke: Statistische Mechanik für das Nichtgleichgewicht, Dt. Verlag d. Wiss., berlin 1987

M. Schroeder: Fractals, Chaos, Power Laws, Freeman & Co., New York 1991

C.E. Shannon: Prediction and Entropy of Printed English, Bell Syst. Tech. J. 30 (1951) 50 -64

M. W. Wolkenstein: Entropie und Information. Akademie-Verlag Berlin und Verlag H. Deutsch Frankfurt/M. 1990

Entschlüsselung von Proteinfunktionen mit Hilfe des Computers: Erkennung und Interpretation entfernter Sequenzähnlichkeiten

Peer Bork

EMBL, 6900 Heidelberg
und
Max-Delbrück-Centrum für Molekulare Medizin, 1115 Berlin-Buch

Zusammenfassung

Anhand verschiedener Beispiele wird versucht, die Möglichkeiten der Sequenzanalyse bei der Erklärung von molekularer Proteinfunktion aufzuzeigen. Den Hauptanteil machen dabei die Homologiesuchen aus, die auf heuristischen Methoden basieren. Schon heute sind sie unverzichtbarer Bestandteil in allen an Genomprojekten beteiligten Labors. Doch eine sensitive Auswertung der Sequenzdaten erfordert eine Kombination vieler zusätzlicher Methoden, wie Aminosäurekompositions-, Stammbaum-, Muster- und Strukturanalysen. Trotz erstaunlich guter Ergebnisse bei Testbeispielen ist einerseits eine Automatisierung bei komplexen Aufgaben, wie der Analyse eines ganzen Chromosomes, andererseits eine Erhöhung der Sensitivität bei Detailproblemen wie Bindungsstellenvorhersage nötig.

1. Einleitung

In den letzten Jahrzehnten hat sich der Zugang zu einem Datenmassiv eröffnet, das entscheidend zumVerständnis molekularbiologischer Prozesse beitragen könnte - das in Textform vorliegende genetische Material. Große Hoffnungen verknüpfen sich mit der Entschlüsselung genetischer Information, die z. B. Aufschluß über Erbkrankheiten ermöglicht. Es wurden deshalb vor einigen Jahren Genomsequenzierungsprojekte für einige Organismen initiiert (s. z.B. Tab.1), die als Modelle für weitere Vorhaben dienen sollen. Durch diesen Übergang zur "Massenproduktion" beträgt der Anteil der innerhalb von Genomprojekten publizierten Sequenzdaten schon jetzt ca. 10%.

Tab1. Zusammenstellung und Stand einiger Genomprojekte. Weitere Projekte für Spezies wie Maus, Kresse oder Mycoplasma wurden bereits initiert.

	Anzahl sequenzierter Gene	Zu anderen Genen verwandt	Gesamt-anzahl	Voraussichtl. Komplettierungs-datum
Genomprojekte				
C.elegans			*≈15000*	*2000*
Chromosom III (Teil)	32	14(44%)		
Hefe			*≈7000*	*2002*
Chromosom III	176	67(38%)	*176*	*1992*
Chromosom IX (Teil)	46	15(33%)		
Bibliotheken expressionierter Gene				
Mensch			*≈50000*	*2010*
Gehirn	≈1400	406(30%)		
Caenorhabditis elegans			*≈15000*	*2000*
St.Louis-Cambridge	1517	512(34%)		
NIH	585	210(36%)		
E.coli	≈2000	≈800(40%)	*≈4000*	*1996*

Eine Datenflut ist absehbar, doch daß diese schneller als erwartet auf uns zukommen kann, verdeutlichen die kürzlich veröffentlichten Genkarten zweier menschlicher Chromosomen (Y und 21; [1,2]). Die überlappenden DNA Stücken wurden mit Hilfe sogenannter künstlicher Hefechromosomen (YAC: yeast artificial chromosome) konstruiert. Somit können schon jetzt die direkten Sequenzierungsarbeiten beginnen, die nach der Erstellung solcher genetischer Genkarten den zweiten, entscheidenden Schritt in einem Genomprojekt darstellen. Man rechnet nach diesem unerwartet schnellen Fortschreiten der Arbeiten nunmehr mit einer vollständigen Genkarte des Menschen in spätestens 5 Jahren, womit sich der in Tabelle 1 angegebene Zeitpunkt der Vollendung noch erheblich nach vorne verschieben dürfte. Mit diesem Tempo der Datenproduktion können sowohl die biochemische Charakterisierung als auch die 3D-Strukturaufklärung von Proteinen trotz immer besser werdender Methodik nicht mehr mithalten, was zu immer mehr Rohdaten führt, über die immer weniger bekannt ist.

Hier ist klar die Struktur- und Funktionsanalyse von Sequenzdaten gefordert. Es gilt also möglichst viel, der in diesen Daten enthaltenen Information zu entschlüsseln (d.h. z.B. Aufzudeckung extrem entfernter Verwandtschaften (Homologien) oder auch Vorhersage der 3D-Struktur), um die molekulare Funktion der entsprechenden Proteine verstehen zu lernen und Aussagen auf anderen Ebenen (wie z.B über genetisch-evolutionäre Mechanismen) machen zu können. Dabei tritt natürlich die Frage auf, ob die derzeitigen Methoden mit der zu erwartenden Datenflut zurechtkommen (siehe Abschnitt 2). Berücksichtigt werden müssen aber auch bei dem Sequenzvergleich viele Verkomplizierungen, wie zum Beispiel der modulare Aufbau vieler Proteinen, der zu nicht eindeutigen Funktionszuordnungen führt (siehe Abschnitt 3). Wie durch Sequenzanalyse gezeigt werden konnte, kann es sogar zum horizontalen Austausch von Proteinen oder Proteinteilabschnitten kommen, d.h. Organismen scheinen in der Lage zu sein fremdes genetisches Material in die eigene Vererbungsmaschinerie zu implementieren (siehe Abschnitt 4). Basierend auf den derzeitigen Erfahrungen in der Sequenzanalyse werden einige Erfordernisse in der Methodenentwicklung aufgezeigt (siehe Abschnitt 5), um die Funktionszuordnung auf der Basis von Sequenzvergeichen zu effektivieren.

2. Sequenzanalyse des kompletten Hefe Chromosoms III

Um den derzeitigen Entwicklungsstand der Sequenzanalyse und die Möglichkeiten der Struktur- und Funktionszuordnung einschätzen zu können, entwickelten wir ein Netzwerk aus Computermethoden, daß, bestehend aus Standardprogrammen und Eigenentwicklungen, von uns am ersten vollständig aufgeklärtem eukaryotischen Chromosomen (Hefe Chromosom III [3]) getestetet und optimiert wurde [4]. Die Auswertung dieser Fallstudie ergab (Abb.1), daß für mehr als 40% der wahrscheinlich 176 Proteine dieses Chromosoms eine definierte Funktion vorhergesagt werden kann, für weitere 20% sind zumindestens Einschränkungen des möglichen Funktionsspektrums erfolgt (z.B. Transmembranprotein, Lokalisation im Nucleus, ER-Durchquerungssignal etc.). Interessanterweise konnten für fast 15% aller ORF's (open reading frames; offene Leserahmen) dieses Hefechromosoms Ähnlichkeiten zu Proteinen mit bekannter Raumstruktur festgestellt werden (Abb.1), was mit impliziten 3D-Strukturvorhersagen einhergeht. Das Wissen über eine Protein-3D-Struktur ermöglicht wiederum sensitivere Homologiesuchtechniken, die einen Informationstransfer (Struktur und Funktion!) auf extrem entfernte Verwandte ermöglicht [5].

Dieser erstaunlich hohe Prozentsatz an klassifizierbaren Primärstrukturen resultierte nicht zuletzt aus der sorgfältigen Analyse sehr entfernter Ähnlichkeiten, die von Standardhomologiesuchprogrammen übersehen werden, deren Signifikanz aber mit verschiedenen Methoden nachgewiesen

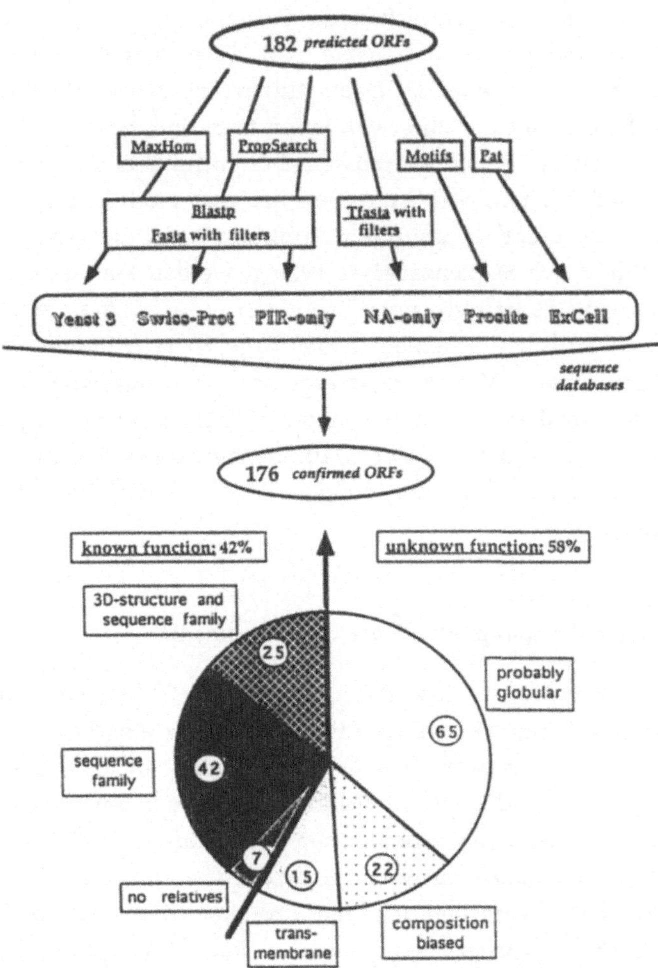

Abb.1 a) Methoden- und Datenbankeinsatz zur Sequenzanalyse des Hefechromosoms III. Derzeitigen Standarddatenbanksuchprogrammen wie Blastp [9] und Fasta [7] wurden zusätzlich nach verschiedenen Kriterien gefiltert [16]. Des weiteren wurden Profil- und Mustersuchen eingesetzt, wenn eine Erstzuordnung erfolgen konnte. Verschiedene Datenbanken wurden benutzt. Eine eigens erstellte Datenbank von Nukleinsäuresequenzen, die noch nicht in Proteindatenbanken übersetzt wurden, half zum Beispiel bei der Erkennung von 6 offenen Leserahmen (ORFs), die eindutig regulatorische DNA-Elemente darstellen und nicht codiert werden. PROSITE und EXCELL sind Musterdatenbanken, in denen markante (Signatur-) Regionen aus bekannten Protein (Domänen) -familien gespeichert sind [15, 12]. **b)** Anteil an Funktions- und Strukturzuordnung der wahrscheinlichen Proteine des Hefechromosoms III. Für mehr als 50% dieser Proteine können bislang kaum Vorhersagen getroffen werden [4]. Obwohl z.B. die Identifizierung von Transmembranregionen das Funktionsspektrum erheblich einengen, bleibt die eigentliche Aufgabe (Transporter, Rezeptor, Adhäsionsmolekül?) immer noch unerkannt. Das Verständnis der molekularen Funktionen erfordert das Wissen der 3D-Struktur, die in nur 15% aller Fälle und auch nur indirekt angenommen werden kann.

werden kann [6]. Das folgende Beispiel (Abb.2) zeigt ein sogenanntes "multiples alignment" eines der unbekannten ORFs aus dem Hefechromosom III mit verschiedenen Methyltransferasen.

```
                                                           ttt hh-hGtG Ghh   hh  h  h hh
HIOM_BOVIN   hydroxyindole O-methyltransferase         178 PFPLICDLGGGSGALAKACVSLYPGCRAI
CRTF_RHOCA   hydroxyneurosporen methyltransferase      228 DAKRVMDVGGGTGAFLRVVAKLYPELPLT
CARB_STRTH   RRNA methyltransferase                     74 PGEVVLEVGAGNGAITRELARLCRRVVAY
KSGA_ECOLI   S-adenosylmethionin dimethyltransfer.      37 KGQAMVEIGPGLAALTEPVGERLDQLTVI
MLS1_STAAU   RRNA adenyl-N-6-methyltransferase          30 KQDNVIEIGSGKGHFTKELVKMSRSVTAI
MTPS_PROST   modification methyltranferase PSTI         57 GEHEILDAGAGVGSLTAAFVQNATLNGAK
PIMT_BOVIN   protein-beta-aspart. methyltransferase     77 EGAKALDVGSGSGILTACFARMVGPSGKV
GLMT_RAT     glycine methyltransferase                  56 GCHRVLDVACGTGVDSIMLVEEGFSVTSV

YCR47c       yeast ORF                                  47 PCSFILDIGCGSGLSGEILTQEGDHVWCG

BIOC_ECOLI   protein involved in biotin conversion      42 KYTHVLDAGCGPGWMSRHWRERHAQVTAL
YT37_STRFR   hypoth. protein in transposon TN4556      126 PGESALDLGCGPGTDLGTLAKAVSPSGRV
YAT1_SYNP6   hypoth. protein in the GYRA 5' region      71 GRPRILDAGCGTGVSTDYLAHLNPSAEIT
YFAB_ECOLI   hypoth. 26.6KD protein                     56 FGKKVLDVGCGGGILAESMAREGATVTGL
SAHH_HUMAN   adenosylhomocycteinase                    340 AEGRLVNLGCAMGHPSFVMSNSFTNQVMA
GALE_ECOLI   UDP-glucose-4-epimerase                   254 PGVHIYNLGAGVGNSVLDVVNAFSKACGK
```

Abb. 2 Übereinanderlagung konservierter Bereiche in Methyltransferasen (oben) mit dem zu studierenden Hefeprotein (Mitte). Durch die Charakterisierung dieser konservierten Region lassen sich auch für weitere Proteine aus der Datenbank mit einem ähnlichen Muster (unten) Funktionsvorhersagen treffen. "Ähnlichkeit" beruht hier weniger auf den in Buchstabencode dargestellten Aminosäuren, als auf sich dahinter verbergenen sterischen und physikochemischen Eigenschaften, die in verschiedenen "Buchstaben" versteckt sein können.

Die Ähnlichkeit bezieht sich nur auf eine beschränkte Region und auch dort sind nur wenige Reste komplett in allen diesen Proteinen erhalten. Wir haben das Ergebnis einer Datenbanksuche mit einem Standardprogramm (FASTA [7]) nach verschiedenen Parametern gefiltert und Teilsegmente der Suchsequenz (des ORFs), die immer wieder eine lokale Ähnlichkeit zu anderen Proteinen aufwiesen extrahiert. Im paarweisen Vergleich würde eine solche schwache, lokale Ähnlichkeit keinem Signifikanztest standhalten, doch man kann gezielt positionsabhängige Eigenschaften mit Mustererkennungsprogrammen beschreiben und z.B. von dem in Abb.2 dargestellten Alignment ein Profil erzeugen und dieses zur erneuten Datenbanksuche verwenden. In Falle einer eindeutigen Diskriminierung zwischen den "Lernsequenzen" des Alignments und einiger neuer Kandidaten einerseits und dem "Hintergrundrauschen" nicht verwandter Proteinsequenzen andererseits, können diese Kandidaten den Lernsatz iterativ verbessern. Bei Konvergenz ergibt sich ein spezifisches Muster (s. Abb.2) das in einer abgegrenzten Sequenzfamilie funktionelle und/oder strukturelle Bedeutung hat

[8]. In diesem Fall ist bekannt, daß diese Sequenzregion in die Übertragung von Methylgruppen involviert ist. Solche und auch andere Beispiele zeigen, daß trotz zunehmender Automatisierung in der Homologiesuche menschliches Wissen eingebracht werden muß, um Grenzfälle (Sequenzähnlichkeiten unterhalb bestimmter Signifikanzabschätzungen) richtig zu deuten. Dies führt zu der Frage der Geschwindigkeit solcher Analysen angesichts großer Datenmengen (Tab.1). Im Falle des Hefechromosomes III fielen 'nur' 182 offene Leserahmen an, für deren Analyse wir immerhin 14 Tage benötigten [6]. Auch wenn in Zukunft also das menschliche Expertenwissen das Nadelöhr sein mag - die geschwindigkeitslimitierenden Schritte im Analyseprozess sind zur Zeit immer noch die Datenbanksuchen (Tab.2)

Tab.2 Homologiesuche von 182 Proteinsequenzen gegen verschiedene Datenbanken mit derzeitigen Standardmethoden.

Programm	time	Computer#	Datenbankgröße
BlastP [9]	3h	Silicon Graphics 4D/480	35000 Sequenzen
Fasta [7]	90h	VAX 6040	35000 Sequenzen
Fasta [7]	15h	Alliant FX 2800	35000 Sequenzen
TFasta [7]	23d	Silicon Graphics 4D/480	300000 Sequenzen
Extrapolation für die Auswertung eines kleinen menschlichen Chromosomes (ca. 5000 Sequenzen) in vielleicht schon 3 Jahren			
TFasta [7]	5000d	Silicon Graphics 4D/480	3000000 Sequenzen
Blaze*	160h	Maspar MP1	3000000 Sequenzen

bezogen auf 1 CPU, mit Ausnahme der Maspar MP1 4K-Prozessoren
*In der Entwicklung befindliches kommerzielles Produkt, das seine Geschwindigkeit durch Parallelisierung erhält.

Natürlich können verschiedene Aufgaben parallel abgearbeitet werden. Trotzdem gibt es für viele Problemstellungen innerhalb der Ähnlichkeitssuchen noch keine Lösungen. Es zeichnet sich ab, daß bestimmte funktionelle Merkmale anders als durch positionabhängige Textanalyse prognostiziert werden müssen. Beispiele sind Funktionen, die auf einer Häufung von bestimmten Aminosäuren basieren, nicht aber auf positionsabhängigen Wechselwirkungen beruhen. Solche 'ungewöhnlichen' Aminosäurezusammensetzungen stellen erhebliche Probleme bei der Signifikanzabschätzung gefundener Ähnlichkeiten dar (für einen Überblick derzeit angewandter mathematisch-statistischer Modelle siehe Referenz [10]). Ein weiteres Erschwernis bei der Homologiesuche ist zum Beispiel auch die durch genetische Mechanismen bedingte

Durcheinandermischung ganzer Genabschnitte ("exon shuffling"), die dann als funktionell und strukturell unabhängige Bausteine (Module) in unterschiedlichsten Proteinen zum Einsatz kommen [11]. Das Ergebnis solcher Prozesse sind modulartig aufgebaute Proteine, die nur partielle Ähnlichkeit zu anderen Molekülen aufweisen (für einen Überblick bisher bekannter Module siehe Referenz [12])

3. Entschlüsselung der modularen Architektur "moderner "Proteine

Als "moderne" Proteine werden hier solche bezeichnet, die nur in höherentwickelten (mehrzelligen) Organismen vorkommen, und die dementsprechend nur in bestimmten Prozessen wie Differenzierung oder Zell-Zell-Wechselwirkungen eine Rolle spielen (Abb.2). Die Bausteine solcher modularen Proteine lassen sich mit derzeitigen Standardverfahren nur schlecht nachweisen, da es sich immer nur um Teilabschnitte handelt, die zu dem auch noch sehr in der Sequenz variieren.

Eine effiziente Methode zur Beschreibung von Struktur- und Funktionsparametern, die auch in sehr entfernt verwandten Proteinen Gültgkeit besitzen, wurde schon erwähnt: Sequenzkonsensusmuster. Module können derzeit oft nur durch sehr flexible Konsensusmethoden beschrieben werden. Wir haben ein solches sensitives Verfahren entwickelt [8] und bereits an mehr als 100 Modulen getestet. Alle diese Domänen (Module) werden über ihre spezifischen Konsensusmuster in einer Datenbank erfaßt und stellen einen neuen Zugang zur Homologiesuche von Domänen dar: Neu sequenzierte Proteine werden mit der Musterdatenbank verglichen und entsprechende Module werden sofort ermittelt. Der Anteil dieser Module am Proteinbestand ist nicht unbeträchtlich, allein das Modul, welches zuerst in Immunoglobulinen gefunden wurde schätzt man heute als Bestandteil von mindestens 5% aller bekannter Proteine. Weitere weitverbreitete Module wie EGF ("epidermal growth factor"; siehe Fig.3) oder auch eine Domäne, die zuerst in dem Matrixprotein Fibronektin identifiziert wurde, kommen in ca. 2-3% aller Primärstrukturen vor [13]. Trotz dieser hohen Prozentzahlen wurden solche Module weder in Pflanzen, noch in Hefe gefunden, wohl aber in einigen Bakterien, die ja offensichtlich in der Evolution viel weiter von den Tieren entfernt sind als Pflanzen oder Hefe. Auch hier kann die Erkennung, aber auch die Interpretation von Sequenzähnlichkeiten Aufschluß über mögliche Gründe geben.

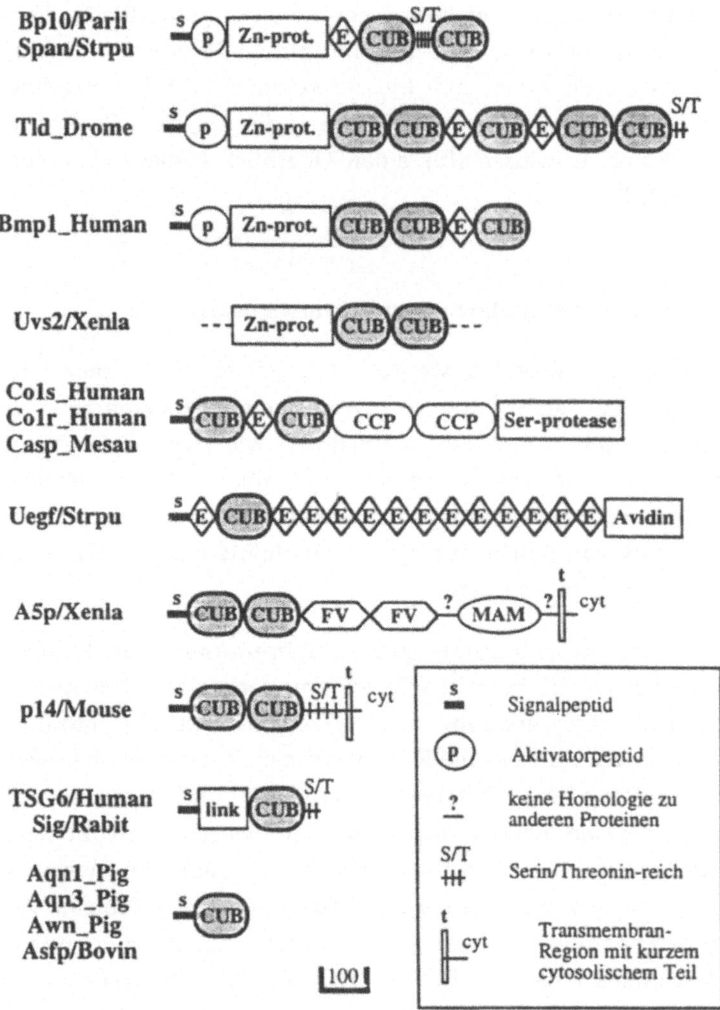

Abb.3 Modularer Aufbau einiger Proteine, deren einzige Gemeinsamkeit oftmals nur der CUB Baustein ist (dunkel), der auch mehrmals in einem Protein vorkommen kann (interne Duplikation von genetischem Material). Die paarweisen Ähnlichkeiten innerhalb verschiedener CUB Module sind oftmals unterhalb jeglicher Signifikanzabschätzung. Alle Mitglieder dieser Familie konnten dennoch mittels Mustersuchen eindeutig identifiziert werden. Mit diesen Homologien im Hintergrund konnten nun durch Analogieschlüsse auch Funktionsvorhersagen gemacht werden. Da für die meisten dieser Proteine bereits eine Rolle in Entwicklungsprozessen (Organogenese, Embryogenese) experimentell nachgewiesen wurde, liegen analoge Aufgaben für die restlichen Mitglieder dieser CUB-Familie nahe. Auf molekularer Ebene scheint der CUB-Baustein eine gezielte Carbohydratbindung innerhalb einer Signalweiterleitungskette zu realisieren.

4. Warum Bakterien Proteindomänen stehlen

Die Aufdeckung von "evolutionären Unregelmäßigkeiten" setzt neben der Erkennung von entfernten Verwandschaften eine Clusteranalyse voraus, mit der dann Dendrogramme (oder evolutionären Stammbäumen) aus einem multiplen Alignment ähnlicher Sequenzen heraus berechnet werden können. Eine sorgfältige Phylogenie-Analyse kann z.B. horizontalen Genaustausch aufdecken, d.h. den Erwerb fremden genetischen Materials (z.B. durch Plasmide oder Viren). Dies soll hier am Beispiel des Fibronektin Typ III Modules (eines Bausteines von ca. 90 Aminosäuren Länge, ähnlich den Immunoglobulindomänen) erläutert werden. Unter den über 300 Bausteinen dieses Types, die mit unserer Mustererkennungsmethode in Sequenzdatenbanken identifiziert wurden befanden sich auch 13 dieser Module in 7 verschiedenen bakteriellen Enzymen (Abb.4).

Aus dem multiplen Alignment aller Fibronektin Typ III Domänen wurden Dendrogramme konstruiert, die eindeutig die Abstammung der bakteriellen Domänen voneinander verdeutlichen (Abb.5). Aus zwei Phänomenen kann man nun den Erwerb dieser bakteriellen "Urdomäne" von einem eukaryotischen Genom ableiten. 1. Alle bakteriellen Module sind viel ähnlicher zu bestimmten eukaryotischen Sequenzen als diese untereinander. 2. Das Vorkommen der prokaryotischen Module entspricht nicht der bakteriellen Phylogenie: Taxonomisch entfernte grampositive und gramnegative Bakterien besitzen sehr ähnliche Fibronektin Typ III Module, aber diese untereinander sehr unähnliche. Der horizontale Austauch von genetischem Material innerhalb von Bakterien durch Plasmide ist bereits bekannt (Alle diese hier beschriebenen Bakterien coexistieren in oberen Erdbodenschichten!). Warum sollten Bakterien Proteinabschnitte von höheren Eukaryoten (Tieren) übernehmen? Die biologische Zusammenhänge bieten eine Erklärung an: Alle diese Enzyme spalten Carbohydrate, die als Energiequelle dienen. Fibronektin Typ III Module sind verschiedentlich als Carbohydratbindungsdomänen beschrieben. Besonders gut ist die Heparinbindungsstelle (einem Carbohydrat) im Fibronektin selber charakterisiert, an der die Module beteiligt sind, die im Dendrogramm den bakteriellen am ähnlichsten sind (Abb.5). Diese sind offenbar zur Affinitätssteigerung gegenüber den bakteriellen Substraten (Carbohydraten) in die Enzyme eingebaut worden [13]. Der Mechanismus des nachgewiesenen horizontalen Gentransfers (Eukaryot-Prokaryot) bleibt allerding nach wie vor im Unklaren.

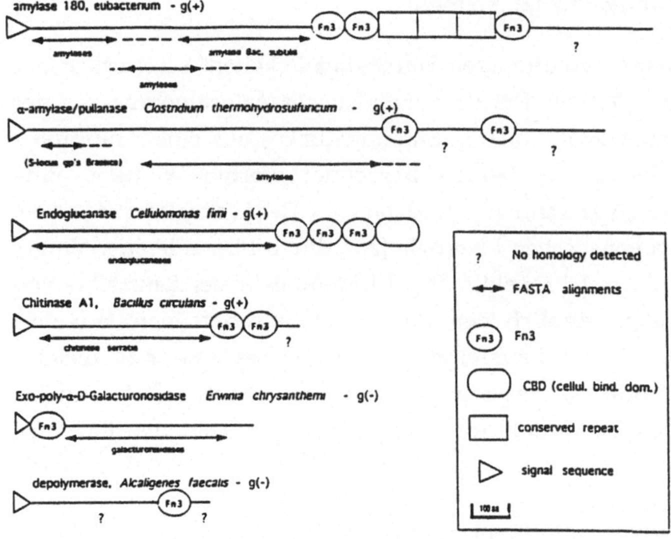

Abb.4 Verteilung von Fibronektin Typ III Domänen (FnIII) in verschiedenen prokaryotischen Enzymen. Alle diese Domänen sind um die eigenlichen Enzyme gruppiert, wahrscheinlich um die Affinität zu den jeweiligen Substraten (Carbohydrate) zu erhöhen.

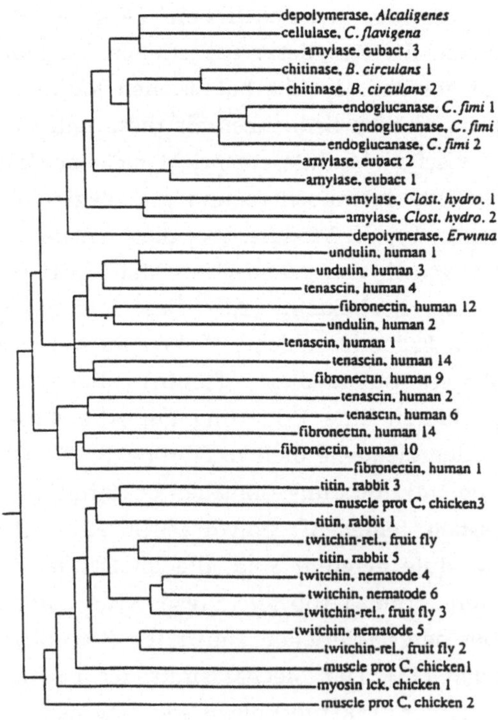

Abb.5 Dendrogramm eines Bausteins (Fibronektin Typ III Modul) aus ausgewählten Spezies einschließlich 7 verschiedener Carbohydrat-spaltender bakterieller Enzyme. Dieses Modul konnte bisher in über 300 Kopien in den verschiedensten tierischen Proteinen identifiziert werden [13]. Das Dendrogramm wurde mit dem Programm PAPA [17] erstellt

5. Offene Fragen und weitere Forschung

Die in den vorangegangenen Abschnitten behandelten Beispiele zeigen einerseits Möglichkeiten, andererseits aber auch noch Schwächen derzeitiger Methoden auf. Bei den Homologiesuchverfahren handelt es sich durchweg um heuristische Methoden, z.B. basieren sämtliche Signifikanzabschätzungen zur Untermauerung gefundener Homologien letztendlich auf vorhandenen Daten. Das Ähnlichkeitsmaß zweier Sequenzen - die Anzahl identischer Aminosäuren ist unterhalb von 25-30% verrauscht. Viele Ähnlichkeitsmatrizen von Aminosäuren wurden entwickelt, doch ist es bislang nicht möglich, beim paarweisen Vergleich unterhalb von 25% Sequenzidentität klare Signifikanzaussagen zu treffen. Wie soll man dann die Signifikanz von multiplen Alignments (z.B. Abb.2) abschätzen? Schwache Ähnlichkeiten gewinnen an Stärke, wenn bestimmte "Muster" in mehreren Sequenzen enthalten sind (weil sie z.B. für eine Funktion benötigt werden, Abb.2., siehe für einen Überblick charakterisierter Sequenzmuster die Musterdatenbank PROSITE [14]). Ein altes aber immer noch aktuelles Problem beim Sequenzvergleich - die Behandlung von Insertionen oder Deletionen - sei hier nur am Rande erwähnt. Schwierigkeiten bereiten derzeit auch noch Sequenzabschnitte, die in einem Protein dupliziert worden sind. Derzeitige Datenbanksuchalgorithmen konzentrieren sich nur auf das beste Alignment. Suboptimale Alignments werden unterdrückt und die sich wiederholenden Abschnitte übersehen. Ein weites Methodenspektrum eröffnet sich aus der Verbindung von Primär- und Tertiärstruktur. Man nimmt an, daß ca. 50% aller 3D-Faltungsmotive schon aufgeklärt worden sind [15] - schon bald wird man zu vielen Sequenzfamilien mindestens einen "Strukturprototypen" haben. Die Strukturinformation kann dann auf verschiedene Wege wieder zur sensitiven Sequenzsuche verwandt werden (siehe z.B. [5]). Die Analyse von Dendrogrammen oder Stammbäumen (siehe Abb.5) kann auch zur Funktionsbestimmung in Teilfamilien herangezogen werden, indem man diejenigen Positionen bestimmt, die für die Anordnung im Stammbaum verantwortlich sind. Da dies Positionen sind, die innerhalb von Teilfamilien konserviert, gegenüber anderen Teilfamilien aber variieren, stellen sie potentielle Kandidaten für eine spezifische Funktion dar. Kennt man nun noch die 3D-Struktur eines Mitgliedes der Sequenzfamilie, können solche Positionen in ihrer räumlichen Anordnung dargestellt und, auf mögliche Bindungstellen hinweisende 3D-Cluster charakterisiert werden. Bei der Analyse des Hefechromosoms III zeigte sich eine ungenügende Vernetzung vorhandener Methoden. Da an den Schnittstellen verschiedener Programme immer noch manuelle Eingriffe nötig sind (um z.B. Signifikanzfragen mit Hilfe funktioneller Zusatzinformation zu klären), müssen möglichst viele

Informationsquellen schnell bereit stehen. Eine benutzerfreundliche Integration verschiedenster Programme und Informationssysteme ist hier nötig. Da die experimentelle Charakterisierung von Proteinen hinter der stark zunehmenden Sequenzierung zurückbleibt, häufen sich schon jetzt die Fälle, in denen Sequenzfamilien, basierend auf Homologien, zusammengefaßt werden können, die genaue Funktion aber nicht bekannt ist. Für diese, in Zukunft sehr oft auftretenden Fälle ist eine kombinierte Funktionsanalyse denkbar: Ein Expertensystem, daß die Kombination von Computeranalyse und standartisierten experimentellen Tests beinhaltet.

Danksagung

Mein Dank gilt den Kollegen aus der Protein Design Gruppe am EMBL und aus dem Forschungsschwerpunkt Genetische Information am Max-Delbrück-Centrum für die Unterstützung bei den angeführten Beispielen. Chris Sander und Reinhard Schneider möchte ich für Diskussionen zu diesem Beitrag danken.

Literatur

1. Foote, S., Vollrath, D., Hilton, A. und Page, D. **(1992)** *Science* 258, 60-66.
2. Chumakov et al. **(1992)** *Nature* 359, 380-387.
3. Oliver, S.G. et al. **(1992)** *Nature* 357, 38-46.
4. Bork, P., Ouzounis, C., Sander, C., Scharf, M., Schneider, R. und Sonnhammer, E. **(1992a)** *Nature*, 358, 287.
5. Bork, P., Sander, C., Valencia, A. **(1992c)** *Proc.Natl.Acad.Sci.USA* 89, 7290-7294.
6. Bork, P., Ouzounis, C., Sander, C., Scharf, M., Schneider, R. und Sonnhammer, E. **(1992b)** *Prot.Sci.*, im Druck.
7. Pearson W.R. und Lipman, D. J. **(1988)** *Proc.Natl.Acad.Sci.USA* 85, 3338-3342.
8. Rohde, K. und Bork, P. **(1993)** *Comp.Appl.Biosci.*, eingereicht.
9. Altschul, S.F., Gish, W., Miller, W., Myers, E.W. und Lipman, D.J. **(1990)** *J.Mol.Biol.* 215, 403-410.
10. Karlin, S. und Brendel, V. **(1992)** *Science* 257, 39-49
11. Bork, P. **(1992)** *Curr.Opin.Struct.Biol.* 2, 413-421.
12. Bork, P. **(1991)** *FEBS Lett.* 286, 47-54.
13. Bork, P., Doolittle, R.F. **(1992)***Proc.Natl.Acad.Sci.USA* 89, 8990-8994.
14. Bairoch, A. **(1992)** *Nucl.Ac.Res.* 11, 2013-2018.
15. Blundell und Doolittle, R.F. **(1992)** *Curr.Opin.Struct.Biol.* 2,
16. Sander, C. und Schneider, R. **(1991)** *Proteins* 9, 56-68
17. Doolittle, R.F. und Feng, D.F. **(1990)** Methods in Enzym. 183, 659-669

Ein assoziatives System zur Unterstützung der DNS-Sequenzanalyse

K.-E. Großpietsch
Gesellschaft für Mathematik u. Datenverarbeitung
Postfach 1316
5205 St. Augustin 1

1 Einführung

In letzter Zeit ist man zunehmend an der Simulation komplexer biologischer Prozesse, z.B. von Vorgängen im Nervensystem, beim Stoffwechsel oder bezüglich der DNS-Synthese, interessiert. Die Komplexität der für diese Anwendungsfelder benötigten Algorithmen und Datenstrukturen führt auf Einprozessorsystemen i.a. zu sehr langen Ausführungszeiten. Hier treffen sich Performance-Anforderungen mit Rechnerarchitektur-Ansätzen, solche Leistungskriterien durch Organisation von Parallelarbeit sowie weitere hardwaremäßige Integration 'intelligenter' Verarbeitungseigenschaften in die lokalen Rechenelemente zu erfüllen. Dabei erscheinen folgende grundlegende Hardwarearchitektur-Eigenschaften bedeutsam:

- massiver Parallelismus von Rechenelementen;
- selektiv einstellbare Aktivitätsmuster auf Arrays solcher Rechenelemente;
- Rückkopplungsmöglichkeiten auf Hardwareebene zur direkten Implementierung adaptiven Verhaltens;
- Vermeidung unnötiger Datentransporte zwischen Prozessor und Speicher.

In diesem Zusammenhang erscheint auch die Benutzung assoziativer Systeme, d.h. von Systemen mit inhaltsorientiertem Zugriff und Verarbeiten von Daten, vielversprechend; durch den Fortschritt der VLSI-Technik sind solche Systeme erstmals mit vertretbarem Kosten/Performance-Verhältnis herstellbar.
Bereits in /GRO1/ wurde vorgestellt, wie ein assoziatives Parallelsystem zur Emulation biologischer Modelle, z.B. von genetischen Grammatiken, Stoffwechselmodellen oder neuronalen Netzen, eingesetzt werden kann. Nachfolgend wird diskutiert, wie eine solche Rechnerarchitektur auch für Anwendungen im Bereich der Sequenzanalyse neue Fortschritte bringen kann.

2 DNS-Sequenzanalyse

Ein Anwendungsgebiet aus dem Bereich der Biologie, in dem sich wegen der immensen Komplexität der zu untersuchenden Probleme wachsende Anforderungen an die Rechenleistung von Systemen ergeben, ist der Vergleich von DNS-Strings auf Identität oder, häufiger, Ähnlichkeit im Rahmen der DNS-Sequenzanalyse /HUA,LAN,LIP1,LIP2,LIP3/. Rechenzeitprobleme resultieren hier vor allem, weil eine große Anzahl sehr langer Strings miteinander verglichen werden müssen. Es genügt dabei nicht, nur jeweils die gleiche Indexposition j in Sequenzen der Länge n zu betrachten, da als erschwerende Bedingung infolge von Fehlstellen Teilstrings positionsmäßig gegeneinander verschoben sein können. Um z.B. m Strings der Länge n optimal auf Ähnlichkeit zu prüfen, benötigt man auf einem Einprozessorsystem den Zeitaufwand $O(n^m)$ /LIP1,LIP2/.
Typisch sind Sequenzlängen von $n \geq 1000$ bei DNS-Sequenzen (bei Proteinen 30 .. 300), bei jeder DNS-Sequenzposition können 4 verschiedene Alternativen (A,C,G,T) auftreten. Bekannt sind gegenwärtig ca. 70 000 DNS-Sequenzen, so daß bei Repräsentation der einzelnen Nukleotide als ASCII-Zeichen eine Gesamtdatenbank von gegenwärtig (mit stark steigender Tendenz) ca. 70 MByte resultiert. Das Maximum-Match-Problem z.B. zwischen Strings mit unterschiedlicher Länge ist auf Einprozessorsystemen durch dynamische Programmierung lösbar /LIP1,LIP2/; dies bringt jedoch bei der Untersuchung nicht nur einzelner Strings, sondern größerer Mengen dieser Strings unakzeptabel hohe Rechenzeiten mit sich. Auf normalen Workstations resultieren Ausführungszeiten in der Größenordnung von bis zu Monaten von CPU-Zeit /GON/. Darüber hinaus ist mit einem weiteren Anstieg des Bedarfs an Rechenleistung in dem Maße zu rechnen, wie weitere, bisher noch nicht behandelte Probleme der Molekularbiologie in den Blickpunkt der Forschung gelangen. Für einen Abgleich des menschlichen Genoms gegen sich selbst wird ein Bedarf von 10^3 Teraflops = 10^{15} Flops abgeschätzt /SAN/; Simulation von Problemen der Moleküldynamik wie z.B. Protein-Faltung über einen Zeitraum von auch nur 1 sec läßt einen Rechenbedarf von 10^{18} Flops erwarten.
Es liegt daher nahe, Möglichkeiten zu betrachten, die Ausführung der für diese Problemstellungen entwickelten Algorithmen durch spezielle Hardware (entweder parallel organisiert oder funktional aufgerüstet) zu unterstützen, wenn dadurch signifikante Rechenzeitverbesserungen (d.h. um eine oder mehrere Größenordnungen) erreicht werden /LIP3, SAN/. Dabei ist natürlich zu beachten, daß die Speicherung der gesamten String-Datenbank in einem solchen 'intelligenten' Verarbeitungssystem ebenfalls zu exzessiven Hardwarekosten führen kann. Hier wirkt sich erleichternd aus, daß ein gegebener String i.a. nicht mit sämtlichen Strings der Datenbank verglichen werden muß. Aufgrund einer Vorauswahl anhand einiger Primär-Merkmale scheidet die überwiegende Zahl der Strings als Vergleichskandidaten meist bereits aus. Für einen gegebenen String muß meist eine Familie von etwa s = 70...100 Strings genauer betrachtet werden, die als Kandidaten in Frage kommen.

Im Gegensatz zu anderen Anwendungen aus dem wissenschaftlich- technischen Bereich sind die benötigten grundlegenden Verarbeitungsoperationen relativ einfach (Vergleich auf Identität, heuristische Prüfung von Teilstrings wie z.B. bestimmter Umgebungen einer Stringposition auf partielle Übereinstimmung mit einem gegebenen Muster, versuchsweiser Austausch einzelner Nukleotidsymbole durch Alternativsymbole u.a.). Diese Operationen sind dagegen auf einer großen Zahl von Worten der Strings (u.U. auch auf allen) durchzuführen, gegebenenfalls unter Berücksichtigung lokaler Maskierungen.
Es werden also nicht so sehr Logikkomponenten mit extrem hoher arithmetischer Genauigkeit benötigt. Dagegen erscheint häufig ein möglichst günstiges Verhältnis von Prozessor- zu Speicherkapazität nützlich, im Extremfall 1 Bit Prozessorleistung für jedes gespeicherte DNS-String-Bit. Letzteres liegt augenblicklich noch um Größenordnungen über dem Verhältnis von Prozessorkapazität zu Speicherkapazität selbst bei modernen Höchst- leistungsrechnern (Z.B. kommen bei der Connection Machine CM2 auf jeden 1-Bit-Prozessor 65 Mbit Speicher).
Aus diesen Gründen werden auch Ansätze vorgeschlagen, ergänzend zu Höchstleistungsrechnern spezielle Hardware, die besonders etwa auf Such-oder Substitutionsoperationen für Strings ausgelegt ist, anzuwenden /LIP1,LIP2,YAM/.
Als Erweiterung solcher Ansätze erscheint auch die Benutzung assoziativ organisierter Parallelsysteme sehr erfolgversprechend, da sie viele für die Sequenzanalyse benötigte Grundoperationen in natürlicher Weise bereitstellen. Solche Ansätze sollten dabei in der Lage sein, für einen String oder Teile von ihm folgende Aufgaben durchzuführen:
- a) Prüfung auf vollständige Identität (ev. unter Maskierung bestimmter Sequenzpartien) mit einem Suchmuster;
- b) Prüfung auf Ähnlichkeit (nach vorgegebenen Metriken) mit einem solchen Muster;
- c) Versuchsweise Veränderung von Zeichenketten, um bessere Übereinstimmung mit einem Suchmuster zu erreichen.

Aufgabe a würde einen klassischen Assoziativspeicher erfordern, während die Aufgabenbereiche b und c besser durch ein assoziatives Prozessorsystem gelöst werden.
Eine solche gemischte assoziative Architektur wird nachfolgend kurz skizziert.

3 Die assoziative Rechnerarchitektur

Grundidee ist der Ansatz, einfache Prozessierungselemente direkt in einen assoziativ organisierten Speicher zu integrieren. Die Integration eines Bausteins z.B. für die Ausführung von Booleschen Verknüpfungen zwischen zwei Bits in jeder Bitzelle des Assoziativspeichers beinhaltet einen noch vertretbaren Anstieg der Zellfläche, so daß trotz dieser Erhöhung der Komplexität der Grundzelle noch eine ausreichende Speicherkapazität erzielbar ist.

Das Konzept geht davon aus, Speicherbereiche unterschiedlicher Intelligenz in einer aufwärtskompatiblen Hierarchie miteinander zu kombinieren. Vorgesehen sind hier drei Stufen (s. Abb. 1):
- Speicherbereiche mit normalem RAM-Speicher;
- Bereiche mit zusätzlicher Assoziativspeicher(CAM)-Funktionalität;
- als "intelligentesten" Teil des Systems ein inhaltsadressierbarer Prozessor/ Register-Array (Content-addressable Processor/Register Array, CAPRA), bei dem, wie oben angedeutet, Verarbeitungslogik in die Speicherzellen mit integriert ist. Aufwärtskompatibilität bedeutet dabei, daß die "intelligenteren" Speicherkomponenten auch zusätzlich die Funktionalität der "primitiveren" Komponenten besitzen. Dies schließt insbesondere ein, daß der gesamte Bereich wie ein einheitlicher RAM-Speicher ladbar und lesbar ist und von der Speicherverwaltung als einheitlicher Adreßraum behandelt werden kann. Code kann je nachdem, in welchem Teil der Hierarchie er verarbeitet werden soll, vom Hintergrundspeicher segmentweise in den RAM-, CAM- oder CAPRA-Bereich geladen werden.
Im einzelnen haben die Komponenten folgende Eigenschaften:
- Der CAM-Speicher hat auch zusätzlich Möglichkeiten für RAM-Zugriff.
- Im CAPRA-Teil der Speicherhierarchie (s. Abb. 2) ist der Kern einer Bitzelle wiederum das normale Speicherflipflop SF. Zusätzlich gibt es in der Zelle einen einfachen logischen Funktionsblock BOOL; er erlaubt es, den Inhalt des Speicherflipflops der Zelle und den Inhalt der Schreib/Lese-Leitung durch eine Boolesche Einbit-Operation miteinander zu verknüpfen.
- Jeder Wortzelle im CAPRA ist eine einfache 4 Bit- ALU/Shifter- Einheit zugeordnet; auf diese Weise kann bit- als auch wortparallele arithmetische Verarbeitung von allen Datenworten im CAPRA erfolgen; für den typischen Fall einer Wortlänge von $W = 32$ Bits kann das Prozessieren aller Bits des CAPRA-Segments in etwa 8 Zyklen durchgeführt werden.
- Ein zusätzliches Flagbit AF ist jeder Bitzelle des CAPRA zugeordnet; dies ermöglicht es z.B., in flexibler Weise 'Aktivitätsmuster' auf dem Array zu definieren; auf diese Weise kann man den Fall behandeln, daß nicht in allen Zellen des CAPRA eine vorgegebene Operation auszuführen ist, sondern nur auf einem (beliebigen) Teilmuster von Zellen des CAPRA-Arrays.
- Für den RAM-Zugriff ist ebenfalls eine Generalisierung vorgesehen /GRO1, GRO2/ : Der Speicherdecoder wird um ein Maskenregister erweitert; durch Setzen von Bits dieses Registers auf 1 können beliebige Bits der Ursprungsadresse zu 'don't care'-Bits erklärt werden. Auf diese Weise wird simultaner Zugriff auf eine Menge von Wortzellen, die in ihren Adressen gemeinsame Teilmuster besitzen, möglich.
Zur ALU können zum einen die Bits der zugehörigen Wortzelle in Gruppen von je 4 Bits übertragen werden; zur Vermerkung interner Daten steht außerdem ein 4-Bit-Eingaberegister und ein Flagbit FLAG zur Verfügung. Die ALU kann dabei nicht nur auf das eigene 4-Bit-Register zugreifen, sondern auch auf diejenigen der ALUs der beiden Nachbarzellen. Damit wird in einfacher Weise eine

Kommunikation zwischen Nachbarwortzellen im CAPRA-Bereich ermöglicht. Das Segment von CAPRA-Wortzellen innerhalb des Speichers wirkt wie ein "idealer" intelligenter Koprozessor zu dem außerhalb des Arbeitsspeichers liegenden, sequentiell arbeitenden Hauptprozessor: Der Koprozessor befindet sich im Hauptspeicher des Hauptprozessors; aufwendige Datentransporte zwischen dem Arbeitsspeicher und einem lokalen Koprozessor-Speicher entfallen damit! Die Operation dieser Architektur ist in /GRO2/ im Detail diskutiert worden. Eine vollständige formale Spezifikation liegt in /KOH/ vor; die Funktion der Grundzellen ist auf Transistorebene mittels des Schaltkreissimulators SPICE überprüft worden. Es wurde eine Maschinensprache definiert, und es existiert für die genannte Architektur ein Simulator, an dem sich in Maschinensprache geschriebene Programme auf ihre Eigenschaften untersuchen lassen.

4 Leistungsabschätzung anhand eines typischen Sequenzanalyse-Beispiels

Im folgenden sei betrachtet, wie die Behandlung einer Familie von DNS-Sequenzen durch die eingeführte assoziative Architektur unterstützt werden kann.

4.1 Vorverarbeitungsphase

Zunächst diskutieren wir die Vorverarbeitung aufgrund grober Merkmale: Aus einem Datenbestand von ca. d = 70 MByte (entsprechend d/1000 = 70 k unterschiedlicher Strings) sind ca. s = 70..100 Strings als Kandidaten auszuwählen. Die Auswahl erfolgt aufgrund der heuristischen Auswertung einzelner isolierter Merkmale der Strings. Es sei angenommen, daß für solche Auswertealgorithmen pro String (von 1000 Bytes) auf ca. w = 100 Bytes des Strings jeweils eine sequentielle Prozedur von ca. o = 50 Maschinenoperationen (z.B. u.a. Shiftoperationen zum Positionieren von Suchmasken) notwendig ist.
Zunächst muß der gesamte Datenbestand in den Hauptspeicher geladen werden. Hierzu sind bei einer Speicher-Wortlänge W von 32 Bits = 4 Bytes und bei einer Zugriffsdauer von größenordnungsmäßig l=100 nsec pro Wort insgesamt

$$t = d/4 \cdot l = 70/4 \cdot 10^6 \cdot 10^{-7} = 1.7 sec$$

notwendig. Anschließend benötigt man für die Vorauswahl der Kandidaten bei dem betrachteten Beispiel im Falle eines Einprozessorsystems mit einer Maschinenoperationszeit von T = 0.5 μsec eine Zeitdauer von

$$d/1000 \cdot w \cdot o \cdot T = 70 \cdot 10^3 \cdot 100 \cdot 50 \cdot 0.5 \cdot 10^{-6} = 175 sec \approx 6 Min.$$

Bezüglich der Architektur des Assoziativrechners wird von einem CAPRA-Segment von s = 10^4 Wortzellen (realisierbar in ca. 10 Chips) ausgegangen. Zur Vorverarbeitung werden jeweils $4 \cdot 10^4$Bytes der Datenbasis in die 10^4 Wortzellen des

CAPRA-Segments geladen, was $10^4 \cdot 10^{-7} = 10^{-3}$ sec benötigt. Dabei werden jeweils Worte gleicher Position in unterschiedlichen Strings gemeinsam in das Segment geladen.
Die lokale Vorverarbeitung kann parallel in allen 10^4 Wortzellen erfolgen, wobei zur Ausführung einer Operation auf einem Byte 2 Takte der jeweiligen 4-Bit ALU notwendig sind. Die Ausführungszeit für die Vorverarbeitungsphase verkürzt sich damit gegenüber dem Einprozessorsystem größenordnungsmäßig um den Faktor $10^4/2$ auf 0.035 sec, d.h. sie ist praktisch vernachlässigbar gegenüber der Ladezeit.
Als Ergebnis der Vorverarbeitung liegt eine Familie von s $\approx$ 100 Sequenzen a 1000 Bytes vor. Die feinere Verarbeitung kann dann

- in einem Assoziativspeicher-Segment erfolgen (wenn auf reine Identität abzuprüfen ist);
- im CAPRA-Segment stattfinden, wenn z.B. auch ähnliche Symbole erkannt werden oder versuchsweise Manipulationen stattfinden sollen.

4.2 Weitere Verarbeitung der ausgewählten String-Familie

Für den Vergleich kommt es darauf an, festzustellen, ob der String i in Byteposition j mit den entsprechenden Merkmalen des jeweils anderen Strings

- in der gleichen Position j
- in einer Umgebung dieser Position (Verschiebung durch Fehlstellen, Einschübe)

exakt übereinstimmt bzw. ähnlich ist (wie auch immer diese Ähnlichkeit definiert ist).
Dies wird in der eingeführten Architektur unterstützt durch folgende Komponenten:

- die assoziative Suchlogik;
- die übrige parallele zelluläre arithmetische oder Boolesche Logik;
- die vertikale Maskierung;
- die horizontale Auswahl von Wortzellen über den maskierbaren Decoder (man kann damit z.B. nicht nur alle Bytepositionen j in allen Strings der Familie, sondern auch ihre Nachbarn j-k, j-k+1, ...j-1, j+1, ..., j+k-1 ($0 < k < (n-1)/2$) markieren).

Zum vollständigen Vergleich eines Worts eines Strings mit den entsprechenden der anderen Strings wird dieses Wort den anderen als Suchmuster angeboten. Auf den vormarkierten Zellen werden parallel die Vergleichsoperationen

durchgeführt. Gegenüber einem rein sequentiellen System erzielt man eine Beschleunigung um den Faktor s · 2 k; z.B. resultiert für s = 100 und k=10 eine Verbesserung um den Faktor 2000.
Die lokalen Treffer um eine Byteposition j herum können durch lokalen Informationsaustausch zwischen den entsprechenden Nachbarzellen weiter komprimiert werden, so daß nur ein Wort als Gesamttrefferinformation ausgegeben werden muß. Es kann gezeigt werden, daß durch geschickte Zusammenführung aller wortlokalen Treffersignale über die ALUs die Aufaddierung der Trefferanzahl in $O(\sqrt{n})$ durchgeführt werden kann /REE/. Dies ist bei den betrachteten Stringlängen von n ≈ 1000 größenordnungsmäßig nicht wesentlich von dem optimalen Wert O(log n) entfernt, den man bei Verwendung eines mit wesentlich höherem Hardwareaufwand verbundenen Additionsbaums erhalten würde.
Auch gegenüber anderen Parallelarchitekturen wie z.B. der Connection Machine CM2 erscheint damit die CAPRA-Architektur bezüglich der Performance-Probleme bei der Sequenzanalyse als interessante Ergänzung, da

- im Vergleich zur CM2 beim CAPRA-System auf einem erheblich höheren Prozentsatz der Speicherkapazität direkt Rechenoperationen ausgeführt werden können;
- die Wortbreite für Boolesche und arithmetische Operationen erheblich größer ist;
- bei der Sequenzanalyse besonders häufig benötigte Grundoperationen wie Vergleiche, Maskierungen u.a. in natürlicher Weise bereitgestellt werden.

Es sei hier nochmals darauf hingewiesen, daß die Bereitstellung der Daten für den CAPRA-Bereich gegenüber dem sequentiell arbeitenden Hauptprozessor keinen zusätzlichen Zeitaufwand bedeutet; der CAPRA-Bereich des Hauptprozessor-Arbeitsspeichers steht sowohl für Datenzugriffe durch den Hauptprozessor als auch für die Behandlung der Daten in den Logikzellen zur Verfügung.

5 Zusammenfassung

In dieser Arbeit ist die Anwendung einer assoziativen Architektur zur Unterstützung der DNS-Sequenzanalyse untersucht worden. Die Architektur wurde kurz skizziert, und einige resultierende Leistungsverbesserungen wurden abgeschätzt; die Möglichkeiten der Verwendung einer assoziativen Architektur erscheinen insgesamt vielversprechend.

6 Literatur

/CM/ Connection Machine User's Guide
Thinking Machines Corporation 1990

/GON/ G.H. Gaston, M. Cohen, S.A. Benner
Exhaustive matching of the entire protein sequence data base
Science, Juli 1992, S. 1443-45
/GRO1/ K.-E. Großpietsch
Assoziative Systeme zur Emulation biologischer Informationssysteme
Proc. Symposium 'Informationsbildung in Biosystemen', Bonn 1991, S. 105-120
/GRO2/ K.-E. Großpietsch
Intelligent processing by means of associative systems
in: B. Soucek (Ed.), Fast, invariant,parallel, and dynamic intelligence
to appear at John Wiley and Sons, 1992
/HUA/ X. Huang, W. Miller, S. Schwartz, R.C. Hardison
Parallelization of a local similarity algorithm
Computer Applications in the Biosciences, Februar 1992, S. 135-165
/KOH/ M. Kohn, U. Schäfer
Entwurf und Simulation eines assoziativen Prozessorsystems
Diplomarbeit, Universität Bonn 1991
/LAN/ E.S. Lander, R. Langridge, D.M. Saccocio
Computing in molecular biology: Mapping and interpreting biological information
Computer, November1991, S. 6-13
/LIP1/ D.J. Lipman, W.R. Pearson
Rapid and sensitive protein similarity searches
Science, Vol. 227, März 1985, S. 1435-1441
/LIP2/ R.J. Lipton, D. Lopresti
A systolic array for rapid string comparison
Proc. 1985 Chapel Hill Conference on VLSI, S. 363-376
/LIP3/ R.J. Lipton, T.G. Marr, J.D. Welsh
Computational approaches to discovering semantics in molecular biology
Proc. IEEE, Vol. 77, Juli 1989, S. 1056-1060
/REE/ R. Reetz
Parallele Algorithmen und Anwendungen für das assoziative Prozessorsystem CAPRA
GMD-Studien Nr. 207
Gesellschaft für Mathematik und Datenverarbeitung, St. Augustin 1992
/SAN/ C. Sander, R. Schneider, P. Stouten
The human genome and high performance computing in molecular biology
in: Supercomputing 92, Lecture Notes in Computer Science, Springer-Verlag Heidelberg Berlin New York 1992
/YAM/ H. Yamada et al.
A high-speed string-search engine
IEEE J. Solid-State Circuits, Vol. 22, Oktober 1987, S. 829-834

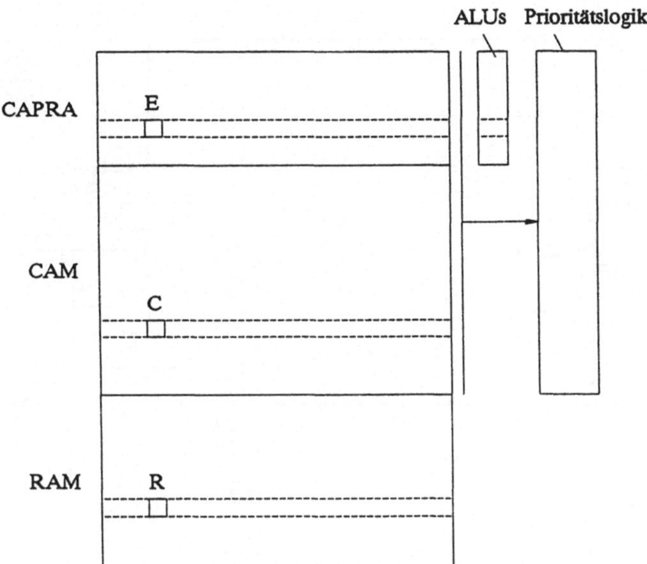

Abb. 1: Struktur der vorgeschlagenen Architektur

---- ----	Wortzellen
C	CAM-Bitzelle mit Vergleichslogik
E	erweiterte Bitzelle mit Boolescher Logik
R	normale RAM-Bitzelle

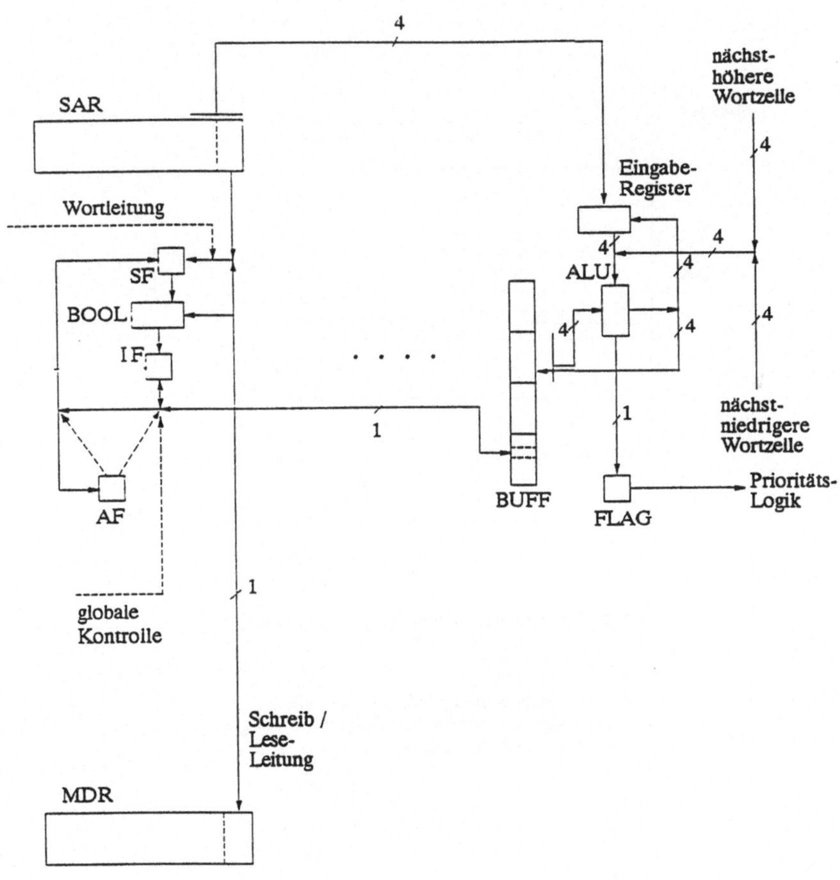

Abb. 2: Schema einer 1-Bit-Speicherzelle und der 4-Bit-ALU-Stufe innerhalb einer CAPRA Wortzelle

Abbreviations:

AF	Aktivitäts-Flag
BOOL	Logischer Block für Boolesche Operationen
BUFF	ALU-Eingabe-Puffer
IF	intermediäres Flipflop
MDR	Memory Data Register
SAR	Suchargument-Register
SF	Speicher-Flipflop
——▸	Daten-Leitungen
- - - -▸	Kontroll-Leitungen

MODEL CALCULATIONS OF PROTEIN-WATER SYSTEMS AND OF LONG TIME DYNAMICS OF PROTEINS

I. Muegge[1], A. Irgens-Defregger[2], and E. W. Knapp[1,2]

[1] Freie Universität Berlin
Fachbereich Chemie
Institut für Kristallographie
Takustr. 6
W-1000 Berlin 33
Germany

[2] Physik Department
Technische Universität München
W-8046 Garching
Germany

Abstract:
To study the structure function dynamics relationship of proteins, computer simulations of protein dynamics in all detail and at long times are helpful. Results on the dynamics of large protein-water system are presented. The structure and dynamics of water are characterized by using geometrical criteria. Furthermore, prelimenary results on Monte Carlo dynamics of a protein model suitable for long times are exhibited.

I. Introduction

Protein folding[1-3] and the structure function dynamic relationship[4-7] of proteins belong to the unsolved problems of molecular biology. Protein folding dynamics and functional processes in proteins are slow as compared to picosecond and subpicosecond dynamics of vibrational degrees of freedom which are easily accessible by conventional methods of computer simulation. The challenge of these problems has attracted many experimental and theoretical groups. Theoretical activities in this field range from modelling of biological macromolecules in all detail to computer simulation of long time dynamics of simplified protein models.

The conventional method of computer simulation of protein dynamics based on the solution of Newton's equations of motion[8-11] is very time consuming. Dynamics far beyond the nanosecond time regime cannot be performed yet. The reasons for these limitations are as follows:

1. The number of non-bonded atom pair interactions is enormous.
2. To follow all details of the fast intramolecular vibrations the elementary time step must be typically 1 fs.

There are two strategies to improve on this situation:

1. reduce the number of non-bonded atom pair interactions,
2. increase the elementary time step.

In the present approach the second strategy is followed. All bond lenghts and bond angles are fixed allowing motion only with respect to torsional degrees of freedom. A Monte Carlo algorithm is used whose elementary moves allow for local conformational changes only. Similar approaches have been applied to polymers where the monomer units are pointlike particles moving on regular grid points. By these techniques one is loosing structural detail, but one can reach the time domain of protein folding[12,13]. In the present approach, all atoms of a protein are considered and conformations are not restricted by a regular lattice[14,15].

Normally, dry proteins do not function and exhibit different dynamics[16]. Computer simulations of isolated proteins correspond to dry proteins. They show structural and dynamical artefacts. Often side chains on the protein surface are in conformations which differ considerably from the x-ray structure. Even the global protein structure from a simulation in vacuum deviates more from the corresponding x-ray structure than does a simulation in solution. Furthermore, the absence of water leads to a lack of damping such that in computer simulations of protein dynamics the motions are faster and have larger amplitudes[17].

In contrast to x-ray structure determination, NMR-methods probe structural and dynamical aspects of proteins in solution. For Bovine Pancreatic Trypsin Inhibitor (BPTI) NMR-measurements[18] show that in solution only very few of the 60 surface waters found with x-ray structure analysis[19] remain at the protein surface. Four of these waters are situated in the protein matrix. An interchange of the four internal waters with solvent water occurs only on time scales larger than 10ns[18].

First, (part II) we study the dynamics of water in a protein-water system. A large scale computer simulation of the classical dynamics of all atoms of BPTI in aqueous solution has been performed[20]. The water structure and dynamics are analyzed with geometric criteria. Next (part III) we consider time correlation functions of a protein model with Monte Carlo dynamics. By using a time average or a proper ensemble average, the ergodicity of the method is checked. By comparing the results of the dynamics simulation with the analytically solvable Rouse model[21], the time unit of the Monte Carlo method is estimated to be 15ps[22]. This value is four orders of magnitude larger than the elementary time step typically used to solve Newton's classical equations of motion.

II.1. Solving the classical equations of motion

The dynamics of BPTI in water is simulated by solving the classical equations of motion for all atoms except non-polar hydrogens by using the program CHARMm[8]. Non-polar hydrogen atoms are accounted for by extended heavy atoms. X-ray and NMR-structure determination of BPTI provide four internal waters[18]. In order to make sure that the protein is saturated with water we have exchanged the solvent of the protein-water system several times by using an overlay technique[23]. Nevertheless, no additional internal water could be placed. After the overlay the protein-water system has been placed in a sphere of radius 22.5Å which is used as a starting point for the computer simulation of the dynamics. The boundary of the sphere is given by a mean force field potential. It has been made sure that the density of water away from the protein surface corresponds to normal conditions.

There are 1319 water molecules and a total 4525 atoms in the system, 568 of them belong to BPTI. Water molecules in the outer shell of 2.5Å thickness are coupled to a heat bath at 300K with a friction constant of $50ps^{-1}$. This coupling allows a gentle heating of the whole system which is completed within 30ps. The cut distance for non-bonded interactions has been set to 9Å in order to reduce the CPU-time. The hydrogen bond lenght is fixed by using the shake algorithm[24]. This allows a step of 2fs width for propagation in time.

A total 500ps have been simulated. Every 200fs a coordinate set has been stored. 60ps are used for heating and equilibrating of the system. The remaining 440ps are suitable for analysis. The rms-deviation of the time averaged BPTI structure from the x-ray structure is 1.5Å for all 455 non-hydrogen atoms and 1.0Å if only the main chain atoms are considered. The time development of rms-deviations of the computer simulated BPTI-structure from the x-ray structure is depicted in Fig. 1. Note that the average of the rms-deviations is smaller than the rms-deviation referring to the time average of the computer simulated BPTI-structures. The rms-deviations are calculated with the Kabsch algorithm[25]. The rms-deviations of the present computer simulation of the dynamics of BPTI are better than the ones obtained with other force fields and shorter simulation times[17].

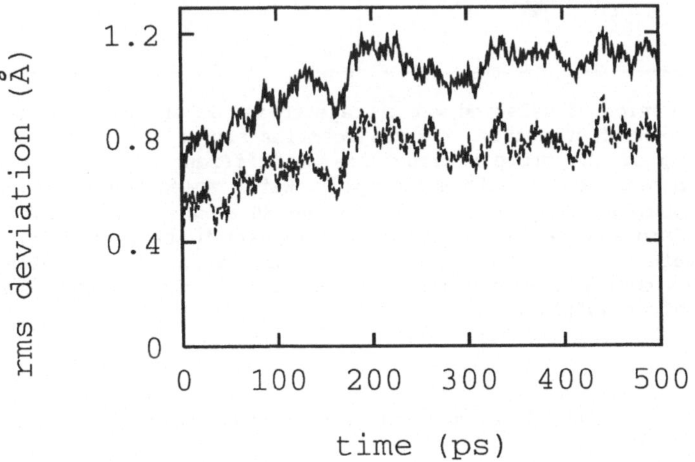

Fig.1: The time dependence of rms-deviations between the x-ray structure of BPTI and the instantaneous structure from computer simulations of the dynamics of BPTI are depicted. The upper curve refers to the average of all non-hydrogen atoms of BPTI, the lower curve refers to the average of protein backbone atoms only.

II. 2. Survey of water trajectories

Water molecules may stay in the bulk, at the protein surface or in the inner part of the protein. In agreement with NMR data[18] the four internal waters 111, 112, 113 and 122 common to all three x-ray structures[19] stick to their places during the whole simulation. The majority of water molecules stays in the bulk during the whole simulation as for instance water E393 (Fig.2a), a water which has been added by the overlay technique. Water 121 and 143 remain at the same spot on the protein surface. Water 121 is most tightly bound, water 143 is one of the two protein surface waters which has been found in all x-ray structures and the NMR structure[18]. Water 105 and 140 move along the protein surface. Water 105 visits different parts of the α-helical portion of the BPTI protein, whereas water 140 jumps between 2 different surface sites.

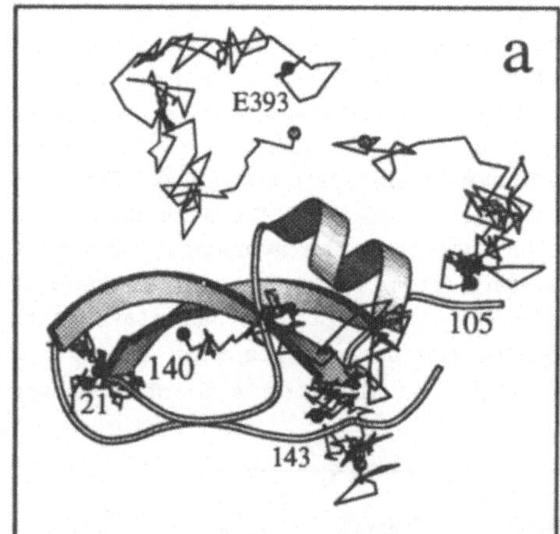

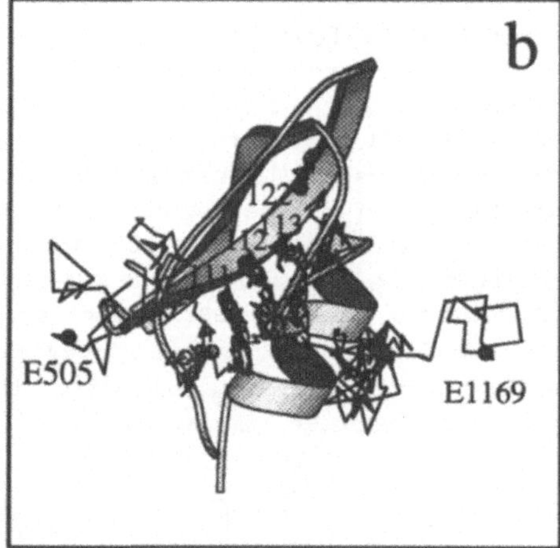

Fig.2: A projection of selected water trajectories is shown on the background of the average BPTI structure. The trajectories are drift corrected by least square fitting of the protein structures at different time. The protein is represented schematically with Molscript[26]. Water molecules marked with "E" are overlay waters. The other belong to the 60 x-ray waters. Part **a** shows selected surface and bulk water molecules. In part **b** the trajectories of the 4 internal waters 111, 112, 113 and 122 are displayed. The 2 overlay waters E505 and E1169 form a water channel with the three-particle water cluster 111, 112 and 113 after 405ps.

II. 3. Finger and Cluster algorithms

The classification of water molecules in a protein-water system requires appropriate criteria. For instance one likes to know whether water molecules are buried in the protein matrix, attached to the protein surface or simply part of the bulk water. For water molecules inside the protein matrix, one likes to know whether they are isolated, part of a water cluster or whether they belong to a water channel with connection to the outside bulk water.

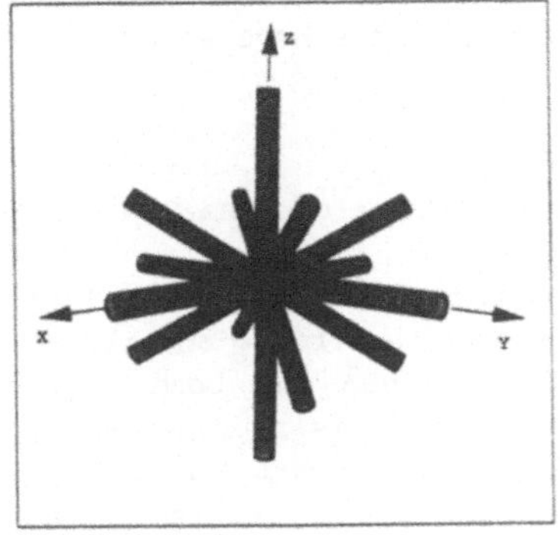

Fig.3: The 7 cylinders used with the finger algorithm are displayed. For the sake of clarity, the length of the cylinders is increased by a factor of 4.

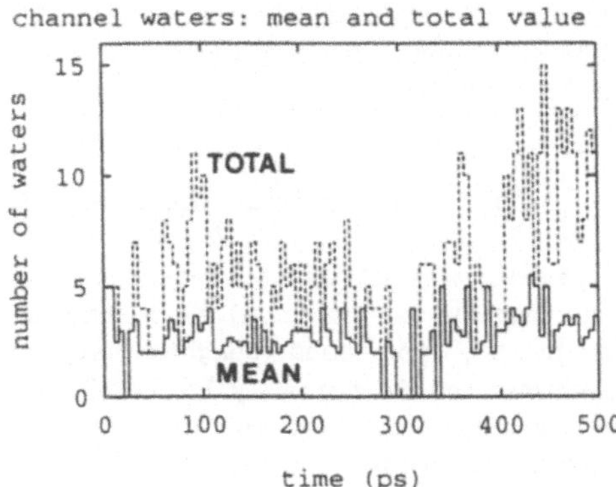

Fig.4: Number of channel waters as a function of time, ---: total value, ———: mean value over the number of channels.

To check the protein neighbourhood, the centers of seven cylinders with radius 2.8Å and total length 24.0Å in a face centered cubic (fcc) geometry (Fig.3) are placed at the oxygen atom of the considered water molecule. A half-cylinder (finger) is occupied if it contains at least one non-hydrogen atom of the protein. A water molecule is likely to be within the protein matrix if at most one of the 14 fingers is empty. A characterisation of surface water is possible by combining two criteria: 1) the water oxygen is closer to the nearest non-hydrogen protein atom than a characteristic length say 3.4Å and 2) more than 4 fingers are empty. With the finger algorithm the four internal waters are clearly identified.

Another possibility to discriminate between bulk- and internal water of a protein-water system is to analyze the connectivity of the waters by using a cluster algorithm. A simply albeit very suitable cluster criterion is to put two waters in the same cluster, if their oxygen-oxygen distance is below a characteristic length. 3.4Å is a reasonable value, yet 3.0Å is large enough to obtain a single bulk water cluster. By combining cluster and finger algorithm channel waters can be characterized. Channel waters belong to the large bulk water cluster, have at most two empty fingers and have at least a second channel water in close neighbourhood. In Fig.4 the time evolution of channel waters is displayed for the total and the mean number of waters per channel. One can clearly see that in some instances all water channels are closed. If the mean and total number are identical, only a single channel is open. After 405ps of elapsed time the cluster containing the internal waters 111, 112 and 113 connects with the bulk by forming a water channel of 5 water molecules on the average (see Fig.2b). This leads to a significant increase in the total number of channel waters. The relatively fast fluctuations of the number of channel waters indicates that some water channels have an average life time of 5ps only.

III.1. The protein backbone model and the window algorithm

The repeat unit of our protein backbone model is a rigid amide plane. This approximation is justified since the amide plane deviates from planarity at most by 5°, the bond lenghts vary typically by 0.005Å and bond angle variations remain normally below 5°. In idealized form it is represented by a rectangle (Fig. 5a). The C(α) atoms are situated in the end points of a diagonal. The remaining two corners correspond roughly to the position of the polar hydrogen and the carbonyl oxygen atom. The chain of the protein backbone is formed by connecting the amide planes at the C(α) atoms such that the bond angles N_j-$C_j(\alpha)$-C_j' assume the tetrahedral value of 109°. The degrees of freedom of this protein backbone model are rotations around the C(α)-C' and the C(α)-N bonds. In the present application the amide plane has the shape of a square and the rotation axes in the amide plane form an angle of 30° with the $C_j(\alpha)$-O_j and the $C_j(\alpha)$-H_j direction respectively.

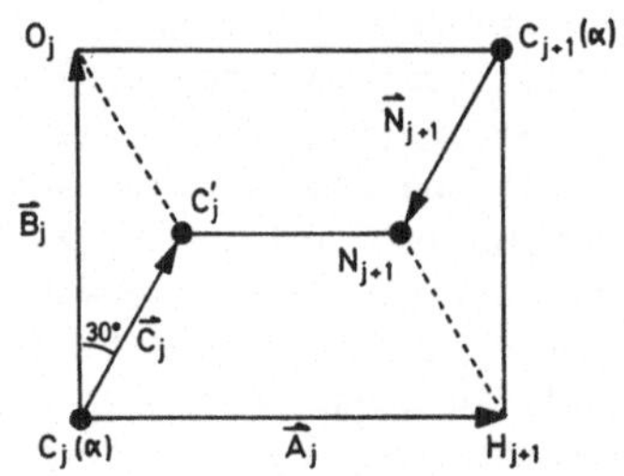

Fig.5a: A cartoon of the jth amide plane used for the protein backbone model is depicted. Explanations are given in the text.

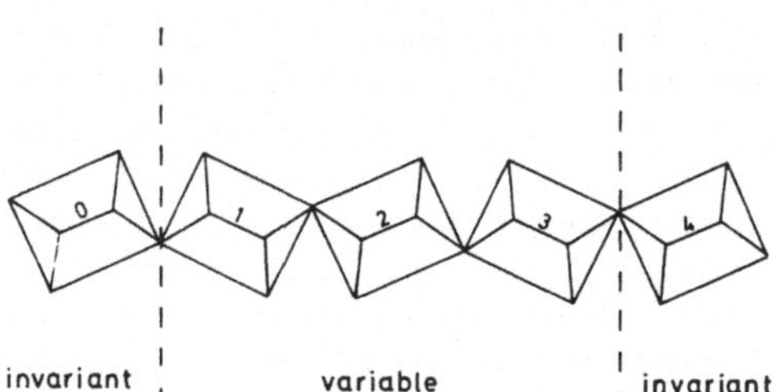

Fig.5b: A segment of the protein backbone is depicted indicating a window of 3 amide planes for local conformational changes.

Local conformational changes of the protein backbone are calculated by a procedure similar to the Go and Scheraga algorithm[27]. A window containing three consecutive amide planes of the protein backbone is considered (Fig. 5b). There are eight relevant rotation axes in the window, two at each of the four C(α) atoms. The eight rotations are performed cooperatively, such that the protein backbone changes only within the window and remains invariant outside. For this purpose, the eight rotation operations in the window must fulfill six conditions. Three conditions to avoid translations and three conditions to avoid reorientations outside of the window. Explicit formulations of these conditions can be found in Ref. 14,15.

The first step of the Monte Carlo method is to choose a random position for the window. Rotations in a final window at one of the two ends of the backbone are not subject to constraints. The angles of rotations in the end window are taken at random from the interval $[-\varphi_{end}, +\varphi_{end}]$. For inner windows only two rotation angles are taken at random from the interval $[-\varphi_{in}, +\varphi_{in}]$. The six other rotation angles are determined by fulfilling the constraints. To avoid large conformational changes in a single step, solutions are rejected if one or more of the six angles of the solution set have a value falling outside the interval $[-\varphi_{solv}, +\varphi_{solv}]$. In the present application the boundary values for the corresponding angles are $\varphi_{end} = 180°$, $\varphi_{in} = 15°$ and $\varphi_{solv} = 50°$. A full scan of the window algorithm along the protein backbone corresponds to n-2 windows randomly positioned on the protein backbone.

The geometric constraints account approximately for all bonded interactions which define the topology and chemical composition of the protein backbone. The angular constraints give rise to a chain stiffness of the protein backbone[14,15]. To test the validity of the Monte Carlo algorithm the non-bonded interactions of electrostatic and van der Waals type are not yet turned on. Hence the protein backbone model in its present form corresponds to a polymer at very high temperatures where new conformations are not rejected by a Metropolis algorithm[28] as is done at finite temperatures. Instead each new legitimate backbone conformation obtained by the window algorithm is accepted. Nevertheless, the constraining conditions within the window can not always be fulfilled. The probability to find a solution of the window algorithm is below 1/2 and depends on the maximal allowed values for the rotation angles.

III.2. Application and results of Monte Carlo dynamics

The window algorithm is applied to a protein backbone model consisting of 24 amide planes. In earlier calculations[14,15] only a single trajectory of $2 \cdot 10^6$ scans has been considered. This trajectory was to short to obtain reliable results for the long time decay and ergodic behaviour of the method. Results in the present paper are based on more intensive computer simulations. To facilitate a comparison with the old data the square shape of the amide planes has been maintained. A single trajectory with a total amount of $6 \cdot 10^7$ random scans of the window algorithm along the protein backbone has been accumulated. To check on possible non-ergodic behaviour of the window algorithm, 1600 trajectories each one with a lenght of $5 \cdot 10^4$ random scans of the window algorithm have been generated, too.

The quantities studied to probe ergodicity of the model are time correlation functions of distance vectors $\vec{r}_{ij} = \vec{r}_i - \vec{r}_j$ connecting C(α) atoms i and j of the protein backbone where i and j vary between 1 and 24. The first time correlation function considered is the average of the scalar product of the distance vectors at delay times 0 and t. The corresponding normalized time decay function given by

$$\Phi_1(t) = \left\langle \frac{\vec{r}(t)\cdot\vec{r}(0)}{\sqrt{\vec{r}^2(t)\cdot\vec{r}^2(0)}} \right\rangle , \tag{1}$$

is unity at vanishing delay time and decays to zero at large delay times. Subscripts at the distance vectors, denoting the C(α) atoms at the end points of the considered chain segment are omitted. This time decay function characterizes orientational relaxation of the protein backbone segment between C_α atoms i and j.

The second time correlation function monitors the scalar product of the distance vectors between C(α) atoms at delay times 0 and t

$$\Phi_2^2(t) = \frac{\langle \vec{r}^2(t)\vec{r}^2(0)\rangle - \langle \vec{r}^2(t)\rangle\langle \vec{r}^2(0)\rangle}{\sqrt{\langle \vec{r}^4(t)\rangle\langle \vec{r}^4(0)\rangle} - \langle \vec{r}^2(t)\rangle\langle \vec{r}^2(0)\rangle} . \tag{2}$$

Also this time decay function is defined such that its value is unity at zero delay time and zero at infinite delay time. To treat the time arguments 0 and t on equal footing, the moments in expression (2) are represented as geometric mean of the corresponding moments at delay times 0 and t. The angular brackets in equation (1) and (2) refer to an ensemble average which can be evaluated by using the data set of 1600 trajectories. The ensemble average must be replaced by a time average if the time correlation functions are evaluated with data from a single trajectory.

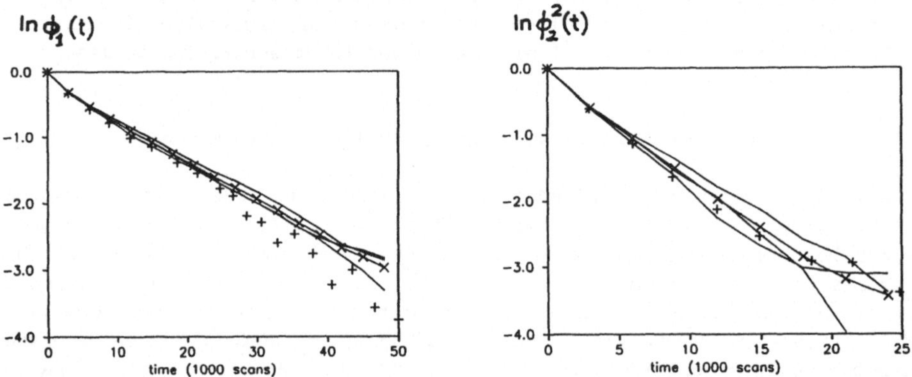

Fig.6: Time autocorrelation functions of the first order moment in part **a**, Eq.(1) and of the second order moment in part **b**, Eq. (2), of the end-to-end distance vector are displayed as a function of delay time. Explanations are given in the text.

In Fig. 6 the time decay of 16 amide planes in the center part of a protein backbone chain consisting of a total 24 amide planes is depicted. The data from an ensemble average of 1600 trajectories are denoted by crosses (+), data based on a single trajectory of $6\cdot10^7$ scans of the window algorithm along the protein backbone are denoted by solid lines. Data from the full trajectory are marked by x. The other three solid lines are based on data from the first, second and last third of the time interval of the full trajectory.

After an initial time regime with a stretched exponential decay pattern[14,15] the time correlation functions of both the first and the second order moments exhibit a mono-exponential decay. The decay of the second order moment is about two times faster than that of the first order moment time correlation function. For both time correlation functions the statistical error dominates if the value of the time decay function drops below e^{-3}. Up to this point no significant difference between ensemble and time average can be observed. The slower decay of the time correlation function from the first order moment can be attributed to the fact that this quantity probes reorientational motions of the protein backbone model. The second order moment probes breathing modes which are expected to decay faster. The decay of a breathing mode is practically completed when an initially large distance vector spanning consecutive chain segments approaches zero for the first time. A rigid body reorientation by rotation of the whole protein backbone is not contained in the present window algorithm. However since the backbone model is flexible reorientation can be replaced by breathing modes where a distance vector points initially in one direction, approaches zero and points roughly in the opposite direction in the end. This type of motion of the distance vector should take about twice the time of the approach to zero.

Fig. 7 shows the length dependance of the time decay of the center part of a protein backbone chain of 24 amide planes. The time correlation functions of the first and the second order moments demonstrate that after an initially faster decay the shorter chain segments decay as fast as the longer chain segments. This is especially true for the time decay of the first order moment time correlation function (Fig. 7a). This time regime does not appear for the second order moments, before the statistical deviations are getting large.

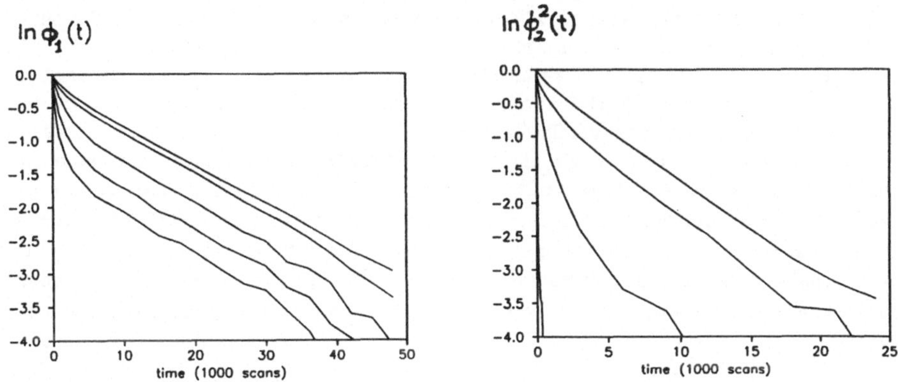

Fig.7: The autocorrelation functions of first order moment in part **a** and second moment order in part **b** of the end-to-end distance vector are displayed as a function of the delay time. The chain lenghts considered are from top to bottom 16,8,4,2 and 1 amide planes. The ensemble average is based on the full trajectory envolving $6 \cdot 10^7$ scans of the window algorithm along the protein backbone.

In a recent note[22] data from a relatively short trajectory of $2 \cdot 10^6$ scans of the window algorithm along a protein backbone of 24 amide planes has been compared with the Rouse model. Due to statistical fluctuations the mono-exponential asymtotic regime could not be reached with this data set. Hence a comparison with the Rouse model was restricted to the initial non-exponential time regime. As a result it was concluded that the time unit for a single scan of the window algorithm corresponds to about 15 ps. Here an estimate of the time unit can be obtained from the asymtotic regime of the second order moment time correlation functions. According to the data of Fig. 7b the rate of the mono-exponential decay law $\exp(-\alpha t)$ assumes the value $1/\alpha = 2/3\ 10^4$ scans. The slowest decay of the Rouse model is given by the rate[29]

$$\alpha_R = 4\alpha_0[\pi/2N]^2 \quad , \tag{3}$$

where N is the number of chain elements and

$$4\alpha_0 = \frac{12KT}{m\gamma b^2} \quad . \tag{4}$$

The parameters m and b are effective mass and characteristic lenght of a chain element respectively. A conservative estimate of mass and lenght parameter of a chain element leads at room temperature to the characteristic time $\gamma = 1/4\alpha_0 = 800$ ps of the Rouse model. Using this estimate and setting $1/\alpha_R$ equal to $2/3\ 10^4$ scans we obtain the relation

$$1 \text{ scan} = 0.0486\ N^2 \text{ ps}. \tag{5}$$

By inserting the total chain lenght of N = 24 elements in Eq. (5) the time unit for 1 scan of the window algorithm amounts to 28 ps. Since end windows are not subject to constraints, relaxation occurs instantaneously there. This can be taken into account by reducing the effective chain length parameter N by six chain elements of the two end windows. With this value the time unit for a single scan of the window algorithm amounts to 15 ps. Both estimates agree astonishingly well with the early estimate which was based on a much smaller data set[22]. The time unit is also quite close to the elementary time step of Brownian dynamics of a recently employed protein model[29]. An analogous on-lattice Monte Carlo method provides roughly a 100 times larger time unit for a single scan of related Monte Carlo moves[13]. This discrepancy is probably due to the much more efficient conformational changes of Monte Carlo moves on a grid.

The efficiency of the off-lattice Monte Carlo method to exploit the conformational space within a single window can be estimated as follows. Representative values of the angles for a single move using the window algorithm are roughly given by φ_{in}. Assuming that the moves in a window are independent of each other and obey a diffusion-like process, the average total angular change obtained by n moves within the same window is given by $\sqrt{n}\ \varphi_{in}$. A full conformational search within a single window is completed if this angle approaches the value 180°. With the value of $\varphi_{in} = 15°$, the above estimate requires about n = 100 moves to cover all conformations with respect to a single window. Using this estimate and the value of the time unit for the off-lattice Monte Carlo method, the time unit for an on-lattice Monte Carlo method is in the regime of nanoseconds This estimate is quite close to the time unit of on-lattice Monte Carlo dynamics[13].

IV. Conclusions

It has been demonstrated that computer simulations of protein-water systems can be performed up to the nanosecond time regime. Water molecules in protein-water systems are characterized by using a newly introduced finger and cluster algorithm. These algorithms are based on geometrical terms. Therefore they require small amounts of CPU-time only. These computer simulations and analyses can be performed for all kinds of globular proteins. In agreement with NMR measurements[18] the four internal waters in BPTI remain in their places during the whole 500ps of the simulation whereas the majority of the surface waters is mobile on the time scale of 100ps and longer.

To reach time scales longer than nanoseconds, new developments are required. Along these lines an off-lattice Monte Carlo method for computer simulation of long time dynamics of proteins is presented. The ergodicity has been checked by an intensive test. A comparison with the dynamics of the Rouse polymer model provides a time unit of more than 15 ps for a full scan of the window algorithm along the protein backbone. This time unit is intermediate between the elementary time unit necessary for computer simulation of protein dynamics by solving Newton's equations of motion and by employing an on-lattice Monte Carlo method. With the conventional method computer simulation of protein dynamics cannot easily be extended beyond one nanosecond. On the other hand the smallest significant times for on-lattice Monte Carlo dynamics is in the order of 10-100 ns[13]. Hence there is need for a procedure providing the necessary link between the two methods. This gap can be closed by the present off-lattice Monte Carlo dynamics. With this method one is able to model protein conformations in all atomic detail. This facilitates a direct comparison with results obtained from a conventional dynamics and from on-lattice dynamic Monte Carlo method. Applications including non-bonded interactions will be reported soon.

Acknowledgement:

The authors like to thank D. Hoffmann for helpful discussions. The programmer skills of Vera Heinau are gratefully acknowledged. This work is supported by the Deutsche Forschungsgemeinschaft SFB 312, project D7.

References:

1. G. Kolata, Science **233**, 1037 (1986).
2. R. L. Baldwin, Nature, **346**, 409 (1990).
3. T. E. Creighton and P. S. Kim, Eds., Current Op. Struc. Biol., **1**, pp. 3 (1981).
4. R. E. Dickerson and J. Geis, The Structure and Action of Proteins (Harper, New York, 1969).
5. A. Fersht, Enzyme Structure and Mechanism (Freeman, New York, 1984).
6. G. E. Schulz and R. H. Schirmer, Principles of Protein Structure (Springer, Berlin, 1978).
7. W. G. J. Hol, Ed., Current Op. Struc. Biol. **1**, pp. 875 (1991).
8. B. R. Brooks, R. E. Bruccoleri, B. O. Olafson, D. J. States, S. Swaminathan, and M. Karplus, J. Comp. Chem. **4**, pp. 187 (1983).
9. J. A. McCammon and S. C. Harvey, Dynamics of Proteins and Nucleic Acids, (Cambridge, Unipress, 1987).
10. W. F. Van Gunsteren, Protein Engineering, **2**, 5 (1988).
11. M. Levitt, Ann. Rev. Biophys. Bioeng. **11**, 251 (1982).
12. J. Skolnick and A. Kolinski, Science **250**, 1121 (1980).
13. A. Rey and J. Skolnick, Chem. Phys. **158**, 199 (1991).
14. E. W. Knapp and A. Irgens-Defregger, in "Supercomputer and Chemistry", U. Harms, Ed., (Springer, Berlin, 1991).
15. E. W. Knapp and A. Irgens-Defregger, J. Comp. Chem. (1992) in press.
16. H. Frauenfelder, F. Parak, and R. D. Young, Ann. Rev. Biophys. Chem. **17**(1988)451.
17. M. Levitt and R. Sharon, Proc. Natl. Acad. Sci. US **85**(1988)7557.
18. G.Otting, E. Liepinsh, and K. Wüthrich, J. Am. Chem. Soc. **113**(1991) 4363; Science **254**(1991) 974.
19. J. Deisenhofer and W. Steigemann, Acta Cryst. **B31**(1975)**238**.
    A. Wlodawer, Y. Walter, R. Huber, and L. Sjölin, J. Mol. Biol. **180**(1984)301.
20. I. Muegge and E. W. Knapp (1992) in press.
21. P. E. Rouse, J. Chem. Phys. **21**, 1272 (1953).
22. E. W. Knapp, J. Comp. Chem. **13**, 793 (1992).
23. E. W. Knapp and L. Nilsson, in Reaction Centers of Photosynthetic Bacteria, M. E. Michel-Beyerle, Ed. (1990)437.
24. W. F. van Gunsteren and H. J. C. Berendsen, Molec. Phys.**34**(1977)1311.
25. W. Kabsch, Acta Cryst. **A32**, 922 (1976).
26. P. J. Kraulis, J. Appl. Cryst. **24** (1991) 946.
27. N. Go and H. A. Scheraga, Macromolecules **3**, (1970).
28. N. Metropolis, A. W. Rosenbluth, M. N. Rosenbluth, A. H. Teller, E. Teller, J. Chem. Phys. **21**, 1087 (1953).
29. P. H. Verdier, J. Chem. Phys. **45**, 2118 (1966).
30. J. D. Honeycutt and D. Thirumalai, Proc. Natl. Acad. Sci. US **87**, 3526 (1990).

Johann Michael Köhler
Institut für Physikalische Hochtechnologie, Jena
Klaus-Dieter Weller, Rolf-Dieter Recknagel
Institut für Molekulare Biotechnologie, Jena

Verwandtschaftsbeziehungen in E. Coli Promotorsequenzen, dargestellt durch Dubletthäufigkeiten

ZUSAMMENFASSUNG

Die Korrelation der Häufigkeiten des Vorkommens von Nukleotid-Dubletts wird als Methode vorgeschlagen, um den Verwandtschaftsgrad von wenig verwandten Nukleinsäure - Sequenzen zu beurteilen. Das Verfahren wurde herangezogen, um die wechselweisen Beziehungen von Sequenzmerkmalen in 14 E. Coli Promotoren zu bewerten (Daten nach /3/). Aus dem Vergleich homologer Abschnitte außerhalb der sogenannten Konsensusboxen kann eine Rangfolge der Korrelierbarkeit der Promotoren abgeleitet werden, die als Distanz zu einem hypothetischen Urpromotor interpretierbar ist. Die Korrelation zwischen nicht-homologen Abschnitten weist auf einen unterschiedlichen Verwandtschaftsgrad von Abschnitten innerhalb der Promotorkette hin, der möglicherweise auch mit der Promotorstärke als funktionellem Parameter zusammenhängt.

1. Einleitung

Sequenzen natürlicher Polynucleotide werden zur Untersuchung verwandtschaftlicher Zusammenhänge zwischen unterschiedlichen Taxa herangezogen. Außer den aus der Anzahl der abweichenden Positionen konstruierten Abstandsstammbäumen wurden neuerdings auch die vierdimensionalen Repräsentanzräume der Nukleotide zur Ermittlung der Verwandtschaft, insbesondere bei stark verrauschten Mastersequenzen benutzt /1,2/. Problematisch bleibt bei stark verrauschten Sequenzen die Positionszuordnung in homologen Sequenzabschnitten, das Alignment. Wenn man rasterverschiebenden Mutationstypen (Deletion, Insertion, Tandemduplikation) Rechnung tragen will, benötigt man Methoden eines Alignment- unabhängigen Sequenzvergleichs.

Im folgenden wird eine einfache Methode zum Vergleich homologer, nicht--homologer und in beliebigen Längenverhältnissen stehender Sequenzen gegeben. Die Anwendbarkeit der Methode wird am Beispiel von 14 E. Coli Promotoren getestet.

Zum Verständnis des Zusammenhangs zwischen Sequenz und Funktion von Polynucleotidabschnitten gewinnt die Untersuchung von Mustercharakteristiken und kinetischen Daten an Bedeutung. In den Promotorbereichen von Genen wurden zwei Gruppen von Hexameren von Nucleotiden festgestellt, die von Promotor zu Promotor nur geringe Abweichungen aufweisen und deshalb als "Konsensus-Boxen" bezeichnet werden. Sie sind durch einen Spacer-Abschnitt voneinander getrennt. In diesem Spacer sowie den benachbarten Bereichen gibt es kaum Konsensusbeziehungen zwischen den unterschiedlichen Promotoren /3/. Es soll gezeigt werden, daß durch die Korrelation der Häufigkeit des Auftretens von Dubletts auch außerhalb der Konsensusboxen homologe und nicht-homologe Sequenzabschnitte dieser Promotoren hinsichtlich ihrer Verwandtschaft untereinander bewertet werden können. Korreliert werden die Häufigkeitspaare der Repräsentanz ein und desselben Tripletts in den beiden zu vergleichenden Sequenzabschnitten.

```
-----------------------------------------------------------------------
Tabelle 1: Promotoren von E.Coli (nach /3/)
-----------------------------------------------------------------------
Nr. Name     PS <---- REG 50 ---->.CON33 . <--   SPACER  -->.CON10 .<-------- REG20 ------->
-----------------------------------------------------------------------
 1.PD/E20    56 AACTGCAAAAAT---AGT-.TTGACA.--CCCTAGCCGATAGGCTT.TAAGAT.GTACCCAGTTCGATGAGAGCGATAAC
 2.PH 207    55 -TTTTAAAAAATTC-A-T-.TTGCTA.--AACGCTTCAAATTCTCG.TATAAT.ATACTTCATAAATTGATAAACAAAAA
 3. PW 25    30 -TCATAAAAAATTT-A-T-.TTGCTT.--TCAGGAAAATTTTTCTG.TATAAT.AGATTCATAAATTTGAGAGAGGAGTT
 4. PG 25    19 ----TGAAAAATAAAATTC.TTGATA.--AAATTTTCCAATACTAT.TATAAT.ATTGTTATTAAAGAGGAGAAATTAAC
 5. PJ 5      9 -ATATAAAAACCG---TTA.TTGACA.--CAGGTGGAAATTTAGAA.TATACT.GTTAGTAAACCTAATGGATCGACCTT
 6. PA 1     76 -TTATCAAAAA-G--AGTA.TTGACT.-TAAAGTCTAACC-TATAG.GATACT.TACAGCCATCGAGAGGGACACGGCGA
 7. PA 2     20 --CACGAAAAAC--AGGTA.TTGACA.ACATGAAGTAAACATGCAG.TAAGAT.ACAAATCGCTAGGTAACACTAGCAGC
 8. PA 3     22 ----GGTGAAACAAAACGG.TTGACA.ACATGAAGTAAACATGCA-.TACGAT.GTACCACATGAAACGACAGTGAGTCA
 9. PL       37 --TTAT-CTCTGGCGGTG-.TTGACA.-TAAATACCACTGGCGGT-.GATACT.GAGCACATCAGCAGGACGCACTGACC
10. Plac    5.7 --TTAGGCACCCCAGGC--.TTTACA.CTTTATGCTTCCGGCTGG-.TATGTT.GTGTGGAATTGTGAGCCGATAACAAT
11. PlacUV5 3 --CTAGGCACCCCAGGC--.TTTACA.CTTTATGCTTCCGGCTGG-.TATAAT.GTGTGGAATTGTGAGCGGATAACAAT
12. Ptac I 17 ----TTCTGAAATGAGCTG.TTGACA.--ATTAATCATCGGCTCG-.TATAAT.GTGTGGAATTGTGAGCGGATAACAAT
13. Pcon      4 --AATTCACCGTCGT--TG.TTGACA.-TTTTTAAGCTTGGCGGT-.TATAAT.GGTACCATAAGGAGGTGGATCCGGCA
14. Pbla      1 TTTTTTCT-AAAT-ACA--.TTCAAA.-TATGTATCCGCTCATGA-.GACAAT.AACCCTGATAAATGCTTCAATAATAT
-----------------------------------------------------------------------
```

2. Untersuchte Sequenzen

Die untersuchten Promotoren stammen von den E. Coli - Phagen Lambda, T7 und T5. Die ermittelten relativen Promotorstärken liegen im Bereich von 1 bis 76, gemessen in bla-Einheiten (Tab.1). Der AT-Gehalt reicht von 47% bis 81%. PN25 (Nr.3) wird als "früher" Promotor angesehen /3/. Eine Übersicht über die Promotoren ist in Tabelle 1 gegeben.

3. Vergleich beliebiger Sequenzabschnitte durch die Häufigkeitsverteilung von Dubletts

3.1. Repräsentanzen von Dubletts in Tripletts

Um verschiedene Sequenzabschnitte unabhängig von Homologien und Sequenzlängen einander zuordnen zu können, wurde die Häufigkeit von Dubletts ermittelt und als Repräsentanz in "verrauschten Tripletts" bewertet. Ein Triplett wurde immer dann als repräsentiert angesehen, wenn das betrachtete Dublett der Sequenz in einem der beiden durch das Triplett gegebenen Dubletts auftrat. Dementsprechend wurde z. B. das Triplett XYZ als einfach repräsentiert angesehen, wenn das Dublett XY oder das Dublett YZ auftrat, als zweifach repräsentiert, wenn beide auftraten.

Tabelle 2: Repräsentanz für SPACER Nr. 2: AACGCTTCAAATTCTCG
[Triplett: Häufigkeit der Repräsentanz durch Dubletts]

---

1. ttt:	4	2. tta:	2	3. ttg:	2	4. ttc:	5
5. tat:	1	6. taa:	3	7. tag:	0	8. tac:	1
9. tgt:	0	10. tga:	0	11. tgg:	0	12. tgc:	1
13. tct:	5	14. tca:	4	15. tcg:	5	16. tcc:	3
17. att:	3	18. ata:	1	19. atg:	1	20. atc:	4
21. aat:	4	22. aaa:	6	23. aag:	3	24. aac:	4
25. agt:	0	26. aga:	0	27. agg:	0	28. agc:	1
29. act:	3	30. aca:	2	31. acg:	3	32. acc:	1
33. gtt:	2	34. gta:	0	35. gtg:	0	36. gtc:	3
37. gat:	1	38. gaa:	3	39. gag:	0	40. gac:	1
41. ggt:	0	42. gga:	0	43. ggg:	0	44. ggc:	1
45. gct:	3	46. gca:	2	47. gcg:	3	48. gcc:	1
49. ctt:	4	50. cta:	2	51. ctg:	2	52. ctc:	5
53. cat:	2	54. caa:	4	55. cag:	1	56. cac:	2
57. cgt:	2	58. cga:	2	59. cgg:	2	60. cgc:	3
61. cct:	2	62. cca:	1	63. ccg:	2	64. ccc:	0

Betrachtet wurden alle möglichen Tripletts einer Sequenz, wobei die Zahl der Tripletts gleich der um zwei verminderten Nucleotidzahl einer Sequenz ist. Auf diese Weise wurde für jede Sequenz eine Häufigkeitstabelle der Repräsentanz aller 64 möglichen Tripletts (Nr. 1-64: TTT, TTA, TTG, TTC, TAT, TAA, ..., CCG, CCC) ermittelt. Ein Beispiel ist in Tabelle 2 gegeben. Die Angaben in dieser Häufigkeitstabelle unterscheiden sich von der einfachen Dublett- Häufigkeit durch die Kombination von Dubletts in einzelnen Tripletts. Unterschiedliche Sequenzen und auch Muster von Sequenzen können anhand der Häufigkeiten bzw. Häufigkeitsverhältnisse repräsentierter Tripletts miteinander verglichen werden.

3. 2. Korrelation von homologen Sequenzabschnitten

Durch die Konsensusboxen werden die Promotorregionen in 5 Regionen geteilt. Die vor der Konsensusbox um Position -33 liegende Region wird hier als REG 50, die nach der Konsensusbox um die Position -10 liegende Region als REG 20 bezeichnet:

Position -50 bis -36	-35 bis -30	-29 bis -13	-12 bis -7	-6 bis +20
REG 50	**CON 33**	**SPACER**	**CON 10**	**REG 20**

Auch für kleine und sehr verschiedene Sequenzausschnitte lassen sich deutliche Unterschiede in den Sequenzmerkmalen herausarbeiten. Abb. 1 zeigt, daß der Promotor Nr. 4 (PG 25) im SPACER mit dem Mittelwert über alle Promotoren hoch korreliert ist, der Promotor Nr. 9 (PL) dagegen gar nicht. Jeder Punkt in den Abb. 1 bis 3 repräsentiert ein Triplett. Seine Koordinaten werden durch die Häufigkeit der Repräsentanz der Tripletts in den beiden korrelierten Sequenzen bzw. Sequenzsätzen festgelegt.

Aus dem Vergleich der Dublетthäufigkeiten in allen einzelnen SPACER- und REG-20 Abschnitten untereinander läßt sich eine Rangfolge der Promotoren hinsichtlich ihrer Korrelation mit den anderen 13 Promotoren ableiten (Tabelle 3).

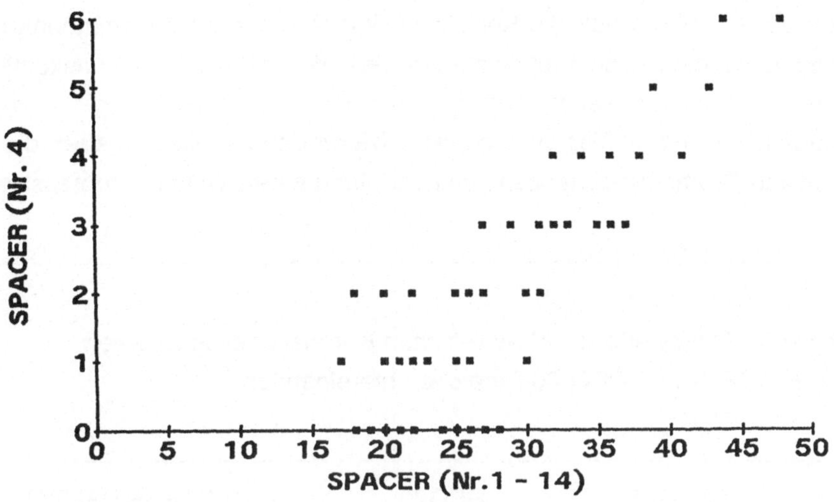

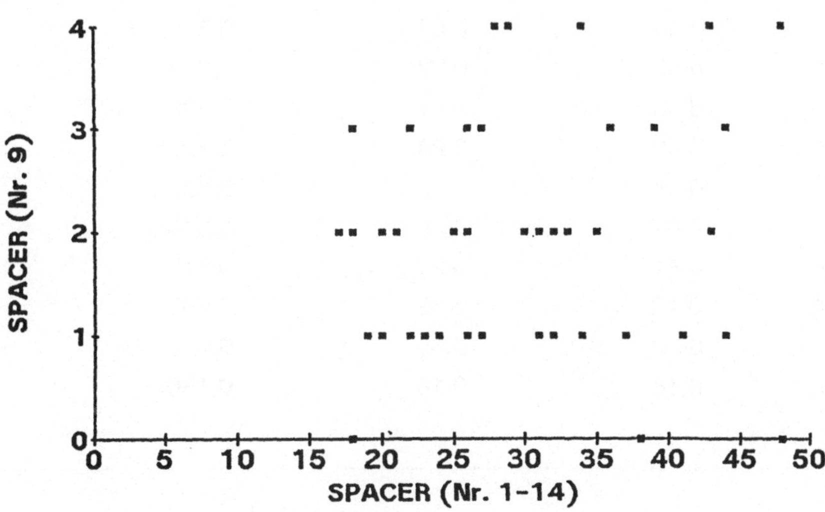

Abb. 1 Streuungsdiagramm der Häufigkeit von Dubletts in der SPACER-Region von Promotor Nr. 4 (oben) und Nr. 9 (unten) mit den Summenwerten aller 14 untersuchten SPACER, Punkte zum Teil mehrfach

Unter der Annahme daß die Korrelationskoeffizienten im Zusammenhang mit der gemeinsamen Abstammung stehen, bedeuten hohe Korrelationskoeffizienten einen hohen Verwandtschaftsgrad mit dem hypothetischen gemeinsamen Vorläufer. Im oberen Teil der Tabelle 3 wären dann gewissermaßen die konservativen Promotorsequenzen zu finden, im unteren Teil die progressiven.

Tabelle 3: Mittelwerte der Bravais'schen Korrelationskoeffizienten aller SPACER- und REG 20-Bereiche untereinander

Nr.	SPACER	REG20	(SPACER+REG20)/2
4	0.86	0.79	0.825
3	0.74	0.64	0.690
2	0.55	0.69	0.620
12	0.47	0.68	0.575
10	0.35	0.68	0.515
11	0.35	0.68	0.515
5	0.40	0.41	0.405
13	0.49	0.23	0.360
1	0.14	0.53	0.335
8	0.07	0.56	0.315
6	0.41	0.22	0.315
14	0.12	0.49	0.305
7	0.32	0.05	0.185
9	0.14	0.16	0.150

Die bekanntermaßen frühe Gene kontrollierenden Promotoren Nr. 2 (PH 207) und 3 (PN 25) /3/ finden sich tatsächlich im oberen Teil der Tabelle. Starke und schwache Promotoren finden sich jedoch gleichermaßen im oberen und im unteren Teil der Tabelle und zeigen damit, daß die Promotorstärke nicht einfach mit "progressiven" oder "konservativen" Strukturmerkmalen korreliert ist.

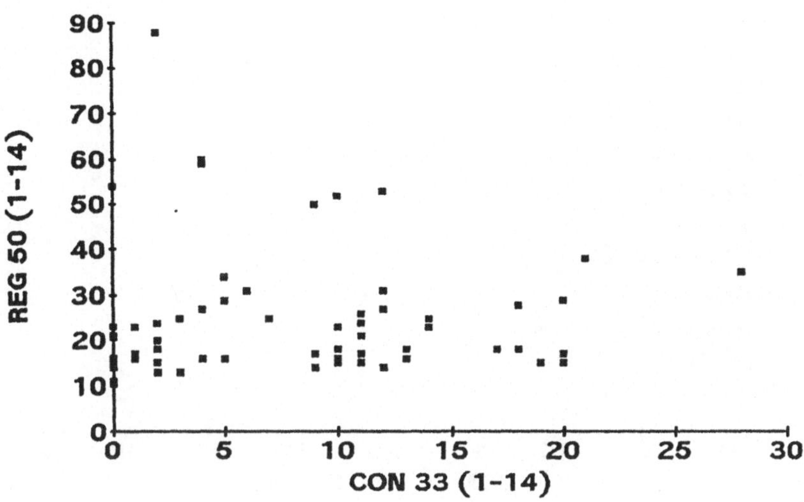

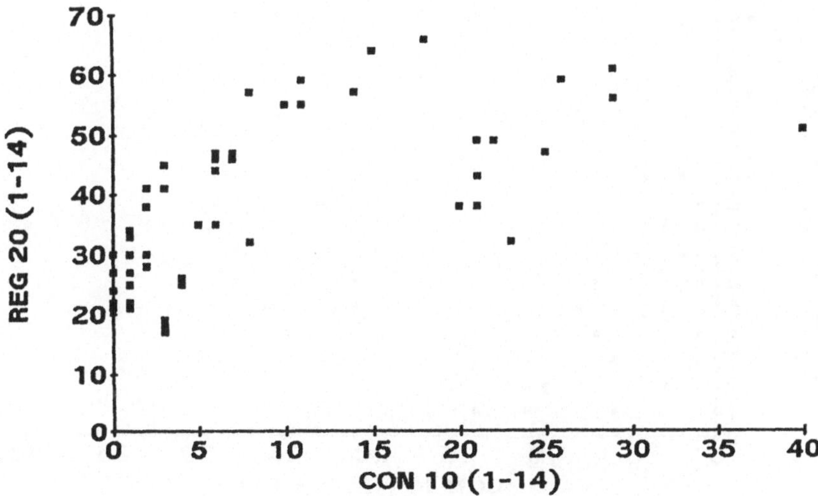

Abb. 2 Streuungsdiagramm der Häufigkeit von Dubletts von Konsensusboxen und benachbarten Regionen: Korrelation von REG 50 mit CON 33 (oben), Korrelation von REG 20 mit CON 10 (unten). Summe über alle 14 untersuchten Promotoren, Punkte zum Teil mehrfach

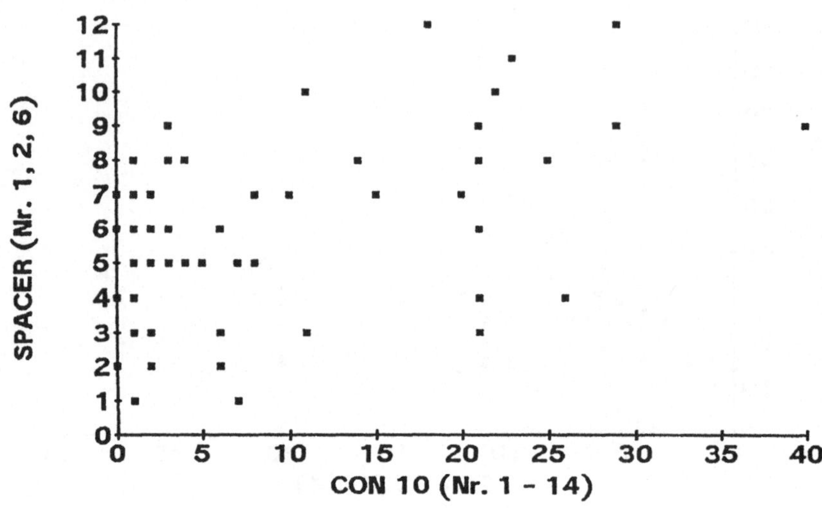

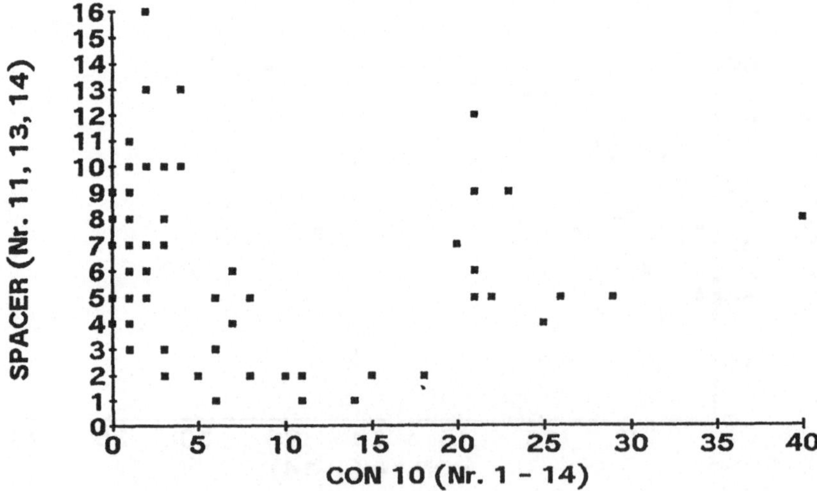

Abb. 3 Streuungsdiagramm der Häufigkeiten von Dubletts der Konsensusbox CON 10 (Summe aller 14 Promotoren) und der SPACER-Region (oben: Summe der starken Promotoren Nr. 1, 2, 6; unten: Summe der schwachen Promotoren Nr. 11, 13, 14), Punkte zum Teil mehrfach

3. 3. Korrelation zwischen nicht-homologen Sequenzabschnitten

Der Vergleich zwischen den nicht - homologen Sequenzabschnitten ergibt bei den einzelnen Promotoren unterschiedliche, stark verrauschte, aber in der Regel doch noch signifikante Korrelationen. Die Charakteristik der Beziehungen zwischen den Regionen wird anhand der Repräsentanz in den Summen über alle Promotoren deutlich. So besteht z. B. keine Verwandtschaft zwischen REG 50 und der benachbarten Konsensusbox CON 33 (Abb. 2 oben). Dagegen zeigt die Korrelation der Dublетthäufigkeiten einen ganz charakteristischen hochsignifikanten Zusammenhang zwischen dem Sequenzabschnitt REG 20 und der dazu benachbarten Konsensusbox CON 10 (Abb. 2 unten). Auch der SPACER korreliert mit CON 10 wesentlich besser als mit CON 33. Die Beurteilung der Korrelation erfolgt jeweils visuell.

Auch bei ausgewählten Gruppen von Promotoren lassen sich Unterschiede in der Korrelation von nicht-homologen Sequenzabschnitten feststellen. So korrelieren die Summen der Dubletthäufigkeiten der SPACER-Region der starken Promotoren deutlich mit der Summe aller Konsensusboxen CON 10, während die entsprechenden Summen der schwachen Promotoren kaum eine Korrelation erkennen lassen (Abb. 3).

4. Schlußfolgerungen

Am Beispiel des Satzes von 14 E. Coli - Promotoren zeigt sich, daß mit der Methode der Korrelation von Dubletthäufigkeiten sowohl stark verschiedene homologe Sequenzen als auch nicht-homologe Sequenzen auf ihre Musterverwandtschaft untersucht werden können. Wenn im Falle stark verrauschter Ursprungsinformation der Vergleich einzelner Sequenzen nicht mehr zu einem sinnvollen Ergebnis führt, lassen sich anhand der Korrelation von Summenwerten von mehreren homologen Sequenzen noch Beziehungen herausfiltern. Dieses Verfahren ist auch auf kurze Sequenzabschnitte wie die Hexamere der Konsensusboxen anwendbar. Neben der Verwandtschaft von sehr verschiedenen homologen Abschnitten konnten auch Verwandtschaftsbeziehungen zwischen nicht-homologen Abschnitten nachgewiesen werden. Diese können entweder als Ausdruck bestimmter vorherrschender Mechanismen bei den rasterverschiebenden Mutationen oder als Abbild bestimmter Symmetrieeigenschaften eines Urpromotors interpretiert werden. Eine Entscheidung zwischen diesen Interpretationsmöglichkeiten bedarf ebenso wie die Bestätigung des Zusammenhanges zwischen lokalen Mustermerkmalen und der Promotorstärke der Anwendung der Methode auf ein breiteres Datenmaterial.

/1/ R. Winkler - Oswatitsch, A. Dress, M. Eigen: Chemica Scripta 26 B (1986), 59
/2/ M. Eigen, B. F. Lindemann, M. Tietze, R. Winkler-Oswatitsch, A. Dress, A. v. Haeseler: Science 244 (1989), 673
/3/ U. Deuschle, W. Kammerer, R. Gentz, H. Bujard: EMBO J. 5 (1986), 2987

Zelluläre Evolutionäre Algorithmen zur Parameteroptimierung

Joachim Sprave

Universität Dortmund
Fachbereich Informatik
Lehrstuhl für Systemanalyse
Postfach 50 05 00
D-4600 Dortmund 50

1 Einleitung

Viele technische Erfindungen der Menschheit sind durch Beobachtung und Nachahmung der Natur entstanden. Algorithmen hingegen werden immer noch überwiegend aus der Mathematik abgeleitet, einer auf Axiomen basierenden Geisteswissenschaft, die aufgrund ihres hohen Abstraktionsniveaus keine direkte Verbindung mehr zu ihren (sicherlich vorhandenen) naturanalogen Wurzeln hat. Im Bereich der Parameteroptimierung führt dies oft dazu, daß die gegebenen realen Probleme in ein stark idealisiertes Modell mit für die mathematische Behandlung günstigen Eigenschaften wie Linearität oder Differenzierbarkeit abgebildet werden. Nicht zuletzt durch die zunehmende Verfügbarkeit leistungsfähiger Rechner werden auch naturnachahmende Algorithmen immer populärer.

2 Evolutionäre Algorithmen

In der Natur kann man beobachten, daß evolutionäre Vorgänge nicht nur Anpassung, sondern oft auch eine Höherentwicklung und Spezialisierung zur Folge haben, und dies in überwiegend kleinen Schritten. Rückschritte wurden dagegen immer wieder sprunghaft vollzogen, etwa durch das Aussterben einer ganzen Art.

Unterstellt man der Natur, daß sie zielgerichtet ist, so kann man die Evolution als eine Optimumsuche auffassen und versuchen, ihre Mechanismen auf die numerische Optimierung zu übertragen.

Bei einer Parameteroptimierungsaufgabe ist eine Zielfunktion $f : S^n \to \mathbf{R}$ gegeben, wobei S meist eine Teilmenge von $\mathbf{R}$ oder $\mathbf{Z}$ ist. Der Suchraum kann zusätzlich durch Restriktionen der Form $g_j : S^n \to \mathbf{R}, j = 1..m$ eingeschränkt sein. Gesucht wird ein Punkt im

Suchraum, an dem diese Funktion ihr Optimum (Minimum oder Maximum) annimmt. Der Name Parameteroptimierung kommt daher, daß die Zielfunktion häufig das Modell eines Systems darstellt, das über n Parameter beeinflußt werden kann. Ein Punkt $x \in S^n$ kann also als eine konkrete Einstellung der n Parameter aufgefaßt werden.
Die Parameter der Evolution sind die Gene, eine konkrete Einstellung ist jedes Individuum. Mit Hilfe dieser Analogie kann man nun versuchen, einige Mechanismen der Evolution im Rahmen eines Optimierverfahrens nachzubilden. Diese Algorithmen werden auch unter dem Begriff *Evolutionäre Algorithmen* (EA) zusammengefaßt.

Selektion

In der Natur scheint es so sein, daß besser angepaßte Individuen größere Chancen haben, zu überleben und sich fortzupflanzen. Zur Übertragung dieser Beobachtung auf die Optimierung benötigt man also eine Bewertung. Diese ist durch die Zielfunktion in trivialer Weise gegeben, der Funktionwert dient als *Fitneß* in einer künstlichen Umwelt.

Mutation

Kleine Veränderungen der genetischen Informationen sorgen für die notwendige Variation, Mutationen sind die Tastschritte der Natur. In diesem Sinne wird Mutation in EA eingebracht und durch geringfügige, zufällige Änderungen der Parameterwerte simuliert.

Rekombination

Auch die geschlechtliche Vererbung wird in EA nachgeahmt. Hierzu werden aus zwei Individuen durch zufälliges Kopieren von Bruchstücken der Elterngenome Nachkommen erzeugt. Dies setzt natürlich auch in der Optimierung das Vorhandensein einer Population voraus.
Da Evolutionäre Algorithmen Zufallsgrößen verwenden, sind sie nur mit hohem Aufwand einer mathematischen Analyse zugänglich, daher sind Aussagen über Konvergenzgeschwindigkeit und Sicherheit beim Auffinden eines globalen Optimums oft nicht beweisbar, sondern nur experimentell zu ermitteln.

3 Evolutionsstrategien

Ursprünglich noch einfacher als oben beschrieben waren die ersten Evolutionsstrategien (ES) modelliert [Rec73]. Bei der später als zweigliedrige ES bezeichneten Variante erzeugt ein Elter einen mutierten Nachkommen. Der Bessere von beiden überlebt und fährt nach demselben Schema fort. Die genetischen Informationen sind reelle Vektoren, deren Komponenten die Problemparameter sind. Zur Mutation wird zum Genom eines Individuums ein $(0, \sigma)$-normalverteilter Zufallsvektor addiert. Das σ hat dabei die Funktion

einer mittleren Schrittweite, die ursprünglich fest eingestellt wurde.
Echte Populationen gab es erst in den mehrgliedrigen ES [Schw77]. Eine Elternpopulation von μ Individuen erzeugt λ Nachkommen durch Rekombination zweier oder mehrerer Elterngenome. Die μ besten aus den $\mu + \lambda$ Individuen überleben und bilden die nächste Elterngeneration. Dementsprechend nennt man dieses Verfahren auch $(\mu + \lambda)$-ES. Diese Form der Selektion macht es möglich, daß ein besonders gutes Individuum beliebig lange überleben kann. Dies ist unter anderem dann ungünstig, wenn zur Optimierung keine mathematisch berechenbare Funktion zur Verfügung steht, sondern beispielsweise Meßwerte, da durch Ausreißer entstehende Scheinoptima nicht wieder vergessen werden können.
Im Gegensatz zur $(\mu + \lambda)$-ES wird bei der (μ, λ)-ES die nächste Elterngeneration aus den jeweils μ besten der λ Nachkommen gebildet. Auf diese Weise lebt jedes Individuum nur eine Generation, das Verfahren hat die Fähigkeit zu vergessen. Ohne diese funktioniert eine zusätzliche Erweiterung der ES nicht: die Selbstadaption von Strategieparametern. Verfahrensparameter wie die Mutationsschrittweiten können bei einigen Funktionen durch wiederholte Testläufe experimentell so eingestellt werden, daß eine hohe Konvergenzgeschwindigkeit erzielt wird. Da dies aber nicht immer gelingt, ist es viel einfacher, auch die Schrittweiten selbst als Strategievariablen genetisch zu kodieren und denselben Mechanismen zu unterziehen wie die Zielfunktionsvariablen. Es hat sich gezeigt, daß ES hierdurch in der Lage sind, ein inneres Modell der Zielfunktion zu erlernen [Schw87].

4 Genetische Algorithmen

In den siebziger Jahren von Holland [Hol75] publiziert, haben Genetische Algorithmen (GA) vor allem in den USA das Interesse der mit Optimierung befaßten Forscher gefunden. Im Gegensatz zu den ES werden die Gene über einem endlichen Alphabet kodiert.
Meist wird die Menge $\{0,1\}$ als Alphabet verwendet. Dies beruht auf der Annahme, daß sich im Verlauf der Optimierung kurze Genmuster bilden, die einen hohen Anteil zur Fitneß der Individuen beitragen. Diese sogenannten *Building Blocks* sorgen für eine erweiterte Abdeckung des Suchraums. Die mögliche Anzahl solcher Building Blocks auf einem Genom gegebener Länge ist umso höher, je niedriger die Kardinalität des zugrundeliegenden Alphabets ist. Eine ausführliche Einführung in die Theorie der GA findet man in [Gol89].
Die binäre Kodierung hat zur Folge, daß die Gene vor der Auswertung durch die Zielfunktion erst in eine externe Repräsentation umgewandelt werden müssen. Im biologischen Sinne unterscheiden GA also zwischen Genotyp und Phänotyp der Individuen.
Im Laufe der Zeit hat sich bei den GA eine feste Generationentaktung durchgesetzt, es wird in jeder Generation eine Elternpopulation selektiert, aus der dann durch Rekombination und Mutation entsprechend viele Nachkommen erzeugt werden.
Der übliche Selektionsmechanismus unterscheidet sich von dem der ES darin, daß jedes

Individuum eine Chance zur Fortpflanzung bekommt. Diese ist jedoch um so geringer, je schlechter es im Vergleich zur Gesamtpopulation ist. Da also die Fortpflanzungswahrscheinlichkeit linear von der Fitneß abhängt, spricht man von proportionaler Selektion. Man kann sich dies so vorstellen, daß das Privileg der Nachkommenzeugung mit Hilfe eines Glücksrades verlost wird, auf dem jedem Individuum ein Sektor zugeteilt ist, dessen Größe von seiner Fitneß abhängt. Die Anzahl der Nachkommen eines Individuums hängt also davon ab, wie oft es ausgewählt wurde.
Die Mutation spielt bei GA nur eine untergeordnete Rolle, sie wird eingesetzt, um die Diversität innerhalb einer Population zu erhalten. Bei der Erzeugung eines Nachkommen werden die Gene mit einer fest eingestellten, geringen Wahrscheinscheinlichkeit invertiert.
Rekombination wird durch *Crossing-Over*, durch Auftrennen der Bitstrings der Elterngenome an einer (1-Point-Crossing-Over) oder mehreren Stellen und Austausch der dabei entstehenden Bruchstücke erreicht.

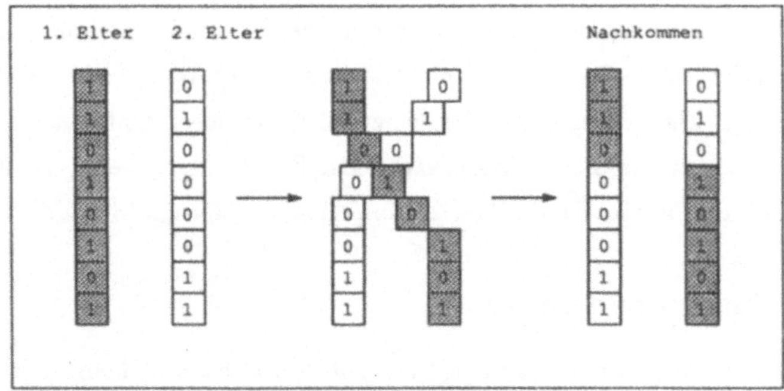

Abbildung 1: 1-Point-Crossing-Over

Ein einfacher GA hat also folgenden Ablauf:
Zu Beginn wird eine Population von fester Größe N zufällig initialisiert. Danach werden jeweils auf die gleiche Weise Nachfolgegenerationen erzeugt.

- Für jedes Individuum wird der Zielfunktionswert ermittelt.
- Durch proportionale Selektion werden die Eltern von N Nachkommen ausgewählt. Jeweils zwei Eltern bilden durch Crossing-Over zwei Nachkommen.
- Die Nachkommen werden mit geringer Wahrscheinlichkeit mutiert, der Prozeß kann von vorne beginnen.

5 GA vs. ES ?

Lange Zeit gab es so gut wie keinen Informationsaustausch zwischen GA- und ES-Forschenden. Erst in jüngster Zeit ging man daran, die Unterschiede und Gemeinsamkeiten herauszuarbeiten und Erkenntnisse des einen Verfahrens auf das jeweils andere zu übertragen. So sind zum Beispiel die Selektionsmechanismen verfahrensunabhängig und lassen sich problemlos gegeneinander auswechseln.
Für viele Klassen von Zielfunktionen gibt es spezielle Verfahren, die in aller Regel effizienter arbeiten als EA. Der Einsatz Evolutionärer Algorithmen bietet sich immer dann an, wenn keine Annahmen über die zu erwartenden Zielfunktionen getroffen werden können oder kein auf die Problemklasse zugeschnittenes Verfahren existiert. EA gehören also zu den Universalisten unter den Optimierverfahren, sie sind robust und anspruchslos. Da es sich um iterative Verfahren handelt, bei denen zu jedem Zeitpunkt ein gültiges Zwischenergebnis vorliegt, erfüllen sie sogar in einem gewissen Sinne Echtzeitanforderungen.
Einen nahezu vollständigen Vergleich der beschriebenen Algorithmen findet man in [HB91c].

6 Parallele Evolutionäre Algorithmen

Während die meisten klassischen Optimierverfahren von vorneherein sequentiell erdacht wurden und allenfalls anhand von Datenparallelität auf Vektorrechnern (SIMD) effizient parallelisierbar sind, verfügen EA aufgrund ihrer Naturanalogie über eine inhärente Parallelität, die sich gut auf Mehrprozessorsysteme (MIMD) abbilden läßt.
Bei der Parallelisierung von EA muß man vor allem jede Form von globaler Kontrolle vermeiden. Solche Master-Slave-Algorithmen sind zwar leicht zu implementieren, lassen aber schnell den Master-Prozeß zum Flaschenhals werden. Ist dieser zusätzlich mit den Slave-Prozessen synchronisiert, so kommt es aufgrund von Wartezeiten zu einer schlechten Systemauslastung.
Da bei EA globales Wissen nur bei der Selektion benötigt wird, hat die Parallelisierung entscheidende Auswirkungen auf den hierzu verwendeten Mechanismus. Es ist aus oben angeführten Gründen wenig effizient, die zentrale Auswahl der seriellen Algorithmen beizubehalten. Mehr noch: Lokale Selektion führt zu einem wesentlich besseren Modell der Evolution. Konkurrenz zwischen Lebewesen findet immer nur in eng begrenzten Bereichen statt, eine globale Instanz zur Auswahl ist in der Natur nicht zu beobachten. Es gibt zwei Varianten paralleler EA, Lokalität bei der Selektion zu modellieren.

Das Migrationsmodell

Mehrere Teilpopulationen (Herden, Stämme) entwickeln sich nahezu unabhängig voneinander. Der einzige Austausch besteht in einigen Wanderern, die gelegentlich ihre Heimatpopulation verlassen (müssen, dürfen, können) und versuchen, in einen anderen Stamm aufgenommen zu werden. Man kann sich leicht vorstellen, daß es eine Vielzahl von möglichen Naturanalogien gibt, anhand derer man Ein- und Auswanderungsregeln motivieren kann.

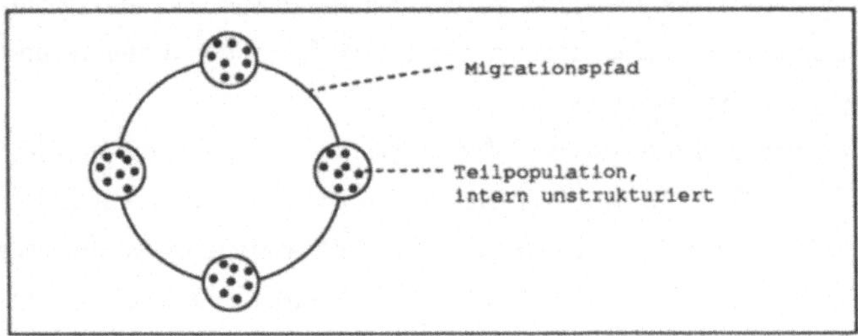

Abbildung 2: Topologie des Migrationsmodells

Das Pollenflugmodell

Die feste Anordnung von Pflanzen motivierte das Plant-Pollination-Model [Gol89], das häufig auch als Diffusionsmodell bezeichnet wird. Die Individuen werden räumlich angeordnet, Selektion findet nur in sich überlappenden Nachbarschaften statt, ebenso wie die Plazierung von Nachkommen. Die Reichweite der Pollen ist begrenzt, daher nimmt die Wahrscheinlichkeit, daß eine Pflanze mit den Pollen einer anderen bestäubt wird, mit dem Abstand der Pflanzen voneinander ab.

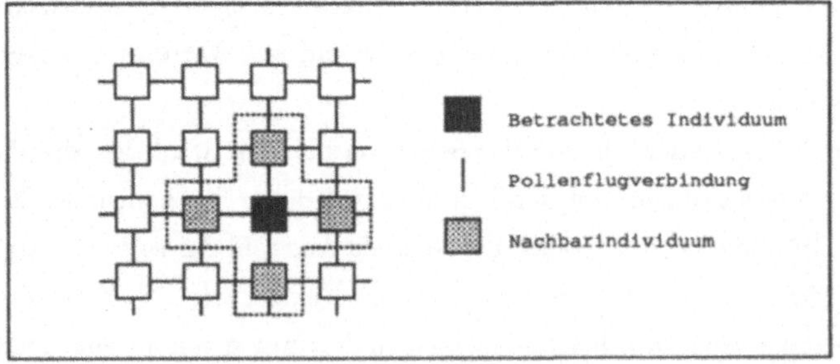

Abbildung 3: Topologie des Pollenflugmodells

Beide Ansätze lassen sich sehr gut auf Parallelrechner abbilden. Beim Migrationsmodell plaziert man auf je einem Prozessor eine Population, die von einem bis auf die Ein- und Auswanderungsmechanismen unveränderten sequentiellen EA bearbeitet wird. Dies führt zu einer grobkörnigen Parallelität, bei der sequentielle Prozesse gelegentlich miteinander kommunizieren. Da man die Größe der Teilpopulationen und die Austauschrate einzeln vorgeben kann, kann man die Rechenlast und die Kommunikationlast zu einer gleichmäßigen Systemauslastung ausbalancieren. Man erhält also Algorithmen mit skalierbarer Parallelität. Eine nach diesem Modell implementierte Evolutionsstrategie [Rud90] hat unter anderem gezeigt, daß es nicht notwendig ist, die Teilpopulationen synchron zu takten, so daß eine permanente Auslastung aller Prozessoren erreicht werden kann, da keine Wartezeiten an Synchronisationspunkten entstehen.

Das Plant-Pollination-Model ist ein Ansatz für feinkörnige Parallelität. Dahinter steht die Idee, jeden Prozessor als Lebensraum für nur ein Individuum zu verwenden. Dann kann auf der (physikalischen oder logischen) Prozessortopologie eine Nachbarschaftsbeziehung definiert werden und die Selektion auf diese Nachbarschaft beschränkt werden. Daher wird ein schnelles Kommunikationsmedium (Shared Memory, Transputer-Links) und ein einfaches, effizientes Protokoll zwischen den Prozessoren benötigt, um den Anteil der Kommukationszeit an der gesamten Verarbeitungszeit gering zu halten. Eine der ersten auf diesem Modell basierenden Implementierungen eines Genetischen Algorithmus, das System ASPARAGOS [Gor90], zeigte gute Ergebnisse vor allem bei der kombinatorischen Optimierung.

7 Evolutionäre Algorithmen und Zelluläre Automaten

Goldberg's Plant-Pollination-Model ist zwar im Hinblick auf Parallelisierung entstanden, es läßt aber auch eine Sequentialisierung zu, die an einen Zellulären Automaten erinnert. Der Zustand einer Zelle ist durch das Genom des darauf plazierten Individuums definiert. In jeder Generation werden die Zustände aller Zellen quasi in Nullzeit synchron berechnet. Dabei ergibt sich der Zustand einer Zelle in der Generation $g + 1$ aus den Zuständen aller Nachbarzellen in der Generation g. Zur Zustandsüberführung werden nacheinander Selektion, Rekombination und Mutation angewandt. Da auch hier wieder Zufallsgrößen verwendet werden, erhält man einen probabilistischen Zellulären Automaten.

Die Art der Nachbarschaftbeziehung hat entscheidende Auswirkungen auf diese Verfahren. Experimente mit einem zellulären GA haben gezeigt, daß jedoch nicht die Form, sondern vor allem die Größe der definierten Nachbarschaft von Bedeutung ist.

8 DIOGENES - Distributed Optimizing by Genetic Search

Man kann nun zelluläre EA wiederum parallelisieren, indem man auf jedem Prozessor einen sequentiellen zellulären EA plaziert und diese Teilpopulation ihrerseits auf einem logischen Gitter anordnet. Die Nachbarschaftsbeziehung innerhalb einer Population läßt sich dann in natürlicher Weise auf eine Beziehung zwischen den Populationen ausweiten, indem man die Ränder benachbarter Stämme in regelmäßigen Abständen austauscht.

Ein GA nach diesem Modell ist das System DIOGENES [Spr90]. Während Mutation und Rekombination weitgehend von den sequentiellen Algorithmen übernommen werden konnten, muß Selektion nun ein lokaler Vorgang sein. Die Individuen innerhalb einer Teilpopulation sind auf einem Gitter angeordnet, als Nachbarschaft wurde die klassische Von-Neumann-Nachbarschaft gewählt, die nur die vier über gemeinsame Kanten angrenzenden Zellen berücksichtigt. Bei DIOGENES gehört jedes Individuum zugleich auch zu seinen eigenen Nachbarn, so daß man derer insgesamt fünf erhält.

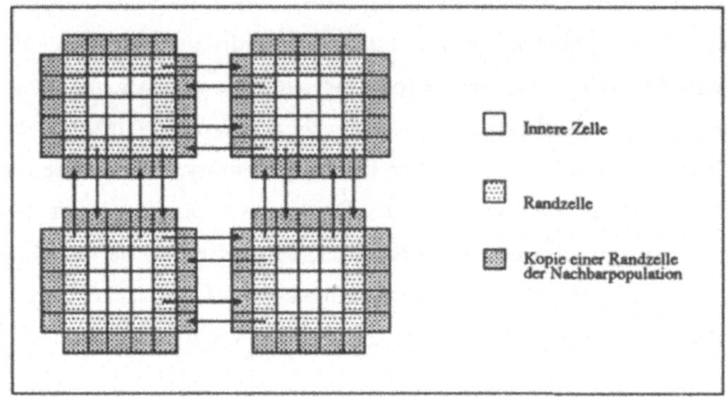

Abbildung 4: Topologie von DIOGENES

Je Generation wird nun jede Zelle mit einem neuen Individuum besetzt. Dies geschieht, indem aus der Nachbarschaft einer Zelle mittels proportionaler Selektion zwei Eltern ausgewählt werden, aus denen dann durch Rekombination und Mutation ein Nachkomme erzeugt wird, der in der nächsten Generation die Zelle im Zentrum der Nachbarschaft besetzt.

Der Rand eines Zellulären Automaten hat oft eine Sonderstellung. Falls das Gitter nicht zu einem Torus zusammengeklappt wird, wird der Rand meist mit Konstanten vorbesetzt. Aus der Sicht einer Teilpopulation ist dies auch bei DIOGENES der Fall. Der Rand kann nur gelesen, nicht aber verändert werden. Dennoch bleibt er nicht wirklich konstant: In regelmäßigen Abständen werden dort Kopien des inneren Randes der angrenzenden Nachbarpopulationen eingetragen. Dadurch wird die Topologie des Zellulären Automaten auf die Populationen erweitert. Das Gitter der Teilpopulationen wiederum wird zu einem Torus geschlossen, um keine gesonderte Randbehandlung durchführen zu müssen.

Experimente haben gezeigt, daß das in DIOGENES verwendete Lokalitätsprinzip vor allem eine Steigerung der Konvergenzsicherheit bewirkt und damit globale Optimierung ermöglicht. Es lassen sich evolutionsbiologische Phänomene wie Isolation, Annidation und Artenbildung beobachten.

9 Artificial Life

Genetische Algorithmen wurden von Beginn an nicht nur als Optimierverfahren angesehen, sondern auch als ein Modell, das ein weitergehendes Verständnis der natürlichen Evolution ermöglicht. Unter diesem Gesichtspunkt kann man diese Verfahren auch zum Forschungsgebiet Artificial Life rechnen, das sich mit Naturanalogien und der Nachbildung und Simulation biologischer Vorgänge befaßt. In diesem Zusammenhang sind Zelluläre Evolutionäre Algorithmen besonders interessant, da sie durch die Anordnung der Individuen und vor allem die Lokalität der Selektion weitere Prinzipien der Natur modellieren. Mehrere Beiträge zur ECAL (First European Conference on Artificial Life, [ECAL92]) behandeln Evolution in Zellulären Automaten, z.B. zur Simulation von Räuber-Beute-Systemen [Ski92] oder zur Strategieauswahl bei der Nahrungssuche [Hor92].
Als Beispiel für die fließenden Grenzen zwischen Artificial Life und Parameteroptimierung mit Evolutionären Algorithmen kann man die jüngsten Ergebnisse einer Variante von DIOGENES ansehen. Man stelle sich eine einfache Umwelt vor, in der es genau zwei miteinander unvereinbare Anpassungen für Individuen gibt.
In der Sprache der Optimierung ausgedrückt heißt das, es handelt sich um eine multimodale Zielfunktion mit zwei gleichwertigen, aber im Suchraum weit voneinander entfernten lokalen Optima. Während ein GA mit globaler Selektion sich bereits frühzeitig für ein lokales Optimum entscheidet, bilden sich bei DIOGENES zwei Gruppen von Individuen, die getrennt voneinander auf unterschiedliche Optima zulaufen. Nachkommen mit je einem Elter aus beiden Gruppen sind zwangsläufig von geringer Fitneß und sind bei der Selektion ohne Chance. Im biologischen Sinne hat man nun so etwas wie zwei Arten, die sich auch räumlich trennen.

Literatur

[Hol75] John H. Holland. *Adaptation in natural and artificial systems.* The University of Michigan Press, Ann Arbor, 1975.

[Rec73] Ingo Rechenberg. *Evolutionsstrategie: Optimierung technischer Systeme nach Prinzipien der biologischen Evolution.* Frommann–Holzboog Verlag, Stuttgart, 1973.

[Schw77] Hans-Paul Schwefel. *Numerische Optimierung von Computer-Modellen mittels der Evolutionsstrategie*, volume 26 of *Interdisciplinary systems research.* Birkhäuser, Basel, 1977.

[Schw87] Hans-Paul Schwefel. *Collective Phenoma in Evolutionary Systems.* In *Preprints of the 31st Annual Meeting of the International Society for General System Research, Budapest*, Band 2, Seite 1025 — 1033, Juni 1987.

[HB91c] Frank Hoffmeister, Thomas Bäck. *Genetic algorithms and evolution strategies — similarities and differences.* Papers on Economics & Evolution 9103, European Study Group for Evolutionary Economics (ESGEE), November 1991.

[Gol89] David E. Goldberg. *Genetic Algorithms in Search, Optimization, and Machine Learning* Addison-Wesley, Reading, Massachusetts 1989.

[Gor90] Martina Gorges-Schleuter. *Genetic Algorithms and Population Structures — A Massively Parallel Algorithm* Dissertation, Universität Dortmund, Fachbereich Informatik, August 1990.

[Rud90] Günter Rudolph. *Globale Optimierung mit Parallelen Evolutionsstrategien.* Diplomarbeit, Universität Dortmund, Fachbereich Informatik, Juli 1990.

[Spr90] Joachim Sprave. *Parallelisierung Genetischer Algorithmen zur Suche und Optimierung.* Diplomarbeit, Universität Dortmund, Fachbereich Informatik, Dezember 1990.

[ECAL92] Francisco J. Varela, Paul Bourgine (hrsg.). *Toward a Practice of Autonomous Systems: Proceedings of the First European Conference on Artifical Life.* MIT Press, Cambridge, Massachusetts, 1992.

[Ski92] Jakob Skipper. *The Computer Zoo — Evolution in a Box.* In [ECAL92], Seite 355 — 364.

[Hor92] Jeffrey Horn. *Measuring Evolve Complexity of Stimulus-Response Organisms.* In [ECAL92], Seite 365 — 374.

Evolutionäres Design von neuronalen Netzen

Wolfram Schiffmann
Universität Koblenz–Landau*

Zusammenfassung

Aufbau und Eigenschaften mehrschichtiger Perceptrons werden beschrieben. Theoretische Arbeiten bestätigen, daß die Architektur eines Netzes das erreichbare Generalisierungsvermögen bestimmt. Ein biologisch motivierter Ansatz zur Topologie–Optimierung wird vorgestellt. Mit Hilfe genetischer Algorithmen werden die Netzgraphen einer Population miteinander gekreuzt (crossover) und geringfügig verändert (mutiert). Die damit erzielten Ergebnisse werden am Beispiel eines medizinischen Klassifikationsproblems vorgestellt und diskutiert. Ein Ausblick soll zukünftige Forschungsrichtungen zur Topologie–Optimierung aufzeigen und zu weiteren Arbeiten in diesem Gebiet motivieren.

1 Einführung

Künstliche neuronale Netzwerke sind mathematische Modelle, welche von der Funktionsweise ihrer biologischen Vorbilder abstrahieren. Ziel des Netzentwurfs ist es, einen möglichst guten Kompromiß bezüglich der notwendigen Abstraktionen zu finden. Aus dem Zusammenwirken einer Vielzahl *unintelligenter* Komponenten, die als formale Neuronen oder processing units bezeichnet werden, soll ein anspruchsvolles und intelligentes Netzwerkverhalten entstehen. Der Faszination, die von diesem synergetischen Effekt ausgeht, steht jedoch die ungeheure Komplexität des Entwurfs gegenüber. Ein natürliches neuronales Netz nimmt Informationen über seine Umwelt auf und überführt sie in seine interne Darstellung. Für künstliche neuronale Netze besteht die Umwelt aus einem eng umgrenzten Problemkreis, der mit Hilfe von Trainingsmustern beschrieben wird. Für den Netzentwurf ist die folgende Fragestellung von essentieller Bedeutung: *Was* von der Information in der Trainingsmenge soll *wohin* im Netzwerk gespeichert werden?
Wir beschränken uns im folgenden auf mehrschichtige Perceptrons, die überwacht trainiert werden. Es ist schwierig zu definieren womit erfolgreiches *Lernen* charakterisiert werden kann. Oft wird dieser Begriff falsch verwendet, indem das Training eines neuronalen Netzes mit Lernen gleichgesetzt wird. Folglich spricht man von erfolgreichem Lernen, wenn ein Netz die Trainingsmenge exakt abbildet, d.h. wenn der Fehler über der Trainingsmenge verschwindet oder im Idealfall gleich Null wird. Das „wahre“ Ziel ist es aber, gleichzeitig den Fehler über der Trainingsmenge *und* einer Testmenge zu minimieren. Der Fehler über der Testmenge ist ein Maß für die Generalisierungsfähigkeit des Netzes. Man beachte jedoch, daß die Testmenge nicht direkt zum Adaptieren der Verbindungsgewichte benutzt werden darf.

*Rheinau 3–4, W–5400 Koblenz, email: schiff@infko.uni-koblenz.de

2 Mehrschichtige Perceptrons

Mehrschichtige Perceptrons bilden eine wichtige Klasse künstlicher neuronaler Netze. Die formalen Neuronen können als Knoten und die Verbindungen als Kanten eines gerichteten, zykelfreien Graphen aufgefaßt werden. Der für eine bestimmte Problemstellung benutzte Netzgraph wird im allgemeinen mehr oder weniger willkürlich vom Entwickler vorgegeben. Die Verbindungsgewichte werden dann mit der sogenannten verallgemeinerten Delta-Regel —auch als (Error–)Backpropagation **BP** bekannt— und der Trainingsmenge eingestellt [Rumelhart et al., 1986].

Ein Netz bildet Eingabevektoren auf Ausgabevektoren ab. Da Perceptrons keine Rückkopplungen enthalten, ist diese Abbildung eindeutig durch die Verbindungsgewichte bestimmt. Nach [Minsky und Papert, 1969] gibt es Abbildungen, die nicht ohne interne Knoten realisiert werden können. Das bekannteste Beispiel hierfür ist das XOR–Problem. In [Lapedes und Farber, 1988] und [Cybenko, 1988] wird gezeigt, daß maximal zwei interne Schichten erforderlich sind, um eine beliebige Abbildung mit jeder gewünschten Genauigkeit zu approximieren. Beschränkt man sich auf kontinuierliche Funktionen, so genügt sogar eine einzige interne Schicht (vgl. [Cybenko, 1989] und [Hornik et al., 1989]). Die referenzierten Existenzbeweise setzen formale Neuronen mit einer kontinuierlichen aber begrenzten Transferfunktion voraus. Am bekanntesten ist die sigmoide Funktion $o_j = \frac{1}{1+e^{-net_j}}$.

Daneben gibt es Knoten mit sogenannten Radial–Basis–Funktionen (RBF), die maximal reagieren, wenn ihr Eingabevektor $\mathbf{w}_j$ nahe bei einem Zentrum $\mathbf{w}_j^0$ liegt. Es ist leicht nachzuvollziehen, daß man mit einer einzigen internen Schicht aus RBF–Knoten jede beliebige Abbildung realisieren kann [Hartman et al., 1990]. Solche (hybriden) Netze sind aber im Prinzip lediglich eine (look–up) Tabelle der Trainingsmuster. Die Abbildung von Testmustern erfolgt durch Interpolation der abgespeicherten Trainingsmuster.

Im folgenden werden sigmoide Knoten vorausgesetzt, die durch Training mit BP effizientere interne Repräsentationen aufbauen können. Das Hauptziel dabei ist es, von den Rohdaten zu abstrahieren, indem charakteristische Merkmale extrahiert werden.

Im Gegensatz zu den konstruierbaren Netz–Architekturen (nach [Lapedes und Farber, 1988]), deren Komplexität [1] exponentiell mit der Dimension des Eingabevektors wächst, ist bei biologischen Nervensystemen die Zahl der internen Schichten nicht auf das theoretische Minimum von zwei begrenzt.

Der nachfolgende Exkurs in die Lerntheorie zeigt, daß die Komplexität einer Architektur minimiert werden muß, um ein hohes Generalisierungsvermögen zu erreichen.

3 Lerntheorie

Aus Platzgründen müssen wir uns hier auf die wesentlichen Ideen und Ergebnisse der Lerntheorie beschränken. Für ein vertiefendes Studium siehe [Denker et al., 1987], [Solla, 1989] und [Schwartz et al., 1990].

Mit einer bestimmten Netz–Architektur kann die Klasse $\mathcal{F}$ architekturspezifischer Abbildungen realisiert werden. Eine einzelne Funktion $\Psi \varepsilon \mathcal{F}$ möge dabei bis auf einen beliebig vorgegebenen (quadratischen) Fehler ϵ approximiert werden. Dieser Restfehler ist z.B. bei boole'schen Funktionen immer vorhanden, da mit sigmoiden Knoten die Belegungen

[1] Zahl der internen Knoten und Verbindungen

0 oder 1 nie exakt erreicht werden. Im Raum, der von der Gesamtheit der Verbindungsgewichte aufgespannt wird ergibt sich dadurch ein Volumen V_Ψ gültiger Wichtungsvektoren, welche die gewünschte Funktion Ψ mit der gegebenen Architektur bis auf einen Fehler $E_\Psi < \epsilon$ approximiert. Man beachte, daß das Lösungsgebiet V_Ψ nicht unbedingt zusammenhängend sein muß.
Die a priori Wahrscheinlichkeit einen gültigen Wichtungsvektor im Lösungsgebiet V_Ψ zu finden, ist

$$P^0(\Psi) = \frac{V_\Psi}{V_\mathcal{F}^0}$$

Hierbei ergibt sich $V_\mathcal{F}^0$ aus der Summe der Volumina sämtlicher Funktionen.

$$V_\mathcal{F}^0 = \sum_{f \epsilon \mathcal{F}} V_f$$

Ein Maß für die Zahl der durch Training implementierbaren Funktionen ist die a priori Entropie

$$S^0 = -\sum_{f \epsilon \mathcal{F}} P^0(f) \ln P^0(f)$$

S^0 ist also ein Maß für die funktionale Unbestimmtheit einer Architektur. Durch jedes neue Trainingsmuster werden aus $\mathcal{F}$ diejenigen Funktionen entfernt, die der Zielfunktion Ψ widersprechen. Folglich gilt

$$V_\mathcal{F}^0 \geq V_\mathcal{F}^1 \geq V_\mathcal{F}^2 \geq \cdots \geq V_\mathcal{F}^M$$

Da V_Ψ konstant bleibt, führt der monotone Abfall von $V_\mathcal{F}^i$ zu einem monotonen Anstieg der Wahrscheinlichkeit, die gewünschte Funktion Ψ mit der gegebenen Netz–Architektur zu implementieren (vorausgesetzt $P^0(\Psi) > 0$). Gleichzeitig wird die a priori Entropie S^0 reduziert zu

$$S^M = -\sum_{f \epsilon \mathcal{F}} P^M(f) \ln P^M(f)$$

Der Reduktion der Entropie $S^0 - S^M$ entspricht der Information, die aus der Trainingsmenge extrahiert wurde. Ein hohes Generalisierungsvermögen kann nur dann erreicht werden, wenn die verbleibende Entropie S^M klein ist oder im Idealfall verschwindet. Da der Informationsgehalt der Trainingsmenge begrenzt ist, muß man die (architekturspezifische) a priori Entropie S^0 so gering wie möglich halten.
S^0 ist proportional zur Zahl der freien Parameter (Verbindungsgewichte). Deshalb muß die Komplexität der Netz–Architektur minimiert werden. Dies kann durch eine automatische Optimierung der Topologie der verwendeten Netzgraphen erreicht werden.

4 Evolutionäre Topologie–Optimierung

Genetische Veränderungen waren und sind die treibende Kraft der Evolution. Genetische Algorithmen **GA** versuchen diesen biologischen Prozeß nachzuahmen. Sie eignen sich zur Lösung verschiedenster Optimierungsprobleme (siehe z.B. [Goldberg, 1989]). Ein charakteristisches Merkmal von GAs ist, daß sie eine Güte– oder Fitness–Funktion abtasten, die von den zu optimierenden Parametern abhängt. Die Parameter von Individuen einer Population werden durch die genetischen Operatoren *Mutation* und *Kreuzung* *(crossover)* verändert. Durch Austausch sogenannter ***building blocks*** erhält man ein robustes und schnelles Suchverfahren zu Optimierung beliebiger Fitness–Funktionen.

Man kann zwischen GAs mit kontinuierlichen und mit diskreten Parametern unterscheiden. Die erste Gruppe von GAs kann z.B. zum Training von neuronalen Netzen eingesetzt werden. Einen Überblick über bisherige Arbeiten wird in [Weiss, 1990] und [Schiffmann et al., 1992b] gegeben. Nachteilig an diesem Ansatz ist der hohe Zeitbedarf. Da BP und dessen Varianten mit lokaler Lernratenadaption [Schiffmann et al., 1992a] wesentlich schneller und zuverlässiger sind, sollte man auf GAs zum Training von neuronalen Netzen verzichten.

Dies gilt jedoch nicht im Fall der Topologie–Optimierung, da wegen der diskreten Parameter (Knoten, Verbindungen) keine differenzierbare Fitness–Funktion angegeben werden kann. Schnelle Gradienten–Verfahren sind folglich nicht anwendbar. Im folgenden wird allerdings stets vorausgesetzt, daß zum Training BP (oder eine lokal adaptive Variante davon) benutzt wird.

Da GAs als Suchverfahren keine Ableitungen voraussetzen, bieten sie sich zur Topologie–Optimierung an. Außerdem zeigt die Fitness–Funktion im Falle der Topologie–Optimierung weitere Eigenschaften mit denen GAs —im Gegensatz zu anderen Methoden— gut zurecht kommen (vgl. [Miller et al., 1989]):

- Die Zahl möglicher Topologien (Suchraum) wächst exponentiell mit der Zahl der internen Knoten.
- Die Fitness–Funktion ist verrauscht, da die Netze vor dem Training mit Zufallsvariablen initialisiert werden.
- Aufgrund von Symmetrien im Netzgraphen und im Wichtungsraum gibt es mehrere gleichwertige Lösungen, d.h. die Fitness–Funktion ist multimodal.
- Die Fitness–Funktion ist stark zerklüftet (deceptive), d.h. es gibt „ähnliche“ Topologien, deren Güte sich stark unterscheidet.

Außer den genannten Eigenschaften der Fitness–Funktion ist für die praktische Anwendung die leichte Parallelisierbarkeit von GAs vorteilhaft. Davon wurde auch in der hier vorgestellten Anwendung Gebrauch gemacht, um den künstlichen Evolutionsprozeß zu beschleuningen.

4.1 Grundlegender GA

Im folgenden wird das Grundgerüst eines GAs zur Topologie–Optimierung angegeben. Anschließend werden verschiedene Entwurfsmöglichkeiten diskutiert, die man bei einer konkreten Realisierung eines solchen GAs hat. Gleichzeitig wird die hier getroffene Auswahl begründet. Der grundlegende GA umfaßt vier Schritte und hat folgenden Aufbau:

1. Initialisiere eine Population von Netz–Architekturen, deren interne Topologie zufallsmäßig bestimmt wird. Nur die Schnittstellen, d.h. Eingabe– und Ausgabeschicht sind durch die Anwendung festgelegt.
2. Selektiere zwei Netz–Architekturen (Eltern), die miteinander gekreuzt und anschließend mutiert werden.

3. Trainiere die neu entstandenen Netz–Architekturen (Kinder) mit einer festen Anzahl von Epochen, d.h. die Trainingsmenge wird mehrfach präsentiert und die Verbindungsgewichte werden mit BP adaptiert.

4. Die Fitness der Netz–Architekturen in der Population wird berechnet. Sie ist gleich dem negativen Wert des quadratischen Fehlers über der Trainingsmenge. Falls die Fitness eines Netzes einen vorgegebenen Zielwert überschreitet, wird der GA beendet. Sonst wird zu Schritt 2 verzweigt.

4.2 Geno– und Phenotypen

Bei den o.g. Schritten muß man zwei Darstellungsformen für Netz–Architekturen unterscheiden:

1. *Genotypen* werden durch die genetischen Operatoren Mutation und Kreuzung verändert (Schritt 1 und 2).

2. *Phenotypen* sind die eigentlichen Netzgraphen, die aus den Genotypen abgeleitet werden (Schritt 3 und 4).

Der Übergang vom Genotyp zum Phenotyp kann mehr oder weniger aufwendig sein. Bei *low–level* Genotypen wird eine 1:1 Codierung des Netzgraphen vorgenommen. Es liegt eine echte „Blaupause" (blueprint) des Netzes vor. Dieser Ansatz ist transparent und einfach (vgl. [Miller et al., 1989], [Dodd, 1990] und [Schiffmann et al., 1990,1991 und 1992b]). *High–level* Genotypen benutzen eine kompliziertere Codierung für die Netzgraphen. Hier kann man zwischen parametrischen Genotypen (vgl. [Lehar und Weaver, 1987], [Harp et al., 1989] oder [Merrill und Port, 1991]) und Rezeptur–Genotypen unterscheiden (vgl. [Mjolsness et al., 1986–87] und [Mühlenbein und Kindermann, 1989]).

4.3 Selektion

Es gibt verschiedene Kriterien, die zur Auswahl der Eltern–Netze benutzt werden können. Diese Kriterien müssen nicht direkt durch die Fitness–Funktion berücksichtigt werden, sondern können auch indirekt, z.B. durch Implementierungsdetails eines GAs, wirksam werden. Die optimierte Netz–Architektur sollte (gleichzeitg) die folgenden Eigenschaften aufweisen:

- Geringer quadratischer Fehler über der Trainings– und Testmenge
- Hohe Trainingsgeschwindigkeit, d.h. möglichst wenige Epochen bis zur Konvergenz des Trainings
- Minimale Komplexität, d.h. möglichst wenig Knoten und Verbindungen

Es ist günstig, daß die angegebenen Kriterien voneinander abhängig sind. Netz–Architekturen geringer Komplexität besitzen auch eine geringe a priori Entropie S^0. Wir können demnach auch ein hohes Generalisierungsvermögen erwarten. Da während des Trainings nur wenige Verbindungsgewichte verändert werden, lassen sich solche Netze im Vergleich zu komplexeren Netzen auch schneller trainieren. Durch die Verwendung einer einzigen Population und einer asynchron–parallelen Implementierung (vgl. Ende dieses Abschnittes) werden Netze geringer Komplexität bevorzugt.

4.4 Genetische Operatoren

Genetische Operatoren müssen *korrekte* und *vollständige* Nachkommen erzeugen [Weiss, 1990]. Die Definition solcher Operatoren ist bei high–level Genotypen problematischer als bei low–level Genotypen. Insbesondere für Rezepturen ist es schwierig einen Kreuzungs–Operator zu definieren.
Im folgenden wird gezeigt, wie eine Blueprint–Darstellung aufgebaut wird und wie unser Kreuzungs–Operator arbeitet. Eine Beschreibung des Mutations–Operators ist in [Schiffmann et al., 1991] zu finden.

4.5 Blueprint–Darstellung

In Abb. 1 ist an zwei Beispielen gezeigt, wie die Netz–Architektur mit Hilfe einer Liste dargestellt wird. Für die praktische Anwendung in Verbindung mit BP wird die Liste doppelt verkettet. Der Übersicht wegen ist dies jedoch nicht dargestellt. Wie man aus dem Bild entnimmt werden die Knoten vom Eingang zum Ausgang durchnummeriert. Außerdem werden vor jedem Knoten die Nummern seiner Vorgänger verzeichnet. Zur Listen–Darstellung äquivalent, aber nicht so effizient, ist die Darstellung mit einer Inzidenzmatrix. Man beachte, daß beide Darstellungsformen topologisch <u>nicht</u> eindeutig sind, da die Nummerierung der internen Knoten beliebig ist.

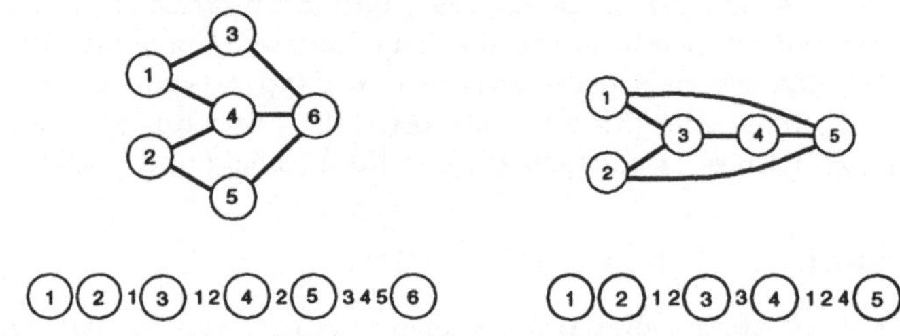

Abbildung 1: Darstellung zweier Netze mit zugehöriger Blueprint–Darstellung. Für die Anwendung mit BP werden die Listen in beide Richtungen verkettet.

Zur Kreuzung zweier Netze wird zunächst eine gemeinsame Trennstelle bestimmt. Um bei Eltern–Netzen unterschiedlicher Größe ein sinnvolles Kind–Netz zu erhalten, muß die Schnittstelle zwischen zwei Knoten des kleineren Eltern–Netzes liegen. Das Kind–Netz „erbt" vom größeren Netz den vorderen und vom kleineren Netz den hinteren Teil der Blueprint–Darstellung (vgl. Abb. 2). Damit die Nachkommen nicht mit einem ihrer Eltern–Netze übereinstimmen, muß der Kreuzungspunkt hinter dem letzten Eingabe–Knoten liegen. Durch die beschriebene Vorgehensweise wird garantiert, daß stets brauchbare Kind–Netze entstehen. Der so definierte Kreuzungs–Operator ist also *korrekt*.

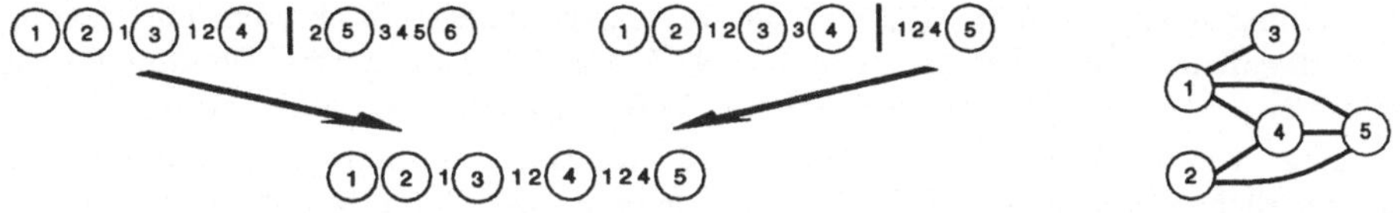

Abbildung 2: Anwendung unseres Kreuzungs–Operators auf die Netze aus vorigen Abbildung. Der isolierte Knoten kann einfach entfernt werden

4.6 Nutzlose Knoten

In den Kind–Netzen können sogenannte *isolierte* oder *statische* Knoten entstehen, die nicht zur Informationsverarbeitung beitragen. Isolierte Knoten haben keine Nachfolger und können daher einfach entfernt werden (vgl. Abb. 2). Entsprechend haben statische Knoten keine Vorgänger. Das von ihnen ausgegebene Signal ist konstant und kann in die Schwellwerte der nachfolgenden Knoten eingerechnet werden. Das Auftreten nutzloser Knoten führt zu einem Schrumpfen der internen Knoten. Die maximale Anzahl von Knoten ist durch das größte Eltern–Netz begrenzt. Durch die Anwendung des Kreuzungs–Operators kann die Zahl der Verbindungen beim Kind–Netz anwachsen. Der Maximalwert ergibt sich aus der Summe der Verbindungen der beiden Eltern–Netze.

4.7 Implementierung

Die derzeitige Implementierung unseres GAs verwendet UNIX–Workstations eines Ethernet–LANs, die asynchron auf einer einzigen gemeinsamen Population arbeiten (siehe auch [Schiffmann et al., 1993]). Die relative Fitness eines Eltern–Netzes bestimmt die Wahrscheinlichkeit für die Selektion dieses Netzes. Zwei nach diesem *roulette–wheel* Verfahren ausgewählte Eltern–Netze werden mit Hilfe einer Workstation gekreuzt, das Kind–Netz wird zufallsmäßig initialisiert und mit einer vorgegebenen Zahl von Epochen trainiert. Schließlich meldet die Workstation die erreichte Güte bzgl. der Trainingsmenge an einen zentralen Steuerprozeß (läuft i.a. auf der User–Workstation). Wenn die Fitness der neuen Netz–Architektur größer ist als die des schlechtesten Netzes der augenblicklichen Population, so ersetzt das neue Netz das schlechteste. Mit diesem Verfahren wird auf einfache Weise die Parallelität der in einem LAN vorhandenen (und häufig unausgelasteten) Workstations genutzt.

5 Beispiel: Thyroid–Daten

In diesem Beispiel geht es um die Klassifikation von medizinischen Daten, die zur Diagnose von Erkrankungen der Schilddrüsen erfasst werden. In den Entscheidungsprozeß gehen insgesamt 21 Werte ein. Davon sind 15 Werte binär und die restlichen 6 Werte stellen analoge Größen dar. Anhand eines solchen Meßvektors muß entschieden werden, ob die Schilddrüse des Patienten eine Über–, Unter– oder Normalfunktion zeigt.

Die Trainingsmenge umfaßt 3772 und die Testmenge 3428 Meßvektoren, die entsprechend klassifiziert sind. Da im Mittel ca. 92% der Patienten normal funktionierende Schilddrüsen aufweisen, werden sehr hohe Anforderungen an einen Klassifikator gestellt. Wir haben verschiedene feste Topologien und evolutionär erzeugte Topologien miteinander verglichen. Zunächst wurde eine Teilmenge aus der Trainingsmenge gebildet, die nur 700 Meßvektoren umfaßt. Dadurch wird der Rechenaufwand zum Training verringert. Dies ist besonders wichtig für die künstliche Evolution, die trotz Parallelisierung mit 10 Workstations (SPARC 2, NeXT) noch etwa 72 Stunden benötigte. Die Muster der reduzierten Trainingsmenge wurden aufgrund einer Datenanalyse bestimmt. Dabei wurden diejenigen Muster ausgewählt, die in den Grenzregionen zwischen den Klassen liegen. Diese Muster sind besonders schwer zu klassifizieren und stellen sozusagen die „kritische Masse“ der Trainingsmenge dar.

In allen Fällen wurde zum Training Standard–BP mit Update pro Muster, einer konstanten Lernrate von 0.01 und einem Momentum von 0.9 benutzt. Die Zahl der Trainings–Epochen (mit der reduzierten Trainingsmenge) wurde auf 500 begrenzt. Die Ergebnisse unserer Untersuchungen sind in Tabelle 1 zusammengefaßt. Die evolutionär erzeugten Netze zeichnen sich durch eine höhere Trainingsgüte und ein besseres Generalisierungsvermögen aus. Die fest verdrahteten Netze sind wie angegeben partitioniert und die Knoten sind vollständig miteinander verbunden. Die angegebene Konnektivität bezieht sich auf ein vollständig verbundenes Netz, dessen interne Schichten jeweils nur einen Knoten enthalten.

	#units	#weights	connectivity	reduced training set	whole training set	test set
fixed nets						
21x5x3.net	29	183	94.8%	76.6%	95.0%	94.3%
21x10x3.net	34	303	87.1%	76.9%	95.5%	94.8%
21x20x3.net	44	543	74.1%	71.1%	94.4%	93.9%
evol. nets						
n_123.net	48	285	31.1%	94.8%	98.3%	97.3%
n_125.net	49	283	29.4%	95.0%	98.1%	96.9%
n_130.net	49	278	28.9%	94.8%	98.3%	97.4%
n_136.net	48	277	30.3%	94.8%	98.2%	97.1%
n_147.net	49	276	28.7%	95.0%	98.4%	97.3%
n_149.net	50	279	27.6%	95.0%	98.1%	97.2%
n_152.net	50	278	27.5%	95.0%	98.2%	97.0%
n_154.net	49	286	29.7%	95.1%	98.3%	97.3%
n_155.net	50	279	27.6%	95.0%	98.6%	97.4%
n_156.net	50	278	27.5%	94.8%	98.4%	97.5%

Tabelle 1: Vergleich zwischen festen und evolutionär erzeugten Netzen, die jeweils mit der reduzierten Traingsmenge trainiert wurden.

Man sieht, daß die evolutionär erzeugten Netz–Architekturen nur etwa ein Drittel der Konnektivität vergleichbarer fester Topologien aufweisen. Alle evolutionär erzeugten Topologien haben etwa dieselbe Komplexität, obwohl sich die initialen Netze stark voneinander unterschieden (z.B. Konnektivitäten zwischen 9% und 92.5%). Bemerkenswert ist auch, daß die komplexeste Architektur (21 x 20 x 3) die schlechtesten Ergebnisse lieferte. Dies stimmt mit den oben angeführten theoretischen Überlegungen überein. Schließlich wurden die evolutionär erzeugten und die festen Topologien mit der vollständigen Trainingsmenge trainiert. Die Ergebnisse sind in Tabelle 2 zusammengefaßt. Dabei werden die oben gemachten Aussagen erneut bestätigt.

	training set	test set
21x5x3.net	99.0%	97.4%
21x10x3.net	99.1%	97.3%
21x20x3.net	99.3%	97.4%
n_123.net	99.5%	98.2%
n_125.net	99.4%	98.6%
n_130.net	99.4%	98.4%
n_147.net	99.4%	98.2%
n_152.net	99.4%	98.5%
n_154.net	99.4%	98.4%
n_155.net	99.4%	98.6%
n_156.net	99.4%	98.4%

Tabelle 2: Ergebnisse nach Training mit der vollständigen Trainingsmenge

Die Lernkurven der generierten Netz–Archtekturen zeigen leichte Oszillationen (Abb. 3). Dieser Effekt hängt mit der benutzten Update–Regel zusammen. Deshalb sollte statt Standard–BP eine Variante mit lokaler Lernratenadaption benutzt werden, welche die Wichtungsvektoren epochenweise modifiziert. Eine vergleichende Studie in [Schiffmann et al., 1992a] mit den Thyroid–Daten als Trainingsmenge zeigt, daß dadurch auch die Trainingsgeschwindigkeit deutlich erhöht werden kann.

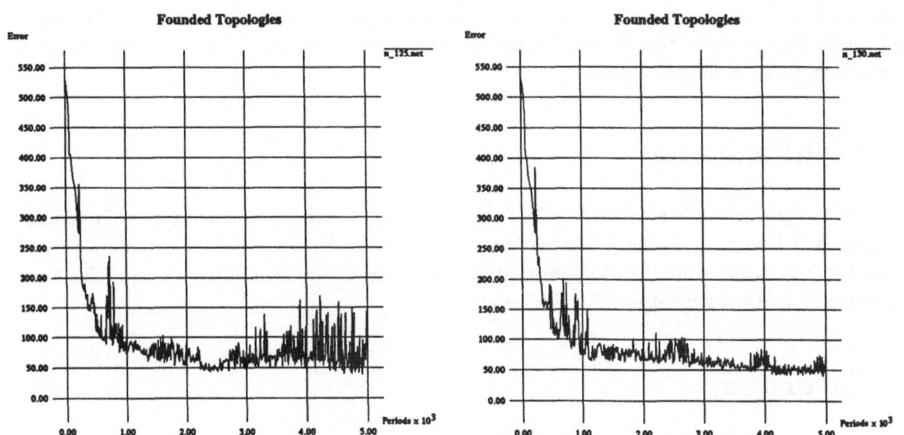

Abbildung 3: Lernkurven beim Training zweier evolutionär erzeugter Netze mit der vollständigen Trainingsmenge

6 Zusammenfassung und Ausblick

Wir haben gesehen, daß bei der Anwendung neuronaler Netze nicht nur ein effizienter Lernalgorithmus, sondern auch eine an das Problem angepaßte Netz–Architektur wichtig ist. Die Netz–Architektur beeinflußt vor allem das Generalisierungsvermögen. Dagegen bestimmt der Lernalgorithmus die approximativen Eigenschaften eines neuronalen Netzes. Durch Nachahmung der Natur mit Hilfe von GA können problemspezifische Topologien erzeugt werden. Dies wurde am Beispiel der Klassifikation von Thyroid–Daten demonstriert.

Eine interessante Erweiterung des oben vorgestellten Verfahrens ist die Berücksichtung zusätzlicher Randbedingungen, die technologisch vorgegeben sind. Bei der Implementierung von neuronalen Netzen mit Parallelrechnern müssen Teilgraphen des Netzes auf einzelne Rechnerknoten verteilt werden. Durch Minimierung des notwendigen Datenaustauschs (Kommunikation) zwischen den Rechnerknoten kann der erreichbare Speedup maximiert werden. Bei homogenen Parallelrechnersystemen müssen die physikalischen Kommunikationspfade berücksichtigt werden. Die Optimierung der Topologie kann dann auf der Ebene der Teilgraphen erfolgen.

Die Anwendung der Topologie–Optimierung ist allerdings nicht auf Rechnersimulationen beschränkt. Mit der beschriebenen Vorgehensweise könnten auch Netz–Architekturen für spezielle Neuro–Chips generiert werden. Die durch die VLSI–Technik vorgegebenen Einschränkungen (z.B. fan–in einer neuronalen Makrozelle) können leicht durch einen genetischen Algorithmus berücksichtigt werden. Ein weiteres Anwendungsgebiet ist der Aufbau von Fuzzy–Produktionensystemen. Obwohl einzelnen Knoten automatisch keine linguistischen Variable zugeordnet werden können, ist es denkbar, daß sich die topologisch optimierten und mit Musterbeispielen trainierten Netzgraphen in einen Satz von Fuzzy–Regeln überführen lassen.

7 Danksagung

Die hier vorgestellten Arbeiten werden durch die Deutsche Forschungsgemeinschaft im Rahmen des Projekts *Feature–Extractor–Generator* gefördert (Az.: Schi 304/1-1). Ich danke Merten Joost und Randolf Werner für die Erstellung der Software und die Durchführung der zeitaufwendigen Simulationen.

8 Literatur

Cybenko G., 1988 : *Continuous Valued Neural Networks with Two Hidden Layers Are Sufficient*, Technical Report, Department of Computer Science, Tufts University, Medford, MA

Cybenko G., 1989 : *Approximation by Superpositions of a Sigmoidal Function*, Mathematics of Control, Signals and Systems, 2, pp. 303–314

Denker J., Schwartz D., Wittner B., Solla S., Howard R., Jackel L. and Hopfield, 1987 *Large Automatic Learning, Rule Extraction and Generalization*, Complex systems, 1, pp. 877–922

Dodd N., 1990 : *Optimization of Network Structure Using Genetic Techniques*, Proc. of the Intern. Conf. on Neural Networks, Paris

Goldberg D., 1989 : *Genetic Algorithms — in Search, Optimization and Machine Learning*, Addison–Wesley

Harp S.A., Samad T. and Guha A., 1989 : *Towards the Genetic Synthesis of Neural Networks*, Proc. of the third Intern. Conf. on Genetic Algorithms (ICGA), pp. 360–369, San Mateo (CA)

Hartman E.J., Keeler J.D. and Kowalski J.M., 1990 : *Layered Neural Networks with Gaussian Hidden Units As Universal Approximations*, Neural Computation **2**, pp. 210–215

Hornik K., Stinchcombe M. and White H., 1989 : *Multilayer Feedforward Networks are Universal Approximators*, Neural Networks, Vol. 2, pp. 359–366, Pergamon Press

Lapedes A. and Farber R., 1988 : *How Neural Nets Work*, Neural Information Processing Systems, D.Z. Anderson (Ed.), American Institute of Physics, New York, pp. 442-456

Lehar S. and Weaver J., 1987 : *A Developmental Approach to Neural Network Design*, Proc. of the IEEE Intern. Conf. on Neural Networks, Vol. I, pp. 97–104

Merrill J. and Port R., 1991 : *Fractally Configured Neural Networks*, Neural Networks, Vol. 4, pp.53–60

Miller G., Todd P.M. and Hegde S.U., 1989 : *Designing Neural Networks Using Genetic Algorithms*, Proc. of the third Intern. Conf. on Genetic Algorithms (ICGA), pp. 379–384, San Mateo (CA)

Minsky and Papert, 1969 : *Perceptrons*, MIT Press

Mjolsness E. and Sharp D.H., 1986 : *A Prelimiary Analysis of Recursively Generated Networks*, in Denker J. (Eds.): *Neural Networks for Computing*, Snowbird (Utah)

Mjolsness E., Sharp D.H. and Alpert B.K., 1987 : *Recursively Generated Neural Networks*, Proc. of the IEEE Intern. Conf. on Neural Networks, Vol. III, pp. 165–171

Mühlenbein H. and Kindermann J., 1989 : *The Dynamics of Evolution and Learning — Towards Genetic Neural Networks*, in Pfeifer et al. (Eds.): *Connectionism in Perspective*, Elsevier

Rumelhart D.E., Hinton G.E., Williams R.J., 1986 : *Learning internal representations by error propagation*, Parallel Distributed Processing: Explorations in the Microstructures of Cognition, Vol.I, MIT Press, pp. 318–362

Schiffmann W.H. and Mecklenburg K., 1990 : *Genetic Generation of Backpropagation Trained Neural Networks*, Proc. of Parallel Processing in Neural Systems and Computers (ICNC), Eckmiller R. et al. (Eds.), pp. 205–208, Elsevier

Schiffmann W.H., Joost M. and Werner R., 1991 : *Performance Evaluation of Evolutionarily Created Neural Network Topologies*, Proc. of Parallel Problem Solving from Nature, Schwefel H.P. and Maenner R. (Eds.), pp. 274–283, Lect. Notes in Computer Science, Springer

Schiffmann W.H., Joost M. and Werner R., 1992a : *Optimierung des Backpropagation Algorithmus zum Training von Multilayer Perceptrons*, Fachbericht Physik, 15/1992, Universität Koblenz

Schiffmann W.H., Joost M. and Werner R., 1992b : *Synthesis and Performance Analysis of Multilayer Neural Network Architectures*, Fachbericht Physik 16/1992, Universität Koblenz

Schiffmann W.H., Joost M. and Werner R., 1993 : *Application of Genetic Algorithms to the Construction of Topologies for Multilayer Perceptrons*, Intern. Conf. on Neural Networks and Genetic Algorithms ICNNGA '93, to appear, Innsbruck 1993

Schwartz D.B., Samalam V.K., Solla S.A. and Denker J.S., 1990 : *Exhaustive Learning*, Neural Computation 2, pp. 371-382

Solla S.A., 1989 : *Learning and Generalization in Layered Neural Networks: The Contiguity Problem*, Neural Networks from Models to Applications, Personnaz L. and Dreyfus G. (Eds.), Paris, pp. 168–177

Weiss, G. : *Combining neural and evolutionary learning: Aspects and approaches*, Report FKI–132–90, Technische Universität München, 1990

Das Lernen von mehrdeutigen Abbildungen mit fehlergesteuerter Zerlegung

Knut Möller

Institut für Informatik Abt. I,
Universität Bonn,
Römerstr. 164,
D-5300 Bonn, FRG

Abstract. Die gängigen konnektionistischen Lernverfahren scheinen für einfache Probleme gut geeignet zu sein, versagen jedoch bei der Anwendung auf komplexe, reale Aufgaben — wie die Echtzeit–Roboterkontrolle. Bereits bei vielen anderen Anwendungen hat sich das *devide and conquer* Prinzip als mächtiges Konzept gezeigt, welches die Komplexität von Lernproblemen reduzieren kann[JJB90, Wai89, MT90].
Wir stellen daher eine selbstorganisierende Zerlegungstechnik vor, die die Eingabedomäne eines Lernproblems in disjunkte konvexe Regionen aufteilt. Diese können dann separat, also unabhängig voneinander durch verschiedenen Netzen trainiert werden. Die Aufteilung in die Regionen wird durch die sogenannte *fehlergetriebene Dekomposition* erreicht, d.h. sie ist abhängig von dem Approximationsfehler der lernenden Netze. Es wird demonstriert, daß diese Technik geeignet ist, um komplexe Aufgaben zu lösen.
In dem zweiten Abschnitt wird auf das Problem der mehrdeutigen Abbildungen eingegangen, welches in der Bewegungssteuerung und Kontrolle relativ häufig auftritt. Konnektionistische Systeme sind per se nicht in der Lage many-to-many Aufgaben zu lösen. Das lernende System, welches während des Trainings mit inkonsistenten Daten konfrontiert wird, müßte hierfür die Widersprüche auflösen quasi entzerren können. Durch das fehlergetriebene Lernen werden "resourcen" zwischen der Lerngenauigkeit und den Mehrdeutigkeiten hin- und hergeschiftet werden.

Einleitung

Komplexe Aufgabenstellungen aus der Realen Welt, z.B. Manipulatorkontrolle oder Bewegungsplanung [TM91, Jor89], erfordern mächtige Werkzeuge, die mit Adaptivität und selbstorganisierenden Eigenschaften ausgestattet sind. Gegenwärtige Lernsysteme aus dem konnektionistischen – und damit biologisch

motivierten – Forschungsbereich, die diese Eigenschaften mitbringen, sind aber in ihrer Anwendung z.Z. beschränkt auf einfache, gutartige Probleme.
Biologische Bewegungskontrolle ist weder durch die Fülle der Daten noch durch Mehrdeutigkeiten oder Widersprüche eingeschränkt. Bisher ungeklärt ist, ob mit den biologisch motivierten "Neuronale Netze"- Methoden ähnlich robuste Verfahren entwickelt werden können.
In dem hier vorgestellten System [FHM91, Moe91] werden komplexe Aufgaben durch einen *divide-and-conquer*-Ansatz [HS78, BP84, Far90, JJB90, Wai89, MT90] in einfachere, lernbare Probleme aufgebrochen. Wir schlagen eine spezielle Technik vor, die eine *selbstorganisierende, fehlersensitive* Zerlegung hervorruft. Schwierige Abschnitte einer Aufgabe werden in kleinere Bereiche zerlegt, während einfache durch wenige Resourcen trainiert werden. Die Effekte dieser Zerlegung entsprechen grob der ungleichen Verteilung der Neuronencolumnen (Homunculus) z.B. im motorischen oder sensorischem Cortex (Area 4 und 5).
Im zweiten Abschnitt wird diese Technik dann verwendet, um relativ effektiv, auch bösartige, sprich im Bereich des Motorlernens häufiger auftretende, mehrdeutige Probleme trainierbar zu machen. Ein solches mehrdeutiges Problem tritt z.B. auf, wenn ein Roboter oder Mensch eine bestimmte Position erreichen soll, dies aber auf verschiedene Weisen realisieren könnte.
Bevor wir uns diesem Problem zuwenden, jedoch zuerst ein Einführung in das Konzept der fehlerorientierten Zerlegung.

Fehlerorientierte Zerlegung

Abstrakt betrachtet ist eine zu lernende Aufgabe eine unbekannte Abbildung $f : [0,1]^n \longrightarrow [0,1]^m$. Die Aufgabe kann nun zerlegt werden, indem der Eingabebereich in disjunkte Regionen aufgeteilt wird, welche unabhängig voneinander approximiert werden können. Eine ad hoc Zerlegung in gleichgroße Regionen ist in der Regel nicht optimal, da bei den meisten Aufgaben Bereiche existieren, die viel leichter oder schwerer zu erlernen sind als andere (s. Abb. 2). Der "Schwierigkeitsgrad" einer Aufgabe richtet sich natürlich nach der Art der eingesetzten Approximatoren. Mit den von uns verwendeten Resourcen, Backpropagation (BP) Netzen[1][RHW86, Wer74], gibt es z.B. für die gegebene Beispielaufgabe wesentlich bessere Dekompositionen. Während des Trainingsvorganges kann die lokale Komplexität einer Lernaufgabe geschätzt werden: Regionen höherer Komplexität (bezogen auf den Backpropagation–Approximator) werden einen höheren Fehler entstehen lassen als einfachere Bereiche. Die Idee der *Fehlergetriebenen Dekomposition* beruht auf der Nutzung dieser Fehlerinformation zur Bestimmung der Bereichsgrenzen.

Die generelle Systemarchitektur des hier vorgestellten, lernenden Systems ba-

[1] Jeder andere Approximator könnte prinzipiell ebenfalls eingesetzt werden.

siert auf Kohonen's feature map [Koh84, RS88, RMS89]. Feature maps (FM) zerlegen den Eingaberaum in konvexe Regionen (Voronoi tesselation), wenn man die rezeptiven Felder der Einheiten betrachtet. Um diese Zerlegung für überwachtes Lernen einsetzen zu können, wird jede Einheit mit einem BP-Netz versehen (vgl. Abb.1), dessen Eingaben auf das korrespondierende rezeptive Feld

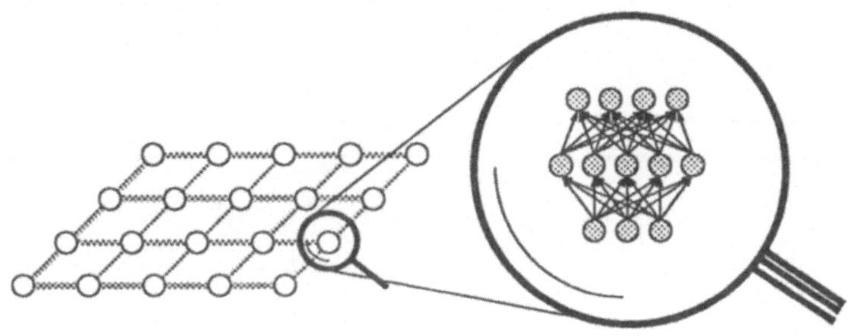

Abb. 1. Die Architekture des lernenden Systems. Jede FM-unit ist mit einem Backpropagation Netz assoziert, welches die Abbildung über seinem rezeptiven Feld erlernen soll.

beschränkt ist. Die Aufgabe der FM besteht also darin, die Eingaben an ein spezielles Backpropagation Netz weiterzuleiten.

Das Training einer Aufgabe erfolgt nun folgendermaßen:

- Jedes Musterpaar (p, t) bestehend aus einer Eingabe p und einem erwünschten Ausgabewert t wird durch die gewinnende FM Einheit an das ihr zugeordnete BP Netz weitergereicht, welches mit diesem I/O-Paar wie gewohnt [RHW86] trainiert wird.
- Entscheidend ist nun, daß jede FM-Einheit ihre Gewichte *proportional zum LMS-Fehler* $e(p)$ ($e(p) = \sum_{i=1}^{m}(o_i - t_i)^2$ mit o_i der Aktivität der $i$ten Ausgabeeinheit) der Backpropagation Netze verändert.

  Formal notiert, wird jedes Gewicht einer FM-unit entsprechend der folgenden Gleichung verändert:

  $$\Delta w_i = \eta \cdot h(i) \cdot e(p) \cdot (w_i - p)$$

  (Dabei bezeichnet w_i dem Gewichtsvektor der FM-unit i, $h(i)$ verändert die Schrittweite ("Lernrate") η in Abhängigkeit vom Abstand zum Gewinner der feature map Auswertung). Dies entspricht gerade der gewöhnlichen FM-Lernregel erweitert um den Fehlerterm $e(p)$.

Die vorgestellte Lernregel ist lokal, also einfach zu parallelisieren, einfach zu implementieren und schnell und effizient auszuwerten.

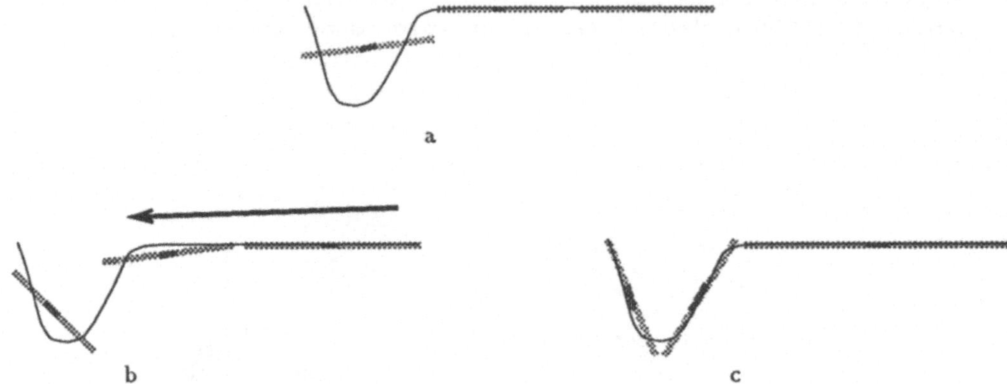

Abb. 2. Die dargestellt Funktion (durchgezogene Linie) soll durch 3 Approximatoren (schraffiert) angenähert werden. Der Fehler verändert die rezeptiven Felder. (a) Bei gegebener ad hoc Dekomposition; (b) Zwischenstadium; (c) Optimale Verteilung; Zur Illustration wurden nur lineare Approximatoren verwendet.

In der Abb. 2 werden die Effekte der Regel illustriert. Man nehme an (o.B.d.A.), daß die Eingabemuster gleichverteilt sind. Dann ist der integrierte Fehler des linken Approximators offensichtlich größer als der der Rechten. Da die FM-Gewichte, und damit die Schwerpunkte der rezeptiven Felder, proportional zu diesem Fehler verändert werden, kommt es zu einer "Verschiebung" der rechten Einheiten nach links. Die hierdurch induzierte Verteilung ist deutlich besser.
Die Abb. 3 demonstriert den Effekt der fehlergesteuerten Lernregel an einem dreidimensionalen Problem der "mexican hat"-Funktion.

Fehlergesteuertes Lernen mehrdeutiger Abbildungen

Im Prinzip wird das vorherige Verfahren eingesetzt, die Komplexität mehrdeutiger Abbildungen zu reduzieren, indem endlich viele eindeutige Versionen gelernt werden. Die Trennung der Versionen sowie die Zuordnung der tatsächlich benötigten Approximatoren ist dabei jedoch i. d. R. kompliziert bzw. ad hoc nicht zu realisieren.
Stehen nur bestimmte Ressourcen für die Approximation zur Verfügung, so muß zwischen dem Grad der Ambiguität (Zahl der Versionen) und der Genauigkeit der Einzelapproximationen abgewogen werden. Zur selbstorganisierenden

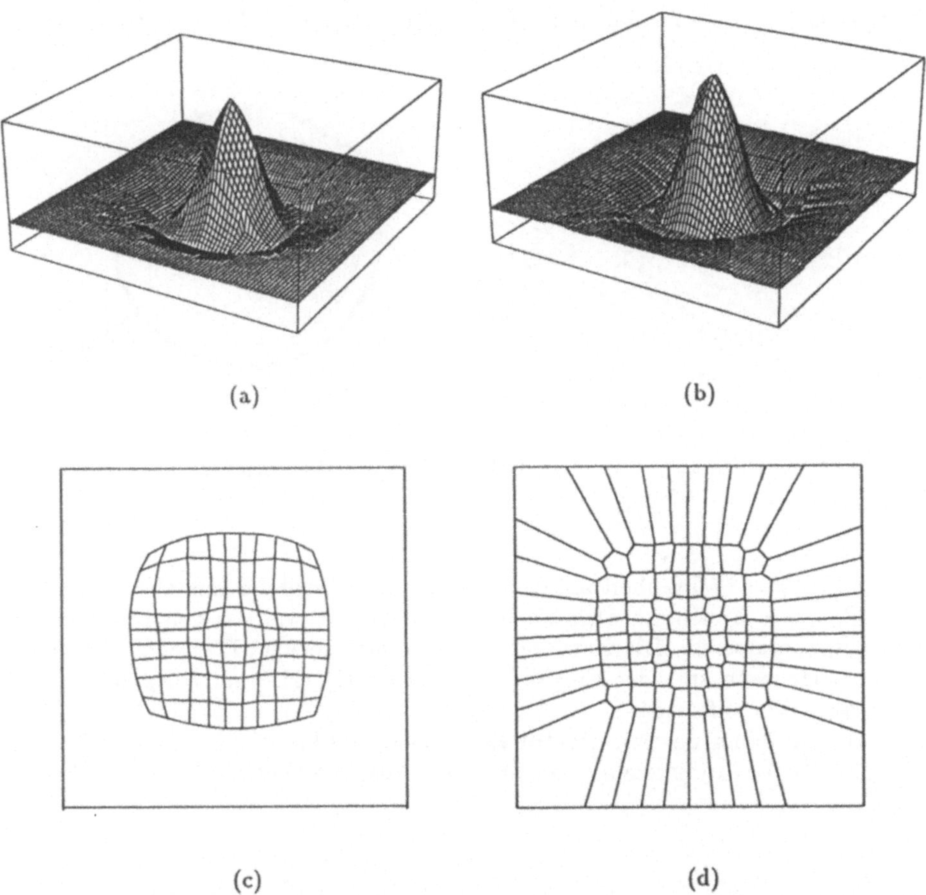

Abb. 3. Nichtlineare Approximation mit Zerlegung (3 hidden units). (a) Ad hoc Gleichverteilung der Backprop Netze (Fehler = 0.4) (b) Fehlergesteuerte Approximation (Fehler = 0.07) (c) Verteilung der BP Netze (10 × 10) (d) Receptive Felder

Lösung dieses Konfliktes bietet sich die "fehlergesteuerte Dekomposition" an. Mit einem kleinen Trick wird diese Methode anwendbar. Zum Training wird einfach das vollständige Musterpaar aus Ein- und Ausgabe verwendet, um eindeutige Informationen zu erhalten. Die Feature Map entfaltet sich auf dem *Kreuzprodukt des Eingabe- und Ausgaberaums*, d. h. die Gewichte besitzen die Dimensionalität $\tilde{n} = n+m$, wenn wir wie bisher üblich den Eingaberaum als Teilmenge des $\mathbb{R}^n$ annehmen und mit m die Dimension des Ausgaberaums bezeichnen. Als Resultat erhält man dann – proportional zur Fehler- und Häufigkeitsverteilung der Muster – eine Zerlegung des Gesamtraums in konvexe Polyeder. Hierdurch werden große und schwierig zu approximierende Lösungsräume durch mehr Einheiten angenähert als einfache und kleine. Den FM-Einheiten sind wieder

Backpropagation-Netze assoziiert. Durch die Projektion des rezeptiven Feldes

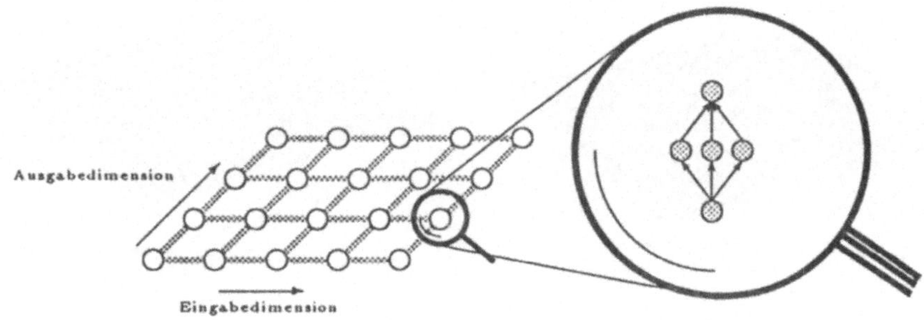

Abb. 4. Architektur zur erweiterten FM. Die FM entfaltet sich im Produktraum von Eingabe- und Ausgabedomäne

der zuständigen FM-Einheit auf den Eingaberaum wird die Eingabedomaine jedes BP-Netzes bestimmt. Das BP-Netz bildet nach wie vor den Eingabe- auf den Ausgaberaum ab. Die Eingabebereiche verschiedener BP–Netze überlagern sich, immer wenn zu einer Eingabe als mehrdeutig erkannte Ausgaben in den Trainingsdaten auftreten.
Eine Beschreibung der Architektur findet sich in Abb. 4. Zu beachten ist, daß sich die FM im Produktraum von Ein- und Ausgaben entfaltet.

Prinzip: Man verwendet das Verfahren zur fehlergesteuerten Dekomposition, wobei die FM auf dem Kreuzprodukt von Eingabe- und Ausgaberaum arbeitet. Die assoziierten Backpropagationnetze bilden wie üblich Abbildungen von $\mathcal{I} \longrightarrow \mathcal{O}$.

Die BP-Netze liefern eine stetige differenzierbare Abbildung auf dem zugeordneten Teilabschnitt von $\mathcal{I} \longrightarrow \mathcal{O}$ und "interpolieren" daher im Eingaberaum zwischen den Trainingsmustern.

Ein abstraktes Beispiel (s. Abb. 5) demonstriert die Arbeitsweise für eine Abbildung ($\mathbb{R} \longrightarrow \mathbb{R}$) mit einem diskreten Lösungsraum, d. h. pro Eingabe gibt es nur endlich viele Ausgaben. In der Abbildung sind im Feld (a) die Eingaben auf der Abszisse und die Ausgaben auf der Ordinate abgebildet. Als Graphen sind die max. 4 Lösungsmöglichkeiten pro Eingabe dargestellt. In Teil (b) der Abbildung sind die Approximationen der Lösungen durch eine 10×8 Feature Map mit jeweils zugeordnetem BP-Netz (mit je 2 internen Knoten) angegeben. Die BP-Netze sind zwar nach 10000 Musterpräsentationen noch nicht "austrai-

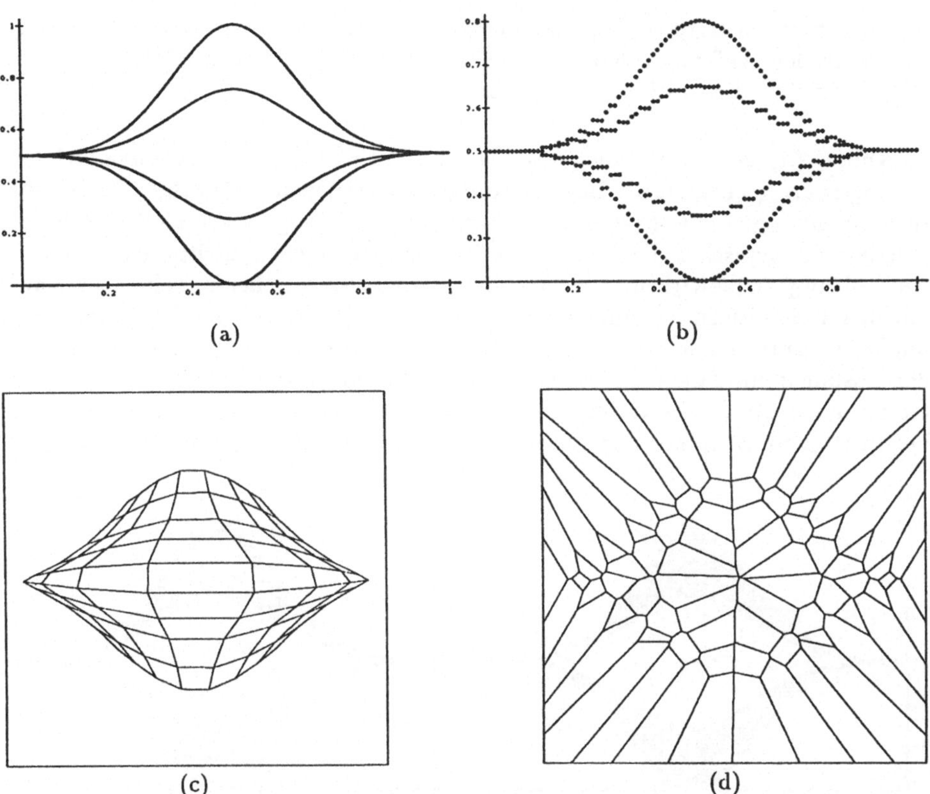

Abb. 5. (a) Darstellung des $\mathcal{I} \times \mathcal{O}$-Raumes. Zu jeder Eingabe gibt es bis zu 4 Ausgaben; Nach 10000 Musterpräsentationen; (b) Ergebnis der BP-Approximationen; (c) Verteilung der FM-Einheiten; (d) Rezeptive Felder

niert", aber man sieht schon deutlich die Trennung der Versionen. In (d) ist die Zerlegung des Produktraumes durch die FM gezeigt. Diese ordnen sich so an, daß nie mehrere "Lösungslinien" in ihren Bereich fallen.

Während des Trainings darf das Verfahren die Ausdehnung der rezeptiven Felder im Ausgaberaum nicht zu groß werden lassen[2], um die Stabilisierung der BP-Netze nicht zu gefährden. Hierbei macht sich der fehlergetriebene Einfluß bemerkbar. Bei kontinuierlichen Lösungsräumen oder mehreren diskreten Lösungen innerhalb eines rezeptiven Feldes wird durch Mittelwertbildung der BP-Ausgaben über dem abgedeckten Bereich ein Fehler induziert, der wiederum die "Ausdehnung" im Ausgaberaum beschränkt. Selbst an den Rändern des Beispiels, also in Bereichen, die sehr eng beieinanderliegen und daher nur einen ge-

[2] Für entsprechende Verfeinerungen s.[Moe91].

ringen Fehler hervorrufen, ist eine sehr gute Auflösung zu verzeichnen. Bei dem relativ großen Aufwand, den der Einsatz einer 10×8 Feature Map bedeutet, sollte man das aber auch erwarten können.

In Abb. 6 (a) ist ein Beispiel mit kontinuierlichem (und daher unendlichem) Lösungsraum (schraffierter Bereich) dargestellt. Zu jeder Eingabe gibt es zwei zusammenhängende Ausgaberegionen. In diesem Fall ergibt sich an den Rändern (Pfeile) ein typisches Problem. Die Ressourcen reichen nicht aus, um eine Aufspaltung zu bewirken. Das System nimmt einen höheren Fehler in Kauf, um den Gesamtlösungsraum besser abdecken zu können. Dabei entsteht eine ungültige Approximation, da die Ausgaben des trainierten BP-Netzes nicht in den Lösungsraum fallen. Die Abweichung bleibt jedoch innerhalb relativ geringer Grenzen, die durch das Verhältnis der Ressourcen zur Größe des Lösungsraumes bestimmt sind. Zwischen den einzelnen Versionen, was in der FM einer Bewegung

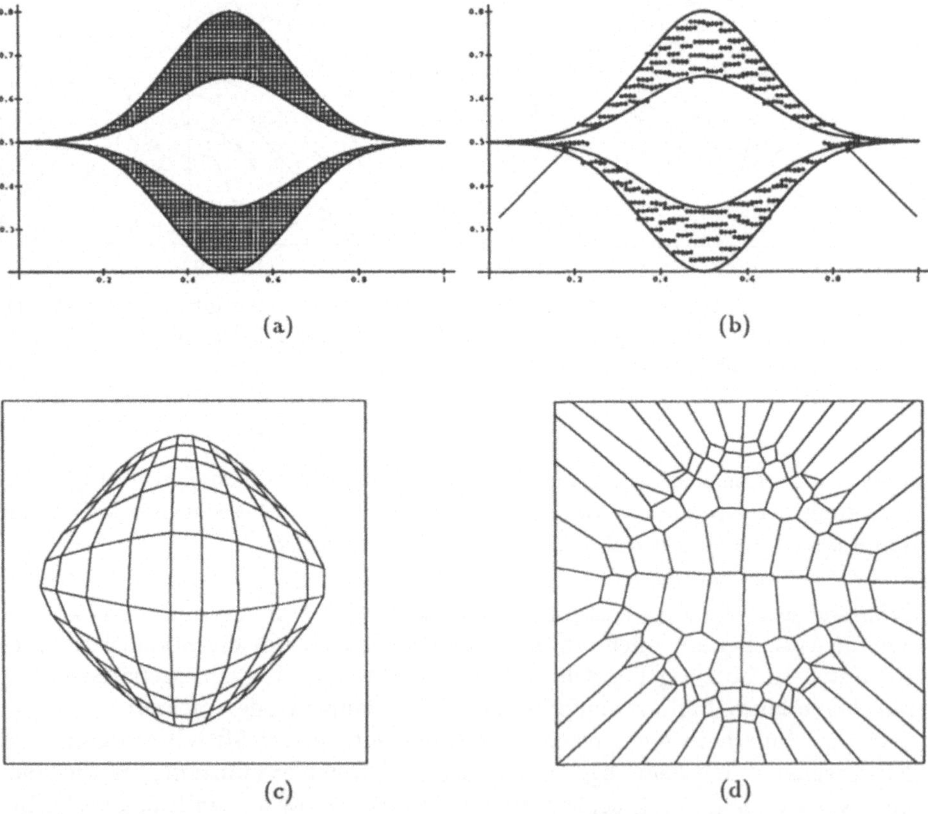

Abb. 6. (a) Darstellung des $\mathcal{I} \times \mathcal{O}$-Raumes. Zu jeder Eingabe gibt es zwei zusammenhängende kontinuierliche Lösungsräume; Nach 10000 Musterpräsentationen: (b) Ergebnis der BP-Approximationen; (c) Verteilung der FM-Einheiten; (d) Rezeptive Felder

in Richtung der Ausgabedimensionen gleichkommt, gibt es keine klaren Interpolationsmöglichkeiten, da ad hoc nicht bekannt ist, ob es überhaupt Lösungen zwischen den Abbildungen gibt. In Abb. 6 wird dies sofort klar. Zwischen den beiden Lösungsräumen, die das weiße Feld in der Mitte begrenzen, kann nicht interpoliert werden, innerhalb der grau schraffierten Felder dagegen sehr wohl. Selbst wenn es also zusammenhängende Lösungen gibt, ist das Bild der BP-Abbildungen als eine unzusammenhängende Teilmenge des Ausgaberaumes zu betrachten.

Die *Auswertungsphase* ist im Gegensatz zum oben beschriebenen "Lernen" nicht trivial. Während beim Training sowohl Ein- als auch Ausgabemuster verfügbar sind und damit die FM und die BP-Netze lernen können, steht zum Abrufen der Informationen nur noch die Eingabe fest. Es ist nicht offensichtlich, wie die zugehörigen Ausgaben zu einer gegebenen Eingabe bestimmt werden können. Präsentiert man nach dem Training eine Eingabe, für die man eine Ausgabe sucht, so werden vor dem Wettbewerb alle FM-Einheiten partiell aktiviert. Diese Aktivierung ist proportional zum Abstand der Gewichtsvektoren von der Hyperebene, die durch die Eingabe im Produktraum definiert ist.
Es wird nun die Menge der FM-Einheiten gesucht, deren rezeptive Felder projiziert auf den Eingaberaum die gesuchte Eingabe enthalten. Im Prinzip möchte man also zu einer Eingabe Φ die rezeptiven Felder bestimmen, die einen nichtleeren Schnitt mit der durch Φ definierten Hyperebene im $I \times O$-Raum besitzen. Die Schnittmenge stellt gerade die Zahl der möglichen Ausgabekandidaten dar.

Wir wollen hier nur kurz auf ein heuristisches Verfahren eingehen, welches sich in der Praxis als effizient und ausreichend genau erwiesen hat. Andere Ansätze sowie Komplexitätsbetrachtungen dazu findet man in [Moe91, Moe92]. Die Verfahren unterscheiden sich in der Korrektheit und Vollständigkeit. Unter *Korrektheit* verstehen wir in diesem Zusammenhang, daß nur Kandidaten ausgegeben werden, deren rezeptives Feld tatsächlich einen Schnitt mit der Eingabenhyperebene besitzt. *Vollständig* ist ein Algorithmus, der alle Kandidaten mit den angegebenen Eigenschaften liefert.
Um die Schreibweise zu vereinfachen, wird nicht nur die Eingabe, sondern auch die von ihr bestimmte Hyperebene mit Φ bezeichnet. Falls aus dem Kontext nicht offensichtlich ist, ob die Hyperebene oder die Eingabe gemeint ist, so wird dies extra vermerkt. *Heuristisch:* Jedes BP-Netz i berechnet bei Präsentation einer Eingabe $\Phi \in \mathcal{I}$ eine Ausgabe $y_i \in \mathcal{O}$, die es liefern würde, wenn es den "Zuschlag" bekäme. Das Paar (Φ, y_i) wird dann der FM als Eingabe vorgelegt. Wenn FM-Einheit i gewinnt, so gilt die Ausgabe y_i als angenommen, sonst wird sie verworfen.
Da die Approximationen der BP-Netze fehlerhaft sein können, ist es möglich, daß eigentlich gültige Ausgaben verworfen werden, da sie fehlerabhängig in das rezeptive Feld einer anderen Einheit fallen.

Bei den einfachen Experimenten mit dem Ansatz ist dieser Fall jedoch nicht aufgetreten. Da sich die BP-Ausgaben zum Schwerpunkt des Ausgabenbereiches hinorientieren, also im Zentrum des konvexen rezeptiven Feldes, ist dieses Verfahren bei gut trainierten Netzen recht robust.

Dieses Verfahren ist *korrekt*, aber *nicht vollständig*.

Es werden durch das Verfahren nur die Gewinner selektiert. Da die FM-Einheit den Wettbewerb nur gewinnt, wenn die Eingabe in ihrem rezeptiven Feld liegt, ist die Korrektheit gezeigt. Die fehlende Vollständigkeit ergibt sich unmittelbar aus dem Approximationscharakter der involvierten Backpropagationnetze.
Die Auswertung eines BP–Netzes erfolgt in $O(\tilde{n})$ Zeit und damit die Berechnung aller N Netze in $O(N\tilde{n})$ Zeit. Die Komplexität des gesamten Ansatzes wird demnach durch die N–fache Auswertung ($O(N^2\tilde{n})$ der Feature Map dominiert.

Sinnvoll ist es, eine Reihenfolge zur Durchsuchung der Antwortmöglichkeiten einzuführen. Vielleicht findet man bereits früh einen brauchbaren Ausgabewert. Die Ordnung gemäß der Aktivitätswerte bei Vorgabe von Φ ist ohne zusätzlichen Rechenaufwand zu erhalten. In eine solche Ordnung kann man auch weitere Bedingungen einfließen lassen, die es ermöglichen, gezielter nach bestimmten Lösungen zu suchen. Über die Ausgabe-Leitungen zur FM kann man z. B. Vorbelegungen vornehmen, wenn man nach einer möglichst ähnlichen Lösung sucht. Eine Gewichtung der Ausgabe-Eingänge steuert die Bedeutung einzelner Werte und ermöglicht die Integration von zusätzlichen Optimierungskriterien.
Zusammenfassend bietet dieser Ansatz eine relativ elegante Näherung eines eigentlich unlösbaren Problems: nämlich der Approximation einer mehrdeutigen Abbildung durch ein assoziatives Tabellenverfahren. Statt z. B. einfach mehrere Versionen einer Steuerung zu trainieren und zur Laufzeit je nach Bedarf zwischen ihnen hin und her zu schalten, werden hier die Versionen innerhalb eines Systems manipuliert. Hierdurch entfallen einige Nachteile:

1. Bei getrenntem Training müssen zuerst Kriterien spezifiziert werden, die beim Training der Versionen die Unterschiedlichkeit der Lösungen sicherstellt. Es ist im vorneherein oft nicht bekannt, welche und wieviele Kriterien später wichtig werden.
2. Für jede der eindeutigen Steuerungen ist eine getrennte Trainingsphase nötig, die sicherstellt, daß keine mehrdeutige Trainingsdaten auftreten. Es findet kein Transfer von Gelerntem zwischen den Versionen statt, wie dies bei dem fehlergetriebenen Verfahren durch die Nachbarschaftsbeziehungen der FM-Einheiten realisiert ist.

Der Vorteil des hier eingeführten Verfahrens ist besonders in der selbstorganisierenden, adapativen Form der Ressourcenzuordnung zu sehen. Wird z. B. nur eine der möglichen Lösungen tatsächlich verwendet, so wird das lernende System auch alle Approximatoren dort konzentrieren, wo sie benötigt werden. Sollten später andere Bereiche an Bedeutung gewinnen, so wird eine Neuverteilung vorgenommen, die sich an den neuen Bedingungen orientiert.

Diskussion

In dieser Arbeit wurde eine Ansatz zur selbstorganisierenden, adaptiven Zerlegung einer Lernaufgabe beschrieben. Die Eingabedomäne einer Abbildung wird in konvexe Bereiche aufgespalten, von denen jeder separat durch z.B. ein Backpropagation Netz trainiert werden kann. Diese Zerlegung ist abhängig vom Approximationsfehler der einzelnen Netze, was bewirkt, daß "schwierige" Regionen mehr Approximatoren "heranziehen" als einfachere. Die Vorteile der Methode wurden durch einfache Beispiele illustriert.

Die fehlergesteuerte Dekomposition wurde dann modifiziert auf des Problem der mehrdeutigen Abbildungen angewendet. Die Idee besteht darin, endlich viele Versionen zu erzeugen, die die Mehrdeutigkeiten bestmöglich abdecken. Resourcen werden zwischen dem Grad der Mehrdeutigkeit und der Komplexität der Einzelfunktionen hin- und hergeschiftet. Es besteht aber die (natürliche) Einschränkung, daß keine unendlichen Lösungsräume erzeugt werden können, sondern lediglich endlich viele Ausgaben zu einer Eingabe.

Trotz der demonstrierten Vorteile sind einige Probleme oder Schwächen zu bemerken. a) Bisher ist die Anzahl der Approximatoren im Voraus festgelegt. Die Erweiterung auf eine dynamische Erzeugung ist jedoch einfach. b) Das System verhält sich möglicherweise nicht stabil, falls die Lernrate nicht gegen Null gefaded wird. c) Wie immer mit gradienten Abstiegsverfahren ist keine Garantie gegeben, daß ein globales Optimum erreicht wird.

Wir erwarten, daß dieser Ansatz in sehr verschiedenen Aufgabenbereichen nützlich sein wird. Das Lernen der nicht–eindeutigen inversen Kinematik eines Laborroboters wird derzeit untersucht.

Danksagung

Unser Dank gebührt insbesondere D. Fox, V. Heinze die Teile des graphischen Simulationssystems implementiert haben, welches für die Experimente genutzt wurde. M .Contzen, M. Faßbender, S. Thrun und die Arbeitsgruppe "Konnektionistische Systeme und Robotik" an der Universität Bonn haben durch Dic kussionen und technische Hilfe bei den Roboterexperimenten mitgewirkt.

Literatur

[BP84] M. Bercovier and T. Pat. A C^0 finite element method for the analysis of inextensible pipe lines. *Computers and Structures*, 18(6):1019–1023, 1984.

[Far90] G. Farin. *Curves and Surfaces for Computer Aided Geometric Design*. Academic Press, San Diego, 1990.

[FHM91] D. Fox, V. Heinze, K. Möller, S.B. Thrun and G. Veenker. Learning by error-driven decomposition. In O. Simula, editor, *Proceedings of International Conference on Artificial Neural Networks (to appear)*, Amsterdam, 1991. Elsevier Publisher.

[HS78] E. Horowitz and S. Sahni. *Fundamentals of Computer Algorithms*. Computer Science Press, Rockville, 1978.

[JJB90] R. A. Jacobs, M. I. Jordan, and A. G. Barto. Task decomposition through competition in a modular connectionist architecture: The what and where vision task. Technical Report COINS TR 90-27, Dept. of Brain and Cognitive Science, Massachusetts Institute of Technology, Cambridge,MA, 1990.

[Jor89] M. I. Jordan. Generic constraints on unspecified target constraints. In *Proceedings of the First International Joint e on Neural Networks, Washington, DC*, pages 217–226, San Diego, 1989. IEEE, IEEE TAB Neural Network Committee.

[Koh84] T Kohonen. *Self-Organization and Associative Memory*. Springer, Berlin New York, 1984.

[Mel89] B. W. Mel. Murphy: A neurally-inspired connectionist approach to learning and performance in vision-based robot motion planning. Technical Report CCSR-89-17A, Center for Complex Systems Research Beckman Institute, University of Illinois, 1989.

[Moe91] K. Möller. Adaptive Roboterkontrolle mit konnektionistischen Systemen. Dissertation, Univ. Bonn, 1991.

[Moe92] K. Möller. *Adaptive Roboterkontrolle mit konnektionistischen Systemen*. infix–Verlag, St.Augustin, 1992.

[MT90] K. Möller and S. Thrun. Task modularization by network modulation. In J. Rault, editor, *Neuro-Nimes '90*, pages 419–432, 1990.

[MT91] K. Möller and S. Thrun. Adaptive Roboterkontrolle. *Wirtschaftsinformatik*, 33(5),408–419, 1991.

[RHW86] D. E. Rumelhart, G. E. Hinton, and R. J. Williams. Learning internal representations by error propagation. In D. E. Rumelhart and J. L. McClelland, editors, *Parallel Distributed Processing. Vol. I + II*. MIT Press, 1986.

[RS88] H. Ritter and K. Schulten. Extending Kohonen's self organizing mapping algorithm to learn ballistic movements. In R. Eckmiller and C. von der Malsburg, editors, *Neural Computers*, Springer-Verlag, Berlin, 1988.

[RMS89] H. Ritter, T. Martinez, and K. Schulten. Topology-conserving maps for learning visuo-motor-coordination. *Neural Networks*, 2(3):159–168, 1989.

[TM91] S. Thrun and K. Möller. *On planning and exploration in non-discrete environments*. Technical Report 528, GMD, St. Augustin, FRG, February, 1991.

[Wai89] A. H. Waibel. Modular construction of time-delay neural networks for speech recognition. *Neural Computation*, 1:39–46, 1989.

[Wer74] P. J. Werbos. Beyond regression: New tools for prediction and analysis in the behavioral sciences. Unpublished PhD thesis, Harvard University, 1974.

Globale Prozeßmodelle in der Bioprozeßtechnik

B. Goldschmidt, B. Mathiszik
Institut für Biotechnologie
Martin-Luther-Universität Halle-Wittenberg
O–4010 Halle/Saale

Mathematische Modelle werden in der Bioprozeßtechnik zur Prozeßbeschreibung, Simulation und zur Prozeßoptimierung eingesetzt. Diese Modelle beschreiben die Reaktionskinetik, den Einfluß der Steuergrößen und die Transportphänomene.
Je nach den speziellen Einsatzbedingungen unterscheidet man zwischen Kurzzeitmodellen zur Einschätzung des Prozeßzustandes (z.B. Filtertechniken, Mustererkennung) und Langzeitmodellen, denen deterministische Beziehungen zugrunde liegen.

1 Einsatz globaler Prozeßmodelle

Beim Einsatz globaler Prozeßmodelle wird die gesamte Fermentation oder einzelne Phasen durch ein Modell beschrieben. Dies setzt genaue Kenntnisse des Prozesses und des Einflusses der einzelnen Parameter voraus.
Globale Prozeßmodelle werden im allgemeinen nur in Form deterministischer (linearer und nichtlinearer) gewöhnlicher Differentialgleichungssysteme, algebraischer Gleichungen oder Kombinationen davon aufgestellt. Partielle Differentialgleichungen spielen bei der Online–Prozeßbewertung bisher nur eine untergeordnete Rolle und werden, falls die Möglichkeit besteht, durch einfachere Modelle mit gewöhnlichen Differentialgleichungen ersetzt. Die Ursache dafür liegt in dem Mißverhältnis zwischen erheblichem Rechenaufwand und einer großen Anzahl von Freiheitsgraden einerseits und nur wenigen lokalen Meßwerten auf der anderen Seite. Um den Rechenaufwand in erträglichen Grenzen zu halten, wird weiterhin oft eine Reduktion der Anzahl der Modellgleichung durch die Annahme von Gleichgewichtsbedingungen erreicht. Als Konsequenz erhält man zusätzliche algebraische Gleichungen zur Modellbeschreibung. Aus diesen Darlegungen ergibt sich als allgemeine Modellstruktur ein Gleichungssystem der folgenden Art:

$$0 = g(t, \vec{x}, \vec{p}, \vec{u}) \qquad \text{Gleichgewichtsbedingungen}$$
$$\frac{d\vec{x}}{dt} = f(t, \vec{x}, \vec{p}, \vec{u}) \qquad \text{Differentialgleichungen}$$
$$\vec{y} = h(t, \vec{x}, \vec{p}) \qquad \text{Beobachtungsgleichungen}$$

In diesen Gleichungen sind

t	:	die Zeit
$\vec{x}$	:	der Vektor der Zustandsvariablen
$\vec{y}$	:	der Vektor der Beobachtungsgrößen
$\vec{p}$	:	der Parametervektor
$\vec{u}$	:	der Steuervektor

Globale Modelle haben gegenüber lokalen Prozeßmodellen folgende Vorteile:

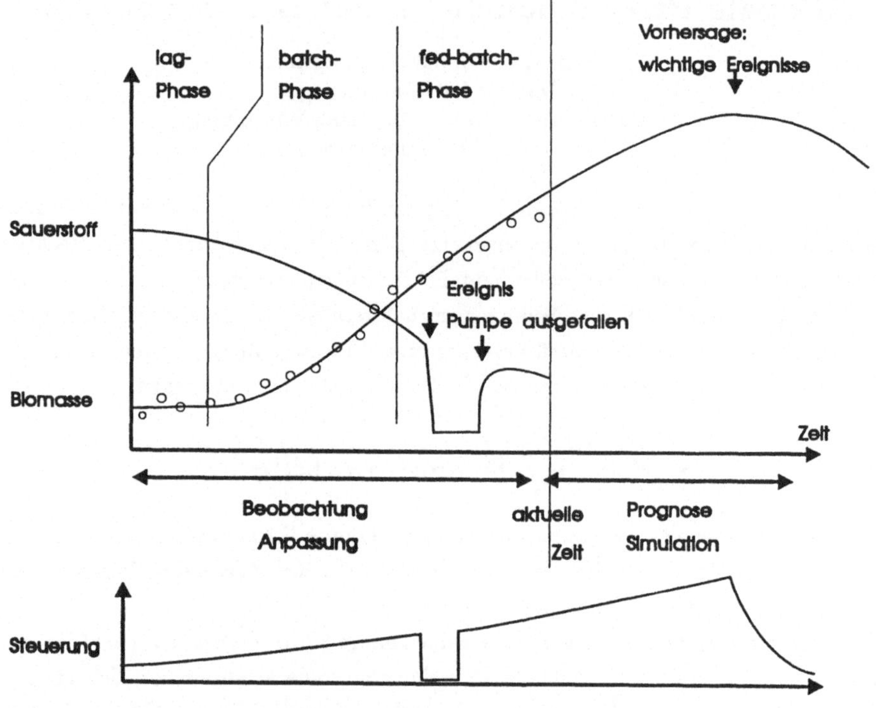

Abbildung 1: schematische Darstellung einer Fermentation

- Der Prozeß wird als einheitliches System mit globalen, bedeutungstragenden Prozeßparametern (z.B. maximale Wachstumsgeschwindigkeit, Ertragskoeffizienten) beschrieben.

- Die Vorausberechnung des weiteren wahrscheinlichen Prozeßverlaufes ist möglich (Prognose).

- Eine Simulation des Prozesses bei geänderten Parametern, d.h. Berechnung hypothetischer Prozeßverläufe, läßt sich leicht realisieren.

Die Entwicklung guter Modelle ist allerdings schwierig, da alle Einflußgrößen im richtigen Zusammenhang berücksichtigt werden müssen. Sie sind außerdem bei der Prozeßbewertung langsamer als Filter. Werden sie zur Prozeßoptimierung eingesetzt, so bieten sie die Möglichkeit der präventiven Prozeßbeeinflussung, da das zu erwartende weitere Verhalten bereits durch das Modell beschrieben wird.
Globale Prozeßmodelle finden häufig Anwendung, insbesondere zur Beschreibung von Batch- oder Fed-Batch-Fermentationen [Abb 1].

2 Modellbewertung

Da die Beschreibung realer (biotechnischer) Prozesse generell nur durch Vereinfachungen und Beschränkung auf wesentliche Aspekte möglich ist, gibt es unterschiedliche Arten dieser Beschreibung und damit auch unterschiedliche Prozeßmodelle. Diese Modelle können sich in praktischen Fällen in der Beschreibung der Kinetik, der phänomänologischen Aspekte und der Einbeziehung von Transportvorgängen unterscheiden. Aus diesem Grund ist eine Beurteilung von Modellen notwendig. Dieser Aspekt nimmt insbesondere bei einem geplanten Einsatz von Expertensystemen zur Prozeßbeurteilung und -steuerung und damit einer automatischen Bewertung zu. Bei der Bewertung von Modellen treten sowohl objektive (quantifizierbare) Aspekte auf, als auch subjektive, die die Erfahrungswerte der Verfahrensentwickler und Anlagenbetreiber berücksichtigen.
Für die Beurteilung der Güte können folgende Kriterien eingesetzt werden:

- das Modell ist geeignet, den vergangenen Prozeßverlauf richtig zu beschreiben (Adäquatheit)
- das Modell kann alle geforderten Aussagen über den Prozeß erbringen (Komplexität)
- das Modell kann den weiteren Prozeßverlauf richtig vorhersagen (Sicherheit der Prognose)
- das Modell ist in der Lage, auf häufig eintretende äußere Ereignisse zu reagieren (Flexibilität)
- die Modellgrößen müssen sich durch die vorhandenen Meßwerte bestimmen lassen (Identifizierbarkeit), das bedeutet insbesondere, daß die Konfidenzintervalle der geschätzten Parameter klein sind
- die Parameter ändern sich während des Prozesses nicht oder nur langsam (Stabilität)
- der Aufwand zur Berechnung des Modells steht in einem vernünftigen Verhältnis zum Ergebnis (Rechenzeit)

Die meisten dieser Kriterien lassen sich bereits vor dem Online–Einsatz überprüfen. Einige Kriterien sind jedoch auch geeignet, während des laufenden Prozesses Aussagen über die Modellgüte zu treffen und durch den Vergleich unterschiedlicher Modelle Prozeß- oder Sensorfehler zu erkennen.
Bei der Entwicklung von Programmen zum Einsatz solcher Modelle für reale Prozesse (online und offline) bieten sich zwei prinzipielle Herangehensweisen an:

- offenes System: eigenständige Programmierung durch den Anwender unter Zuhilfenahme fertiger Programmbibliotheken für Standardroutinen (Differentialgleichungssolver, Parameterschätzung, Graphik, Datenverwaltung usw.) oder
- geschlossenes System: Verwendung eines fertigen, nicht veränderbaren Programmpaketes mit vordefinierten Modellstrukturen, Hilfen, Menüs.

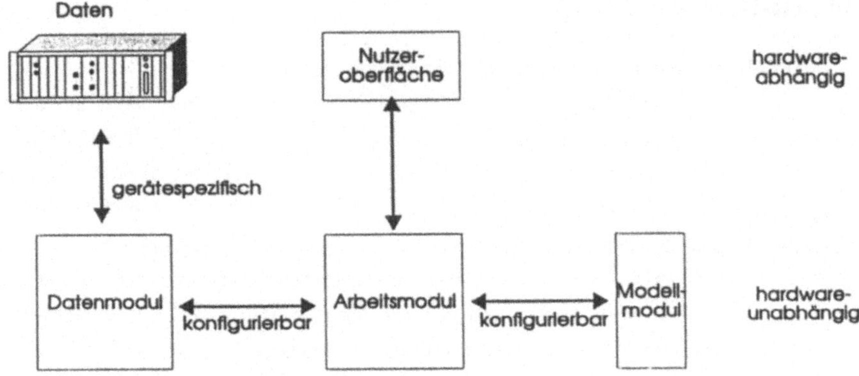

Abbildung 2: Modul– und Schnittstellenstruktur

Das offene System ist prinzipiell leistungsfähiger, im allgemeinen schneller und kann auch individuelle Erfordernisse berücksichtigen. Der Preis dafür ist allerdings die Kenntnis von Programmiersprachen, die Fähigkeit zur Verwendung von Compilern und eine längere Entwicklungszeit. Das Ergebnis ist zumeist eine Individuallösung für spezielle Prozesse und spezielle Prozeßdatenerfassungen. Diese Vorgehensweise ist für Hochschulen typisch. Das geschlossene System ist auf bestimmte Modellstrukturen und auch Daten eingeschränkt. Dafür werden dem Anwender aber keine speziellen Programmierkenntnisse abverlangt und die Zeit von der Problemstellung bis zum Ergebnis ist in der Regel sehr viel kürzer als beim offenen System.
Eine Zielstellung unserer Forschung war daher die Entwicklung eines Softwaresystems, das bei einfacher Handhabung eine relativ breite Modellklasse für den Einsatz in biotechnischen Prozessen zuläßt.

3 Prinzipielle Aspekte einer Softwareumsetzung

Um eine starke Modularität und Portierbarkeit zu erreichen, muß ein solches geschlossenes Programmsystem aus mehreren Teilen bestehen [Abb 2].

- Der *Arbeitsmodul* enthält die komplette Numerik (Differentialgleichungssolver, Parameterschätzung) und die Ablaufsteuerung. Dieser Programmteil sollte in einer Standardprogrammiersprache geschrieben und damit weitgehend hardwareunabhängig und portierbar sein.

- Der *Modellmodul* enthält sämtliche nutzerspezifischen Informationen, die vom Anwender in geeigneter Form bereitgestellt werden müssen.

- Der *Datenmodul* nimmt die externen Arbeitsdaten auf (von Datei oder Prozeßleitsystem) und verwaltet sie. Hier muß eine gerätespezifische Schnittstelle zur Erfassung der Prozeßdaten vorgesehen werden.

- Die *Nutzeroberfläche* enthält alle Eingabemöglichkeiten (Menüs, Eingabemasken), Ergebnisdarstellungen (Graphiken, Tabellen) und die Hilfe. Dieser Modul ist in starkem Maße hardware- und betriebssystemabhängig und nur unter grpßem Aufwand portierbar.

Aus dieser Konfiguration ergeben sich drei prinzipielle Schnittstellen:

- Datenmodul / Arbeitsmodul,
- Nutzeroberfläche / Arbeitsmodul,
- Modell / Arbeitsmodul

Über diese Schnittstellen werden

- Steueranweisungen (zum Öffnen, Schließen und Konfigurieren der Module),
- Daten (Arbeitsdaten, Gleichungen, Parameter, Tabellen, Graphiken),
- Anweisungen zur Auswahl, Art und Struktur des Modells

übertragen.
Die Modellschnittstelle bildet einen Flaschenhals für die Performance des gesamten Programmsystems. Um die verwendbaren Modellklassen nicht zu stark einzuschränken, muß sie leistungsfähig und flexibel sein, denn insbesondere die Verwendung von Differentialgleichungssystemen fordert einen häufigen Zugriff auf die Modellgleichungen. Prinzipiell muß die Modellschnittstelle folgende Grundfunktionen übertragen und konfigurieren können [Abb 3] :

- Modellhandling: Laden, Modifizieren, Freigeben der Modelle
- Modelldaten: Variable, denen eine bestimmte Bedeutungen zugeordnet wird, z.B. Meßwert, Ableitung, Beobachtungswert usw.
- Modellfunktionen: Funktionen, die diese Daten verknüpfen, z.B. Initialisierung, Differentialgleichung, Datentransformation
- Modellinformationen: Beschreibungen und Hilfetexte zum Modell

4 TREND – ein Softwaresystem

4.1 Programmstruktur und Arbeitsweise

In dem von den Autoren entwickelten Programmsystem *TREND* wurden die oben angeführten Überlegungen realisiert.
Ausgangspunkt der Arbeit mit dem Programm sind einerseits Daten und andererseits Modelle [Abb 4].

Modellinhalt

Modellfunktionen	Modelldaten
Filterfunktionen Eingangstransformation Kompression algebraische Gleichungen gewöhnliche Differentialgleichungen Anfangswertberechnung Indikatorfunktionen Ereignisfunktionen Beobachtungsfunktionen Parameterschranken Steuerfunktionen Startwerte für Parameter	Rohdaten Arbeitsdaten Ereignisdaten Steuerdaten unabhängige Variable abhängige Variable Parameter Parameterschranken Konstanten prozeßspezifische Daten Simulationsdaten
Modellsteuerung	**Modellinformation**
Initialisieren Freigeben Modifizieren	Bezeichnungen Hilfetexte

Abbildung 3: Modellinformation

Der *Datenmodul* ist in der Lage, sowohl online-Daten aus einem Prozeßleitsystem als auch Archivdaten von der Diskette oder Festplatte in unterschiedlichen Formaten zu übernehmen.

Für chemische und biotechnische Prozesse sind für Standardmessungen automatische Meßraten vom Sekunden- bis zum Stundentakt üblich. Manuelle Probenauswertungen geschehen im Fünf-Minuten bis zum Mehrstundenraster. Globale Modellanpassungsstrategien arbeiten vorteilhaft mit Meßwertdateien in der Größenordnung von 50 bis 500 Meßwerten (abhängig von Speicherkapazität, Rechengeschwindigkeit und Informationsgehalt). Aus diesem Grund ist eine Verdichtung der Meßwerte entsprechend der Verfügbarkeit notwendig. Für diese Verdichtung wird ein breites Spektrum von einfachen äquidistanten Mittelwertbildungen mit zugehörigen Gewichtungen bis zu intelligenten Kompressionsstrategien, die nur Werte bei offensichtlichen Veränderungen erfassen, bereitgestellt. Die geeignete Strategie muß entsprechend den konkreten Problemstellungen gewählt werden. Nach der Kompression stehen jeweils der erste und der letzte Wert unkomprimiert zur Verfügung, damit das Zeitfenster und die Startwerte nicht verfälscht werden.

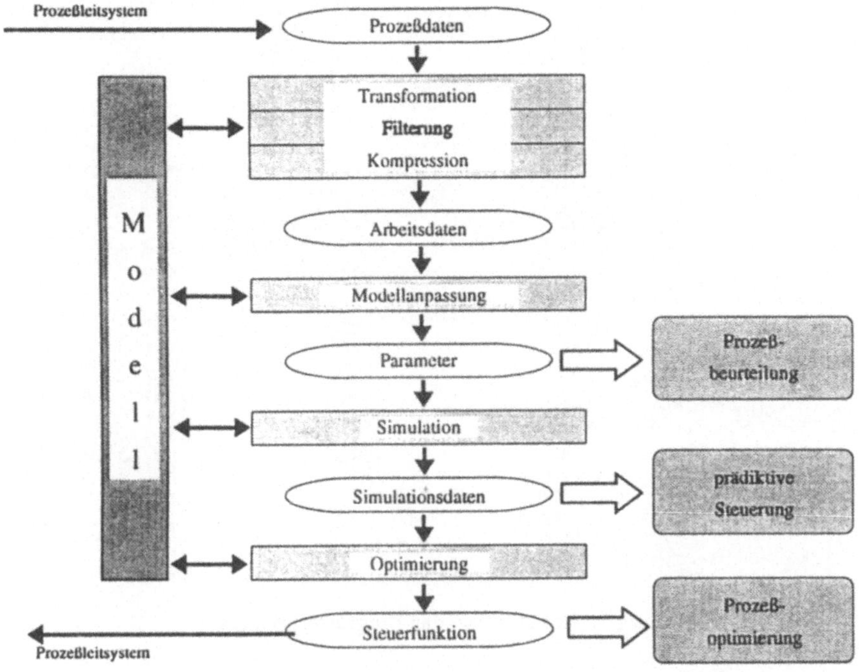

Abbildung 4: Aufbau der Programmes „Trend“

Ein mathematisches Modell enthält im allgemeinen eine Reihe von Parametern, deren Werte von den konkreten Prozeßbedingungen abhängen. Hierbei handelt es sich z.B. um Daten, die chargenabhängig in bestimmten Grenzen variieren können (Qualität und Zusammensetzung der Ausgangsstoffe, biologischer Zustand). Der genaue Prozeßverlauf hängt wesentlich vom Wert dieser Parameter ab und Vorhersagen lassen sich nur in Abhängigkeit von diesen Parametern berechnen. Beim Start der Parameteranpassung (im folgenden auch Parameter–Fit genannt) können die voreingestellten Modellwerte (Anfangswerte, Parameter, Konstanten, Zeitfenster) verändert werden. Ein zum Programmsystem gehörender *Fitmodul* enthält ein stabiles und robustes Verfahren zur on-line Bestimmung der freien Parameter (Trust-Region Gauß-Newton-Verfahren). Diese werden so bestimmt, daß die Abweichung zwischen den Meßdaten und den berechneten Modellwerten minimal wird (im Sinne einer gewichteten kleinsten Quadrate-Schätzung). Das eingesetzte Verfahren konvergiert in weiten Bereichen und ist robust gegenüber abhängigen Parametern.

Ein *Simulationsmodul* ermöglicht es, auf der Grundlage geschätzter oder hypothetisch vorgegebener Parameterwerte, den weiteren wahrscheinlichen Verlauf des Prozesses entsprechend dem zugrundeliegenden Modell vorauszuberechnen. Dies ermöglicht eine prädiktive

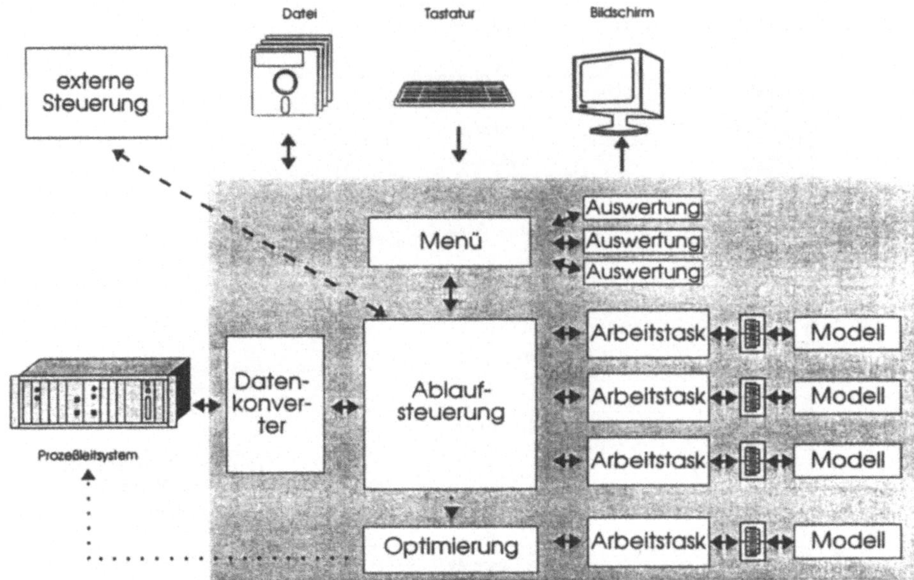

Abbildung 5: Arbeitsweise der Programmes „Trend"

- Funktionen für verschiedene Aufgaben (linke Seiten der Differentialgleichungen, Anfangswertbelegung der Variablen, Anfangswerte der Differentialgleichungen, Steuer- und Beobachtungsfunktionen usw.)
- Beschreibungen und Kommentare

Die Variablen des Modells werden in Menüs von *TREND* mit Bedeutungen versehen (dynamische Variable, Ableitungen, Zeit, Hilfsvariable, Konstanten, Beobachtungsgrößen usw.) und eventuell mit Prozeßdaten verknüpft.
Die Modellschnittstelle ermöglicht direkte Daten- und Funktionszugriffe durch den Fit- bzw. Simulationsmodul.
Um eine größtmögliche Flexibilität und Systemunabhängigkeit zu erreichen, wurde auf einen **streng modularen Aufbau** des Programmsystems mit einer klaren Gliederung der einzelnen Funktionen und **definierten Schnittstellen** großen Wert gelegt. Die einzelnen Systemkomponenten (Steuermodul, Datenmodul, Simulationsmodule, Fitmodule, Menümodul, Auswertesystem) arbeiten parallel als **unabhängige Prozesse**, die mit dem Steuermodul über **Pipes** miteinander kommunizieren [Abb 5].
Somit besteht die Möglichkeit, einzelne Komponenten (z.B. Modelle) des Systems während des Prozesses auszuwechseln oder zu verändern. Systemkomponenten können **auf verschiedene Rechner** verteilt werden, was insbesondere für komplexe Modelle hinsichtlich des hohen Rechenaufwandes (Differentialgleichungssysteme) sinnvoll erscheint.
Eine leichte Portierbarkeit der Systemkomponenten auf unterschiedliche Rechnersyste-

Prozeßsteuerung, mit deren Hilfe es möglich ist , wichtige Prozeßzustände rechtzeitig zu erkennen und darauf zu reagieren. Damit können z.B. Mangelerscheinungen (bei Substratauszehrungen) verhindert werden, die eine Veränderung des Stoffwechsels hervorrufen könnten. Ebenso können nicht direkt meßbare Größen prädiktiv geregelt werden (Softwaresensor). Das Programm stellt dafür neben dem Kurvenverlauf die voraussichtlichen Zeitpunkte von Extremwerten und Wertannahmen von Prozeßgrößen zur Verfügung. Außerdem können neben den eigentlichen dynamischen Prozeßvariablen weitere abgeleitete Prozeßgrößen ermittelt werden, die Folgerungen aus dem dynamischen Verhalten darstellen, z.B. Profitkurven, Energieverbrauch, Rührerdrehzahl oder ähnliches. Beim Start der Simulation können die voreingestellten Modellwerte (Anfangswerte, Parameter, Konstanten, Zeitfenster, Darstellungsintervalle usw.) verändert werden.

Der *Menümodul* enthält alle rechner- und betriebssystemspezifischen Programmteile. Er realisiert die Nutzeroberfläche. Im einzelnen bestehen die Aufgaben des Menümoduls im

- Laden und Starten des Programms
- Auswahl und Konfiguration der Daten
- Bereitstellung und Konfiguration der Modelle
- Auswahl der benötigten Module (z.B. unterschiedliche numerische Verfahren)
- Herstellung der Verbindung zum Prozeßleitsystem
- Fit- und Simulationssteuerung
- Darstellung der Daten und Ergebnisse

Die Steuerung erfolgt über die Tastatur und Maus mittels einer Menüführung auf dem Bildschirm. Nicht verfügbare Menüpunkte werden gesperrt.
Der Steuermodul koordiniert die Arbeit des gesamten Programmes. Er startet und aktualisiert den Datenmodul, startet und koordiniert Simulation und Parameterschätzung und steuert den Ablauf der wichtigsten Programmteile.
Die *Modelle* bilden den variablen Teil des gesamten Programmsystems. Alle nutzerspezifischen Informationen sind in Modellen enthalten und werden durch Kommunikationsroutinen (objektorientiert) vom System- bzw. Arbeitstask abgefragt. Die Modelle werden in einem Editor erstellt und in einem programminternen Modellcompiler in einen schnell abarbeitbaren Code übersetzt. Das Programm unterstützt die Fehlersuche im Compiler (Syntaxfehler) und einer Tracefunktion (Laufzeitfehler).
Mehrere übersetzte Modelle können in *TREND* parallel eingesetzt, bearbeitet und verglichen werden.
Das Modell beinhaltet Informationen über

- Namen und Art der Variablen

me wird dadurch unterstützt, daß mit Ausnahme des Menümoduls alle Komponenten in Standard-C bzw. FORTRAN programmiert sind. Es wurde ein universelles Pipekonzept mit systemunabhängigen Funktionsaufrufen entwickelt. Bei der Implementierung auf ein spezielles Rechnersystem können die Pipes auf Grundlage der geeignetesten spezifischen Resourcen (Shared Memory, Netzwerk) realisiert werden.
Das Programmsystem ist z.Z. auf Personalcomputern unter dem Betriebssystem OS/2 implementiert.

4.2 Anwendungsbereiche

Das Programmsystem *TREND* läßt sich zur Untersuchung dynamischer Prozesse einsetzen, wenn hinreichend genaue Modelle zur Beschreibung vorhanden sind. Eisatzgebiete sind insbesondere die modellgestützete Beobachtung und Zustandsschätzung von Prozessen der Biotechnologie, der Pharmazie und der Chemie.

4.3 Ein Anwendungsbeispiel

Das folgende Modell beschreibt das Wachstum von Hefe auf Glucose und Phosphat bei kontinuierlicher Zufütterung eines Substrates (fed batch).
Das Wachstum der Biomasse x wird durch die Substrate Glucose s, Phosphat p und Sauerstoff o limitiert. Für die Wachstumsgeschwindigkeit μ wird das Monod-Modell $\mu = \mu_{max} \frac{s}{K_s+s} \frac{p}{K_p+p} \frac{o}{K_o+o}$ angenommen.
Die Biomasse wächst dann mit der Geschwindigkeit $x' = \mu x$.
Das Phosphat p wird proportional zur Biomassebildung verbraucht: $p' = -\frac{1}{Y_p}\mu x$.
Die Glucose s wird kontinuierlich mit der Geschwindigkeit D in der Konzentration s_{fed} zugefüttert und proportional zur Biomassebildung verbraucht: $s' = s_{fed}D - \frac{1}{Y_s}\mu x$.
Das Volumen v nimmt mit dieser Zufütterung zu: $v' = D$.
Die Gelöstsauerstoffkonzentration o hängt vom Sauerstoffübergangskoeffizienten k_La und der Sättigungskonzentration c_{sat} sowie dem Verbrauch durch das Wachstum ab: $o' = k_La(o_{sat} - o) - \frac{1}{Y_o}\frac{\mu x}{v}$.
Das sich daraus ergebende Modell muß vom Anwender erstellt werden und hat die folgende Form

```
{Wachstum von Hefe auf Glucose und Phosphat, Fed-Batch}
extern     x,x',  {Biomasse}
   s,s',   {Glucose}
   p,p',   {Phosphat}
   o,o',   {Sauerstoff}
   v,v',   {Volumen}
   Zeit,   {Zeit}
   my,mymax,        {Wachstumsrate}
   Ks,Kp,Ko,        {Halbgeschwindigkeitskonstanten}
   Ys,Yp,Yo,        {Ertragskoeffizienten}
```

```
    D,kLa,          {Zuflussrate, KLa}
    sfed,osat;       {Konzentrationen}

procedure init begin
   x=0.34; s=51.9; p=4.98; o=100; v=2.1;
   mymax=0.94;
   Ks=0.068; Kp=0.2; Ko=1.3;
   Ys=0.54; Yp=16.89; Yo=0.00044;
   kLa=182; D=0.05;
   osat=100; sfed=149;
end;
begin
   my=mymax*s/(Ks*V+s)*p/(Kp*V+p)*o/(Ko+o);
   x'=my*x;
   s'=sfed*D-my*x/Ys;
   p'=-my*x/Yp;
   o'=kLa*(osat-o)-my*x/Yo/V;
   v'=D;
end;
```

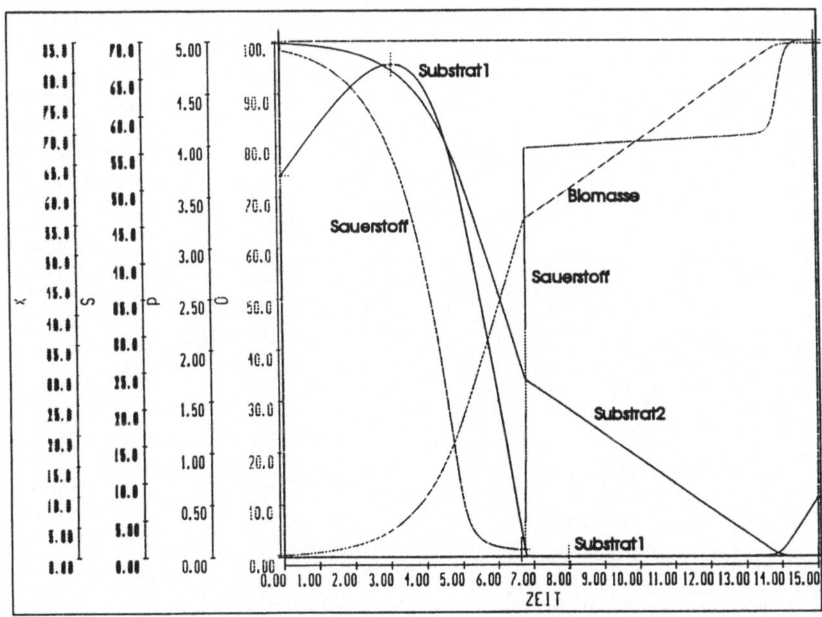

Abbildung 6: Beispiel einer Hefefermentation

Der mit den angegebenen Anfangs- und Parameterwerten vorausberechnete Prozeßverlauf wird in [Abb 6] dargestellt.

Literatur:

[1] Goldschmidt, B.: Modellgestützte Prozeßleitung in der Biotechnologie. BioTec, 3(1991), 66-69

[2] Goldschmidt, B., U. Diehl, U. Lauterbach: Online Kopplung von Standard-Software zur Modellierung von biologischen Prozessen. BioTec 5(1991), 48-53

[3] Goldschmidt, B.: TREND - ein Werkzeug zur modellgestützten Prozeßbeobachtung und -steuerung. Chem.Ind. 7(1991), 51-53

[4] Kappel, W., U. Diehl, U. Lauterbach, V. Hass, A. Munack:EDV- gestützte Prozeßführung in der Biotechnologie. BioTec 2(1991), , 62-65

[5] Wiechert, W.: Interaktive Datenanalyse bei biologischen Prozeßdaten. Inauguraldissertation Rheinische Friedrich Wilhelm-Universität Bonn. 1990

Probleme der Software-Entwicklung für die Steuerung und Auswertung biologischer Experimente
Aufgezeigt am Beispiel der mikrobiellen Stoffflußanalyse

W. Wiechert, R. Wittig, T. Höner, M. Möllney, C. Hausmann

Institut für Biotechnologie, Forschungszentrum Jülich, Postfach 1913, 5170 Jülich

Die Steuerung und Auswertung biologischer Experimente stellt hohe Anforderungen an die Software-Entwicklung. Anhand des Problemfeldes der mikrobiellen Stoffflußanalyse soll exemplarisch gezeigt werden, wo Methoden und Ergebnisse der Informatik zur Lösung der auftretenden Fragestellungen beitragen können.

1 Mikrobielle Stoffwechselsysteme

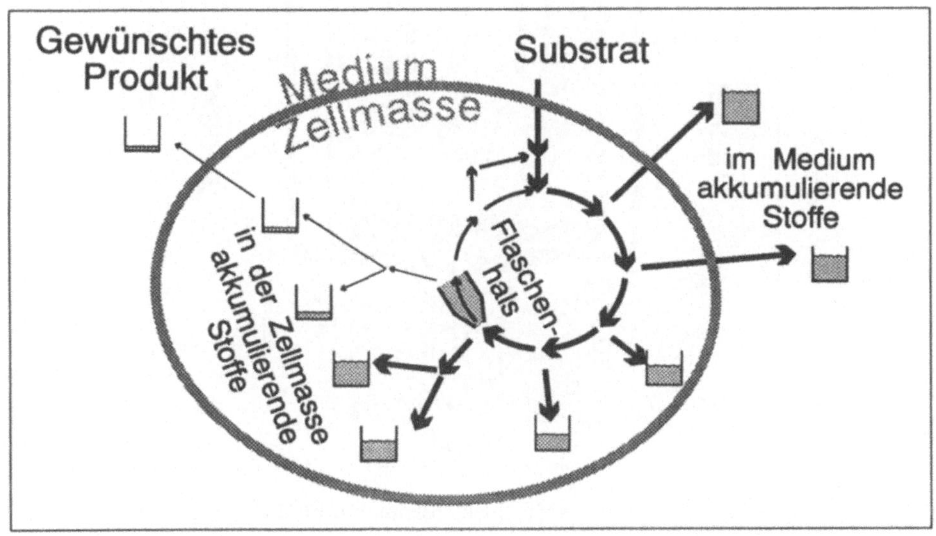

Abbildung 1: Stoffflußanalyse bei Mikroorganismen.

Mikrobielle Stoffwechselwege, wie z.B. die Glukolyse, der Tricarbonsäurezyklus oder die Aminosäuresynthese, sind durch Isolation und Charakterisierung der beteiligten Enzyme in ihrem Ablauf schon seit langem bis in Details bekannt. Ganz anders stellt sich das Problem, wenn die Funktionsweise solcher Systeme im lebenden Organismus studiert werden soll: Aufgrund vielfältiger Wechselwirkungen innerhalb der lebenden Zelle kann nicht davon ausgegangen werden, daß sich hier die Stoffflüsse quantitativ genauso verhalten wie bei einem In-Vitro-Experiment im Reagenzglas. Die In-Vivo-Stoffflußanalyse versucht

daher, die Stoffflüsse durch die einzelnen Reaktionswege in der intakten Zelle zu messen [Val91]. Diese Untersuchungen sind für die Biotechnologie von großem Interesse, da sogenannte Flaschenhälse, die den Gesamtstofffluß entscheidend bestimmen, lokalisiert und auf gentechnischem Wege ausgeschaltet werden können (vgl. Abb. 1).
Verschiedene praktische Ansätze zur In-Vivo-Stoffflußanalyse sind versucht worden:

a) Durch *kontinuierliche Kultivierung* in einem Fermenter kann ein mikrobielles System über längere Zeit in einem Fließgleichgewicht gehalten werden. Die Stoffkonzentrationen werden mittels einer chemischen Analyse der Zellmasse bestimmt. Der Nachteil dieser Methode besteht darin, daß nur die in der Biomasse und im Kulturmedium akkumulierenden Stoffe meßtechnisch zugänglich sind, jedoch nicht viele Intermediate des Zentralstoffwechsels. Durch Ausnutzung von Stoffbilanzen kann versucht werden, die nicht gemessenen Stoffflüsse aus den aufgenommenen Daten nachträglich zu schätzen [Val91].

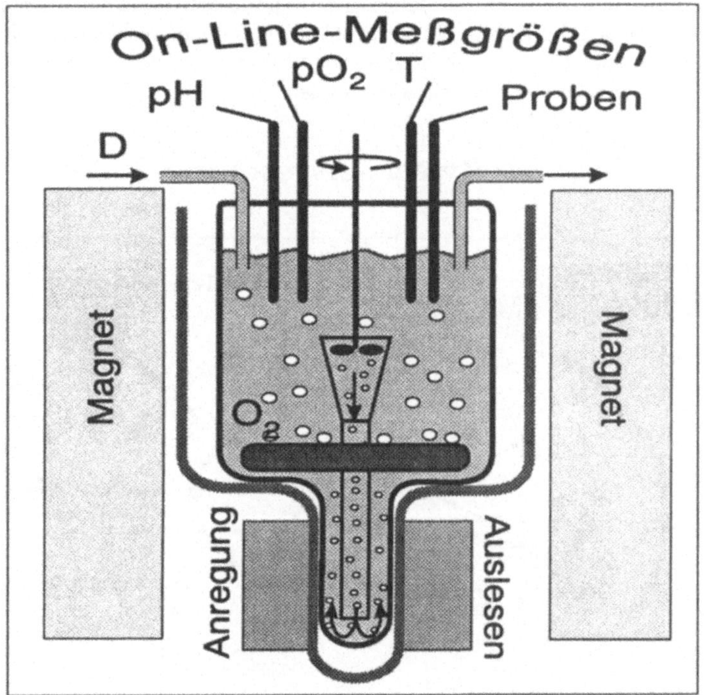

Abbildung 2: In-Vivo-NMR-Spektroskopie im Fließgleichgewicht.

b) Die derzeit leistungsfähigste Technik zur Stoffflußanalyse stellt die *In-Vivo-NMR-Spektroskopie im Röhrchen* dar: Hierzu wird aufkonzentrierte Biomasse in das Magnetfeld eines NMR-Spektrometers eingebracht. Dadurch wird eine Vielzahl von Stoffen simultan meßbar, die auf anderem Wege oft nur mit aufwendigen Analysetechniken bestimmt werden können. Die Problematik der In-Vivo-NMR-Spektroskopie besteht allerdings darin, daß die Zellen in solch hohen Dichten nicht hinreichend mit Nährstoffen versorgt werden können. Daher geraten sie während der Messung in einen undefinierten physiologischen Zustand.

c) Ein vielversprechender neuer Ansatz wird derzeit am Institut für Biotechnologie in Jülich unternommen [dGWP+92]. Hier werden die Vorteile der kontinuierlichen Kultur mit den Möglichkeiten der NMR-Spektroskopie kombiniert. Dazu wird ein verkleinerter, aber vollständiger Bioreaktor innerhalb der Bohrung eines NMR-Magneten betrieben (Abb. 2). Die Messung erfolgt im Fließgleichgewicht unter definierten Bedingungen und bei optimaler Nährstoffversorgung. Der Reaktor ist so konzipiert, daß ein schneller Austausch der Suspension im NMR-Meßbereich zu einer Verkürzung der Meßzeit um etwa den Faktor 100 führt. Dieses Verfahren soll hier als *In-Vivo-NMR-Spektroskopie im Fließgleichgewicht* bezeichnet werden.

d) Eine zusätzliche Verbesserung wird derzeit durch eine verfahrenstechnische Maßnahme angestrebt: Durch ein im Bypass geschaltetes Mikrofiltrationsmodul kann eine Zellrückhaltung im Bioreaktor erreicht werden (siehe Abb. 3). Da das NMR-Signal näherungsweise proportional zur Konzentration der zu messenden Stoffe ist, erlaubt die so erreichte *Hochzelldichtefermentation* eine weitere Verkürzung der Meßzeiten [WWBB+92]. Aufgrund einer Modellrechnung, die auch den Magnetisierungverlust im Filtrationsmodul mit einbezieht, kann eine weitere Verbesserung um etwa den Faktor 5 erwartet werden.

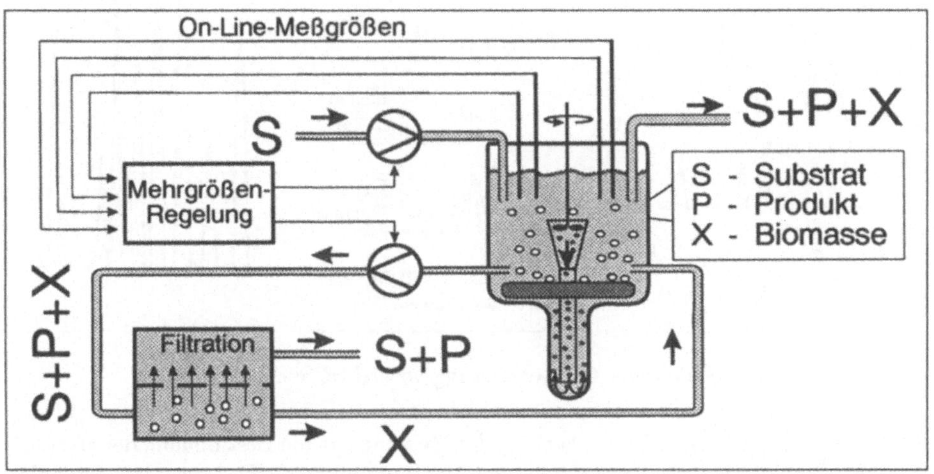

Abbildung 3: Regelung der Durchflußraten im NMR-Reaktor mit Zellrückhaltung.

2 Probleme der Datenanalyse und Prozeßsteuerung

Die In-Vivo-NMR-Spektroskopie im Fließgleichgewicht wirft bzgl. der Auswertung und Steuerung eine Reihe von Problemen auf:

Regelung des Reaktors: Die Lage des Fließgleichgewichts, das sich in einer kontinuierlichen Kultur einstellt, hängt von den Stoffkonzentrationen der Substrate und Produkte im umgebenden Medium ab. Mit der klassischen Chemostat-Kultur, die lediglich eine Durchflußrate konstant hält, können nur Zustände des Reaktors, bei denen keine Wachstumshemmungen auftreten, stabilisiert werden [Ber83]. Da die Zellen jedoch auch unter inhibierenden Einflüssen untersucht werden sollen, ist eine

Regelung wichtiger Konzentrationen im Medium erforderlich. Zu entwickeln ist ein Mehrgrößen-Regler, der aufgrund verfügbarer On-Line-Meßsignale (Gasanalysedaten, Zelldichten, extrazelluläre Stoffkonzentrationen) die Durchflüsse durch den Reaktor und seinen Bypass einstellt (Abb. 3). Damit lassen sich theoretisch zwei Stoffkonzentrationen im Reaktor auf beliebig vorgegebene Werte einregeln [BC85].

Filterung der Meßsignale: Der verwendete Bioreaktor hat ein ungewöhnlich kleines Volumen von 500 ml. Am Eingang des Reglers muß daher mit extrem stark verrauschten On-Line-Meßsignalen gerechnet werden. Hier sind neue Techniken der Vorfilterung und Ausreißererkennung zu erproben.

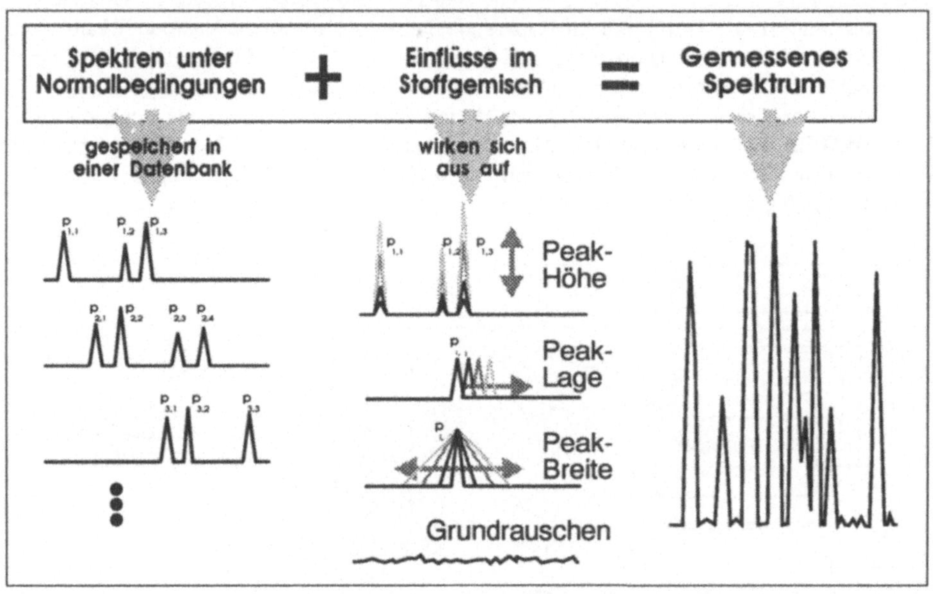

Abbildung 4: Überlagerung von NMR-Spektren.

Spektrenauswertung: Die Auswertung der Messung hat die Bestimmung der stationären Stoffkonzentrationen in Zelle und Medium zum Ziel. Dazu werden die NMR-Meßsignale zunächst mit einer kommerziell erhältlichen Rechentechnik in den Frequenzbereich transformiert. Bei der Auswertung ist von vorn herein bekannt, welche Stoffe auftreten können und welches Spektrum diese unter Normalbedingungen haben. Im Stoffgemisch kommen als zusätzliche Effekte jedoch noch Peak-Verschiebungen (pH-Einfluß), Peak-Verbreiterungen (Wechselwirkungen) und Meßzeitabhängige Rauschanteile hinzu (vgl. Abb. 4). Die derart modifizierten Einzelspektren überlagern sich zum gemessenen Spektrum. Die Spektrenauswertung erweist sich infolge dessen als ein komplexes nichtlineares Parameteranpassungsproblem.

Stoffflußanalyse: Aus den Ergebnissen der Spektrenanalyse, also den gemessenen Stoffkonzentrationen (vgl. Abb. 1), können leicht die zugehörigen Stoffbildungsraten berechnet werden. Diese gehen als Rohdaten in die eigentliche Stoffflußanalyse ein. Aus dem jeweiligen Stoffwechselschema wird schließlich ein lineares Gleichungssystem generiert, das die stöchiometrischen Koeffizienten, die Stoffbildungsraten und die gesuchten nicht direkt meßbaren Stoffflüsse des Reaktionssystems enthält

[Val91]. In mathematischer Terminologie handelt es sich um ein allgemeines lineares Schätzproblem, das mit den Methoden der multivariaten Statistik behandelt werden kann.

3 Anforderungen an die Software-Entwicklung im interdisziplinären Umfeld

An dem skizzierten Projekt arbeiten Biologen, Physiker, Ingenieure, Mathematiker und Informatiker mit. Alle genannten Teilaufgaben sind mit Softwareeinsatz verbunden. Dabei werden einige typische Anforderungen an die Software-Entwicklung im interdisziplinären Umfeld der Biotechnologie deutlich:

Flexibilität: Die einzelnen Arbeiten hängen in einer Weise voneinander ab, daß spätere "Kursänderungen" im Forschungsprogramm bei der Konzeption einer Software von vorn herein einkalkuliert werden müssen.

$\Rightarrow$ Programme müssen schnell an geänderte Situationen und Zielsetzungen anpaßbar sein.

Universalität: Die anfallenden Probleme bieten ein breites Spektrum von Fragestellungen der Statistik und Datenanalyse, der Regelungstechnik, der Systemtheorie sowie der graphischen Datenanalyse. Ein einzelnes kommerziell erhältliches Softwarepaket, das in der Regel auf einen der genannten Bereiche spezialisiert ist, kann daher niemals alle anfallenden Probleme zugleich lösen. Auf der anderen Seite sind solche Pakete selten direkt miteinander koppelbar oder gar on-line am Prozeß einsetzbar. Damit wird ein hohes Maß an Eigenprogrammierung erforderlich.

$\Rightarrow$ Die Integration verschiedener Methoden unter Berücksichtigung unterschiedlichster Datenanforderungen auf einer einheitlichen Software-Plattform stellt ein zentrales Problem dar. Sie setzt eine unifizierende Gesamtkonzeption voraus.

Interaktivität: Das in einem interdisziplinären Arbeitsgebiet entstehende Kommunikationsproblem darf nicht vernachlässigt werden! Bei vielen Mitarbeitern sind keine oder nur geringe Programmierkenntnisse vorhanden. Für diese müssen in gewissem Umfang Benutzerführungen bereitgestellt werden.

$\Rightarrow$ Es muß ein praktikabler Kompromiß zwischen dem erfahrungsgemäß sehr hohen Entwicklungsaufwand für Benutzeroberflächen und dem Bedienungskomfort der Anwendungen gefunden werden.

Modularität: Es ist kaum zu erwarten, daß die innerhalb des Projekts erstellte Software als Ganzes auch bei anders gearteten Problemen erneut einsetzbar ist. Die entstehenden Programme haben einen beschränkten Anwendungsbereich und -zeitraum. Es kann jedoch davon ausgegangen werden, daß einzelne Komponenten bei weiteren Projekten verwendet werden können.

$\Rightarrow$ Die Wiederverwendbarkeit von Systemkomponenten muß beim Software-Entwurf besonders stark berücksichtigt werden.

4 Methoden aus dem Software-Engineering

4.1 Modellbildung für das Problemfeld

In dem skizzierten Umfeld trägt die moderne Informatik dazu bei, das Problemfeld zu strukturieren, um auf dieser Basis eine tragfähige Software-Plattform zu erstellen. Hierzu gehört zunächst ein möglichst allgemeines Modell für den Vorgang der Auswertung und Steuerung biotechnologischer Experimente. Ein solches Modell muß notwendigerweise sehr abstrakt gehalten sein, sollte jedoch ausreichend viel Struktur für die Konzeption eines Software-Systems haben. In [Wie90] wurde eine detaillierte Analyse der derzeit in der Biotechnologie angewandten Datenanalyse- und Regelungsmethoden durchgeführt. Darauf aufbauend konnte ein Baustein-Konzept erarbeitet werden, das die Integration einer großen Klasse von Methoden erlaubt.

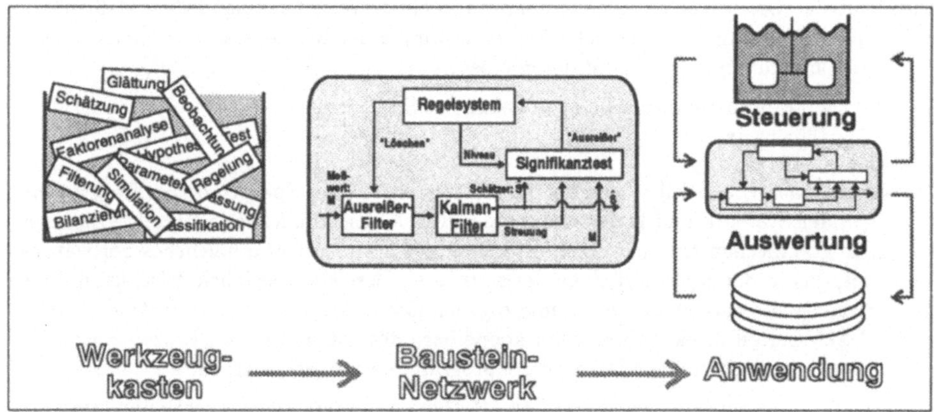

Abbildung 5: Konfiguration von Anwendungen mit Hilfe eines Baukastensystems.

Anschaulich gesprochen sollen Anwendungen durch "zusammenstecken" von Bausteinen konfiguriert werden, die in einem "Werkzeugkasten" bereit liegen (vgl. Abb. 5 und [Wie91]). Bestehende Flowsheeting-Systeme können hier als Vorbild dienen (vgl. dazu etwa verschiedene in [Sch90] beschriebene Programme oder den "Explorer" in [Dah92]). Diese werden jedoch aufgrund ihrer Beschränkung auf ein enges Problemfeld, eines zu unstruktrukturierten Datenmodells oder einer unzureihend ausgebauten zeitlichen Ablaufsteuerung der biotechnologischen Problematik nicht in vollem Umfang gerecht.
Im Detail sieht die Konzeption mehrere aufeinander aufbauende Schichten vor, die sukzessive implementiert werden können:

1. ein strukturiertes *Datenmodell*, das als Grundlage für eine Realisierung sehr allgemeiner biologischer Zeitreihen dient [Hau93],

2. ein *Bausteinmodell* für die angewandten Methoden zur Prozeßsteuerung und Datenanalyse [Wie89],

3. ein *Kopplungsschema* für die Verbindung der Bausteine zu kommunizierenden Netzwerken sowie

4. eine strukturierte *zeitliche Ablaufsteuerung*, die sowohl die Kontrolle von Prozessen mit wechselnden Prozeßphasen als auch Datenanalysesitzungen beschreiben kann [Wie92].

4.2 Rapid Prototyping mit objektorientierten Methoden

Die Erstellung von Software für den Laborgebrauch muß nicht in erster Linie kommerziellen Ansprüchen genügen, sondern effizient sein in Hinsicht auf Schnelligkeit der Erstellung, Flexibilität und Funktionalität. Improvisierte Systemkomponenten können dabei durchaus in Kauf genommen werden. Derartige Ansätze zur Programmierung komplexer Software-Systeme sind in der Informatik unter dem Begriff "Rapid Prototyping" bekannt geworden. Bei der Umsetzung solcher Konzepte hat die objektorientierte Technologie entscheidende Fortschritte erbracht [Mul90]. Unter Berücksichtigung des Anforderungsprofils für das biologische Labor bietet sie sich zur Umsetzung des beschriebenen Baustein-Konzepts an:

- Die Objektorientierte Programmierung erlaubt das Zusammenbauen von Applikationen aus vorhandenen Grundbausteinen ($\Rightarrow$ Modularität).
- Der speziellen Situation kann durch schrittweise Modifikation bereits bestehender Teile Rechnung getragen werden ($\Rightarrow$ Flexibilität).
- Auf diese Weise entstehen Bausteine, die in verschiedenen Zusammenhängen erneut einsetzbar sind ($\Rightarrow$ Wiederverwendbarkeit).
- Durch das Baustein-Konzept werden entsprechende Interaktionstechniken für die Bedienung des Systems vorbereitet ($\Rightarrow$ Benutzerführung).

4.3 Objektorientiertes Design

Die Implementierung objektorientierter Systeme erfolgt in Form von von Klassenhierarchien in einer geeigneten Programmiersprache. Die Konzeption solcher Hierarchien — auch als "Objektorientiertes Design" [Boo90] bezeichnet — erfordert vorausschauende Abstraktion und sorgfältige Planung. Eine "wild wachsende" Klassenbibliothek wird schließlich inkonsistent und damit unbrauchbar, weil ihre praktische Anwendbarkeit bereits in den Basisklassen angelegt sein muß. Erst wenn diese genügend abstrakt formuliert sind, kann eine Keimzelle für weitreichende Verallgemeinerungen entstehen. Aus diesem Grunde ist die vorangehende Modellbildung und Spezifikation der Komponenten für die spätere Implementierung des Systems von besonderer Wichtigkeit. Ganz allgemein kann gesagt werden, daß sich bei der Objektorientierten Programmierung der Schwerpunkt von der Implementierungsphase auf die Konzeptionsphase verschiebt.

5 Das Projekt "BioProcess Toolkit"

Am Institut für Biotechnologie wird derzeit eine Klassenbibliothek in der Programmiersprache C++ entwickelt. Das sogenannte "BioProcess Toolkit" soll auf der Basis der erwähnten Modellvorstellungen allgemeine Bausteine zur Auswertung und Steuerung biologischer Experimente bereitstellen. Der Anwender kann hieraus neue Methoden zur Auswertung und Steuerung von Experimenten ableiten, indem er bestehende Komponenten modifiziert. Damit soll die Basis für eine evolutiv wachsende Bibliothek wiederverwendbarer Bausteine geschaffen werden.

Das Hauptaugenmerk liegt zunächst auf der praktischen Anwendung. Aus diesem Grunde werden die einzelnen Systemkomponenten nacheinander entwickelt und in Teilen bereits frühzeitig in den Einsatz gebracht. Die Implementierung aufwendiger graphischer Techniken wie z.B. einer interaktiv ablaufenden Systemkonfiguration (analog zu Flowsheeting-Programmen) ist daher erst zu einem späteren Zeitpunkt vorgesehen.

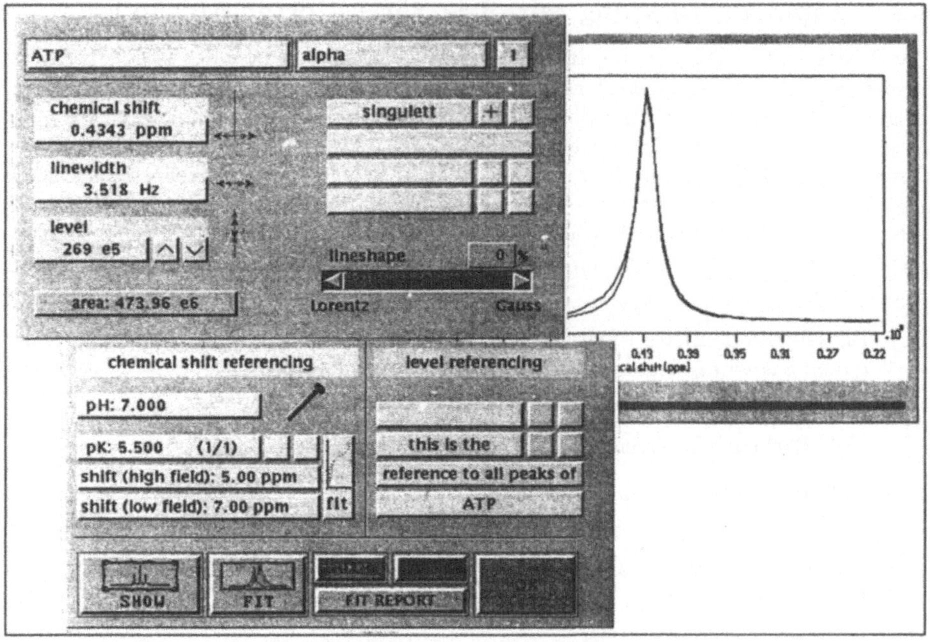

Abbildung 6: Ausschnitt aus der Benutzeroberfläche von "Dosis".

5.1 Eine Spektrendatenbank

Erste Erfahrungen mit einigen Komponenten des Toolkits (Interaktive Graphik, Benutzeroberflächen, Numerische Komponenten) konnten bereits bei der Realisierung des Spektrenauswertungsprogramms "Dosis" gesammelt werden. Dosis besteht aus

- einem *NMR-Spektreneditor*, der die Eingabe von Spektren für reine Substanzen unter Normalbedingungen ermöglicht.
- einer *Spektrendatenbank* zur Speicherung und Rückgewinnung dieser Daten,
- einer *Visualisierungskomponente* für gemessene und theoretisch gewonnene Spektren und
- einer *Datenanalysekomponente*, die erste Algorithmen zur Parameteranpassung bei einzelnen Peak-Gruppen enthält.

Die Abb. 6 zeigt einen Ausschnitt aus der Benutzeroberfläche des Dateneditors. Das Programm soll in der Folgezeit in Richtung auf eine automatische Spektrenauswertung weiterentwickelt werden [Möl93].

5.2 Verwaltung biotechnologischer Zeitreihen

Ein immer wiederkehrendes Problem bei der Kopplung verschiedener Prozesse ist der Austausch von Daten. Der Programmierer verbringt viel Zeit damit,

- externe Datenformate in ein eigenes umzuwandeln und schließlich die berechneten Ergebnisse zurückzukonvertieren (vgl. Abb. 7),

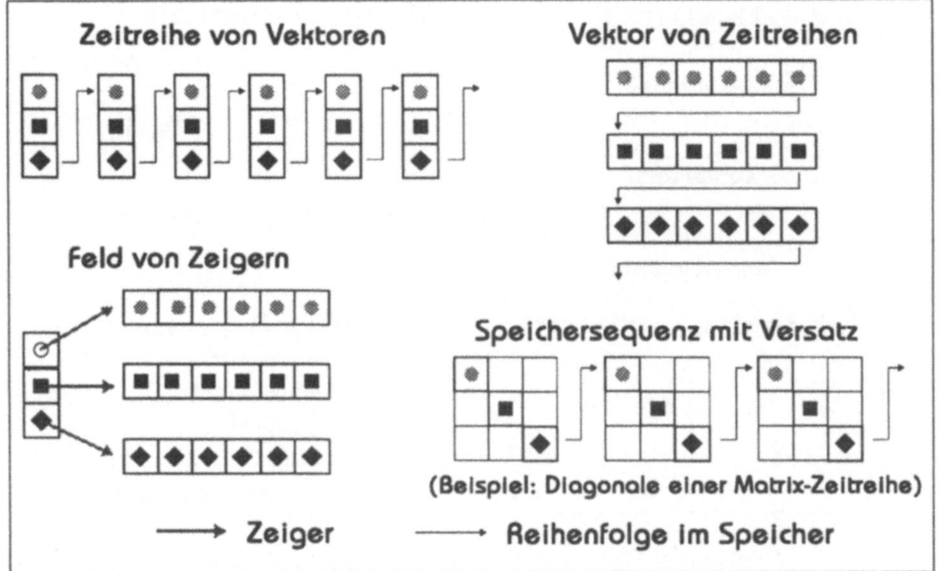

Abbildung 7: Unterschiedliche Datenformate, mit denen eine vektorielle Zeitreihe dargestellt werden kann.

- über längere Zeit benötigte Vergangenheitsdaten abzuspeichern und zu verwalten
- sowie eventuelle Zugriffskonflikte auf gemeinsam verwendete Daten auszuschalten (vgl. Abb. 9).

Die Objektorientierte Programmierung kann zu einer Vereinheitlichung der Datenverwaltung unter voller Berücksichtigung unterschiedlichster Formate und Anforderungen beitragen. Dabei spielen die in C++ realisierbaren polymorphen Strukturen [Cop92] eine entscheidende Rolle.

Als zentrale Komponente des BioProcess Toolkits wird derzeit ein Datenmanager entwickelt, der biotechnologische Zeitreihen verwaltet und den Zugriff von Bausteinen auf die Daten regelt. Bei der Erstellung eines allgemein verwendbaren Modells für diese Zeitreihen ist zu beachten (vgl. [Wie90]),

- daß *Meßdaten der verschiedensten Kategorien*, wie z.B. thermodynamische Größen, mechanische Betriebsparameter, Meßgrößen für die Gasphase, Stoffkonzentrationen, physiko-chemische Parameter sowie biologische Kenndaten auftreten können, deren Wertebereiche und Charakteristika stark unterschiedlich sind.
- daß wechselnde *Effekte beim Meßvorgang*, wie nicht-äquidistante Abtastung, fehlende Meßwerte, Zeitverzögerungen, Rauschen und Verzerrungen, auftreten, die im Datenmodell berücksichtigt werden müssen (Abb. 8).
- daß die angewandten Methoden die Daten in *unterschiedlichen Formaten* (Vektor- bzw. Matrix-Darstellung, Indizierungsart, Zeitskalen, lesbarer und schreibbarer Zeithorizont) voraussetzen (Abb. 7).

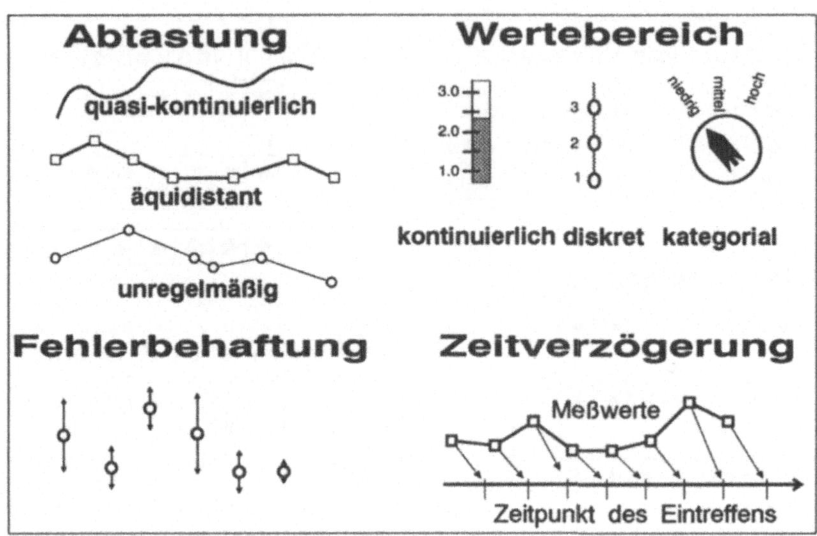

Abbildung 8: Charakteristika biotechnologischer Meßdaten.

Der Datenmanager muß in der Lage sein, die verschiedenen Arten von Zeitreihen darzustellen und den verwendeten Methoden im jeweils gewünschten Format zur Verfügung zu stellen. Für die einfache Anwendbarkeit des Datenmanagers ist eine Identifizierung der Zeitreihen durch Namen erforderlich. Der Manager muß zudem verschiedene Konfliktsituationen zeiteffizient behandeln, damit Prozeßlösungen auch in der Simulation getestet werden können. Folgende Konflikte können auftreten (vgl. Abb. 9)

Datenformat-Konflikt: Das Datenformat, in dem ein Baustein seine Eingangsdaten erwartet, stimmt nicht mit dem aktuell vorliegenden Format überein.

Zeithorizont-Konflikt: Ein Datenanalysebaustein versucht, über seinen zulässigen Zeithorizont hinaus zu lesen oder zu schreiben.

Zugriffskonflikt: Es treten Lese/Schreib-Konflikte zwischen verschiedenen Bausteinen auf.

Der Implementierung des Datenmanagers geht eine formale Beschreibung in der Spezifikationssprache Z [Spi89] voraus [Hau93], die später zur Verifikation ihrer Korrektheit herangezogen werden kann.

5.3 Bausteine zur Steuerung und Auswertung von Experimenten

Aufbauend auf den Datenmanager können die in der Biotechnologie eingesetzte Methoden in Form von Bausteinen implementiert werden. In [Wie89] wurde gezeigt, wie ein universeller Baustein beschaffen sein muß, der an verschiedene Problemstellungen durch Spezialisierung angepaßt werden kann. Hier liegt ein Vergleich zu bestehenden objektorientierten Bibliotheken für die Erstellung von Benutzeroberflächen nahe (vgl. z.B. [Oel91]): Obwohl jedes Fenster einer Benutzerschnittstelle (vgl. Abb. 6) ein anderes "Inenleben" hat, sind doch viele Operationen (Fenster öffnen und schließen, Nachrichten empfangen etc.) stets gleichbleibend. Auf analoge Weise kann ein abstrakter Baustein mit den

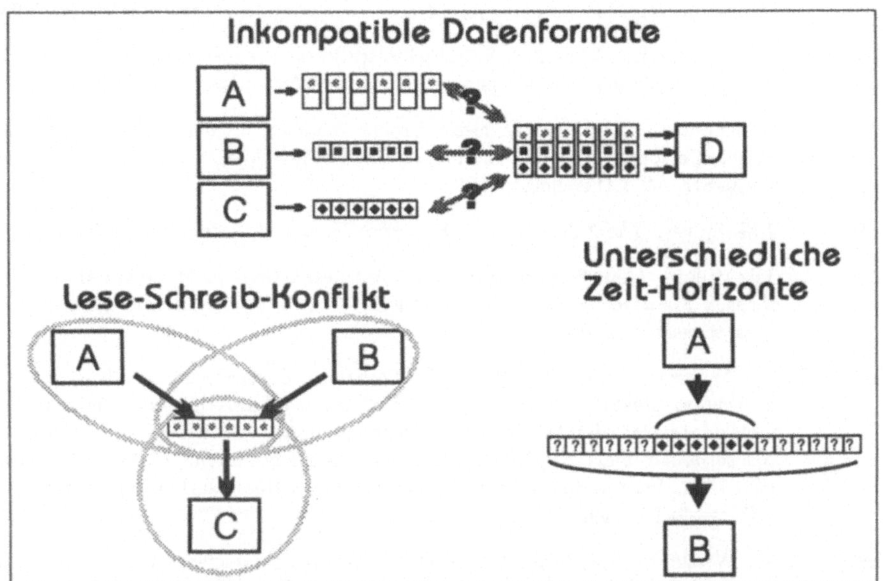

Abbildung 9: Konfliktsituationen beim Schreiben und Lesen von Zeitreihen.

zugehörigen Operationen (Daten lesen und schreiben, Rechenschritt durchführen, etc.) spezifiziert werden.

Um die Leistungsfähigkeit des Konzepts nachzuweisen, ist die exemplarische Implementierung von Bausteinen aus verschiedenen Bereichen (Deterministische, stochastische und statistische Methoden, Klassifikation, Approximation, Fuzzy-Set-Theorie, Logische und algorithmische Methoden, vgl. [Wie91]) geplant. Die hierzu erforderlichen numerischen Algorithmen sind teilweise bereits am Institut für Biotechnologie vorhanden. Die übrigen Komponenten sollen in Zusammenarbeit mit anderen Arbeitsgruppen erstellt werden.

Literatur

[BC85] S. Barnett and R.G. Cameron. *Introduction to Mathematical Control Theory.* Oxford Applied Mathematics and Computing Science Series. Clarendon, 1985.

[Ber83] F. Bergter. *Wachstum von Mikroorganismen.* Verlag Chemie, Zweite Auflage, 1983.

[Boo90] G. Booch. *Object-Oriented Design — With Applications.* Series in Ada and Software Engineering. Addison Wesley, 1990.

[Cop92] J. O Coplien. *Advanced C++ Programming Styles and Idioms.* Addison Wesley, 1992.

[Dah92] H.G. Dahn. *Iris INDIGO — der RISC-PC der 90er Jahre.* Addison-Wesley, 1992.

[Hau93] C. Hausmann. Formale Spezifikation und Implementierung eines Datenmanagers zur Verwaltung biotechnologischer Zeitreihen, 1993. laufende Diplomarbeit.

[Möl93] M. Möllney. Analyse von In-Vivo-NMR-Spektren, 1993. laufende Diplomarbeit.

[Mul90] M. Mullin. *Rapid Prototyping for Object-Oriented Systems.* Addison Wesley, 1990.

[Oel91] Oelfke. Common View 2 — Ein objektorientiertes Programmpaket zur Entwicklung grafischer Benutzeroberflächen. *GUUG-Nachrichten*8():41–48, 1991.

[Sch90] R. Schumann. Regelungstechnische Programmpakete für den IBM-PC und kompatible Personal-Computer unter MS-DOS. Handbuch, VDI-Bildungswerk, Graf-Recke-Str. 84, 4 Düsseldorf, 1990.

[Spi89] J.M. Spivey. *The Z Notation: A Reference Manual.* Prentice Hall, 1989.

[Val91] J.J. Vallino. *Identification of Branch-Point Restrictions in Microbial Metabolism through Metabolic Flux Analysis and local Network Perturbations.* Dissertation, Massachusetts Institute of Technology, 1991.

[WWBB+92] C. Wandrey, D. Weuster-Botz, G. Bierbaum, U. Giesecke, M. Karutz, and S. Tenten. Reaktionstechnische Untersuchung der Exkretion hoch- und niedermolekularer Metabolite. In C.P. Hollenberg, Hrsg., *Arbeitsbericht zum BMFT-Schwerpunktprojekt Stoffumwandlung mit Biokatalysatoren, 1989-92, Vorhaben 0316700A.* Institut für Mikrobiologie, Universität Düsseldorf, Universitätsstr. 1, 4 Düsseldorf 1, 1992.

[Wie89] W. Wiechert. Standardization Concepts for the Implementation of High Performance Signal Analysis Components into Rule Based Process Supervisory Systems. In D. Behrens and A.J. Driesel, Hrsg., *7th DECHEMA Annual Meeting of Biotechnologists, 30/31 May 1989, Frankfurt am Main*, volume 3 of *DECHEMA Biotechnology Conferences*, pages 783–785. DECHEMA, Verlag Chemie Weilheim, 1989.

[Wie90] W. Wiechert. *Interaktive Datenanalyse bei biotechnischen Prozeßdaten.* Dissertation, Universität Bonn, 1990.

[Wie91] W. Wiechert. Evolutive Entwicklung hybrider Prozeßmodelle für die rechnergestützte Versuchsabwicklung in der Biotechnologie. In Hirschelmann, Hrsg., *Symposium Informationsbildung in Biosystemen*, Nummer 85 in Bonner Informatik-Berichte, 1991.

[Wie92] W. Wiechert. Hybrid Modelling of Bioprocesses within a Network Transformation Framework: A Software Engineering Concept. In M.N. Karim, Hrsg., *Proc. 5th Int. Congr. Computer Applications in Fermentation Technology: Modelling and Control of Biotechnical Processes, Keystone, March 29 - April 2, 1992.* Pergamon Press, 1992.

[dGWP+92] A.A. de Graaf, R.M. Wittig, U. Probst, , J. Strohhäcker, S.M. Schoberth, and H. Sahm. Continuos-Flow NMR Bioreactor for *in Vivo* Studies of Microbial Suspensions with Low Biomass Concentrations. *Journal of Magnetic Resonance*, 98:654–659, 1992.

$BioX^{++}$

Erweiterte lernende Regelung biotechnologischer Prozesse

Kurt Dirk Bettenhausen
Technische Hochschule Darmstadt
Institut für Regelungstechnik
Fachgebiet Regelsystemtheorie & Robotik
Landgraf-Georg-Straße 4
6100 Darmstadt

Zusammenfassung: Die technische Nutzung biochemischer Prozesse erfordert neben der fundierten biologischen Vorbereitung und Verfahrenstechnik eine Regelungs- und Prozeßleittechnik, deren Leistungsmerkmale über die der klassischen Regelungstechnik hinausgehen und die in zunehmendem Maße „intelligente" Methoden der Informationsverarbeitung einsetzt. Dabei spielen die Modellierungen neuronaler Verarbeitungsstrukturen eine ständig wachsende Rolle. Die meisten Fermentationen werden in einem phasenausprägenden Batch-Modus durchgeführt, der eine Linearisierung des ohnehin nur ungenau bekannten oder gar nicht vorhandenen Prozeßmodells und den Betrieb in der Nähe eines oder mehrerer Arbeitspunkte unmöglich macht. Mit *BioX* wurde für diesen Anwendungsbereich erfolgreich ein Regelungssystem zur Integration von heuristischem Wissen und erlerntem Prozeßverhalten geschaffen, dessen Grundlagen und Erweiterungen Inhalt der Arbeit sind.

Schlüsselworte: Biotechnologische Prozesse, Batch-Fermentationen, Lernende Regelkreise, Expertensysteme, Assoziativspeicher, Fuzzy-Logik.

1. Einleitung

Eine ganze Reihe schwerwiegender Probleme unserer modernen Gesellschaft, wie der ständig wachsende Müllberg, die Ernährung einer exponentiell wachsenden Erdbevölkerung und die Produktion neuer Medikamente erfordert die technische Nutzung natürlicher biochemischer Prozesse. Die Schwierigkeit des praktischen Einsatzes liegt in der Komplexität dieser Prozesse und ihrer Abhängigkeit von einer ganzen Reihe zum Teil unbekannter oder nicht meßbarer Umgebungsbedingungen. So werden in der Regel im Labormaßstab erste Erfahrungen und qualitative Modelle gewonnen, deren wenige Ein- und Ausgangsgrößenmeßwertsätze Grundlage einer ersten Prozeßoptimierung unter Nutzung eines vorgegebenen Kriteriums, z.B. des Erreichens einer maximalen Ausbeute in minimaler Zeit, sind. Während der darauf folgenden Technikumsversuche werden im Rahmen eines sogenannten Scale-Up-Prozesses Verbesserungen und die Maßstabsübertragung auf immer größer werdende Produktionseinheiten untersucht [Präve et al. 1987] [Bailey et al. 1986]. Abbildung 1 zeigt den zugrundeliegenden Ablauf.

Die sich an die notwendige Grundlagenforschung anschließende Erprobungsphase im Technikum ist mit einigen erschwerenden Randbedingungen behaftet:

- Die Erprobung ist zeitaufwendig und erlaubt deshalb kaum zeitabhängige

Optimierungen der Stellgrößen.

- Die demgemäß im allgemeinen stationär angesetzten optimalen Stellgrößen des Labor- und Technikumsmaßstabes müssen nicht auch im größeren Produktionsmaßstab Gültigkeit haben.

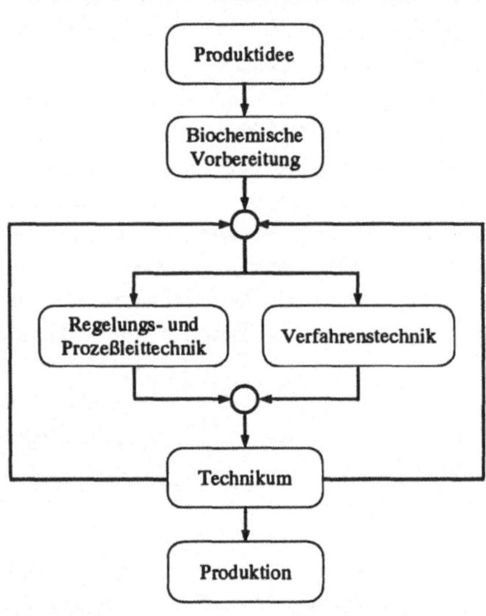

Abbildung 1: Weg von der Produktidee zur Produktion

Deshalb wurde mit dem Regelungssystem *BioX* eine Basis für die verbesserte Automatisierung biotechnologischer Prozesse geschaffen, die auf der Grundlage des Technikumsbetriebes zeitabhängige Off-Line-Optimierungen erlaubt und auch am realen Prozeß dazu verwendet werden kann, eine selbständige On-Line-Nachoptimierung und Fehlerdiagnosen vorzunehmen, um Verbesserungen der Produktion und eine höhere Autonomie der Automatisierung zu erreichen.

2. BioX

Basierend auf dem lernenden Regelkreiskonzept LERNAS [Ersü et al. 1984b] [Tolle et al. 1992], das seine Fähigkeiten z.B. in der Regelung chemischer Prozesse [Ersü et al. 1984a] oder autonomer mobiler Fahrzeuge [Kurz 1991] gezeigt hat, entstand das Regelungssystem *BioX*, dargestellt in Abbildung 2 [Gehlen et al. 1988] [Gehlen et al. 1990] [Gehlen et al. 1991], das aus den folgenden drei Ebenen besteht:

- Untere Ebene:
  Unterlagerte Regelkreise in klassischer Architektur.

- Mittlere Ebene:
  Modellierung mit Hilfe interpolierender Assoziativspeicher und numerischer Optimierung.

- Obere Ebene:
  Wissensbasierte Koordinations- und Managementebene, u.a. mit
  - Fehlerdiagnose,
  - Phasenklassifikation,
  - Auswahl phasenspezifischer Modellspeicher und
  - Definition phasenspezifischer Optimierungskriterien.

2.1 Unterlagerte Regelkreise

Bei den unterlagerten Regelkreisen handelt es sich um klassische Regelkreise mit P-, PI- und PID-Reglern, die im allgemeinen die physikalischen Umgebungsparameter Temperatur, pH-Wert, Rührerdrehzahl und Sauerstoffeintrag bei den aktuellen Fermentationen den von den beiden überlagerten Ebenen vorgegebenen Sollwerten nachführen. Bei der von uns als Pilotprozeß betrachteten Fermentation mit *Bacillus subtilis* wird das technische Enzym α-Amylase im Batch-Verfahren kultiviert. Bei der Umstellung auf sogenannte Fed-Batch-Fermentationen wäre eine weitere, diesmal nicht-physikalische Stellgröße die Nährlösungs-Zuflußkonzentration.

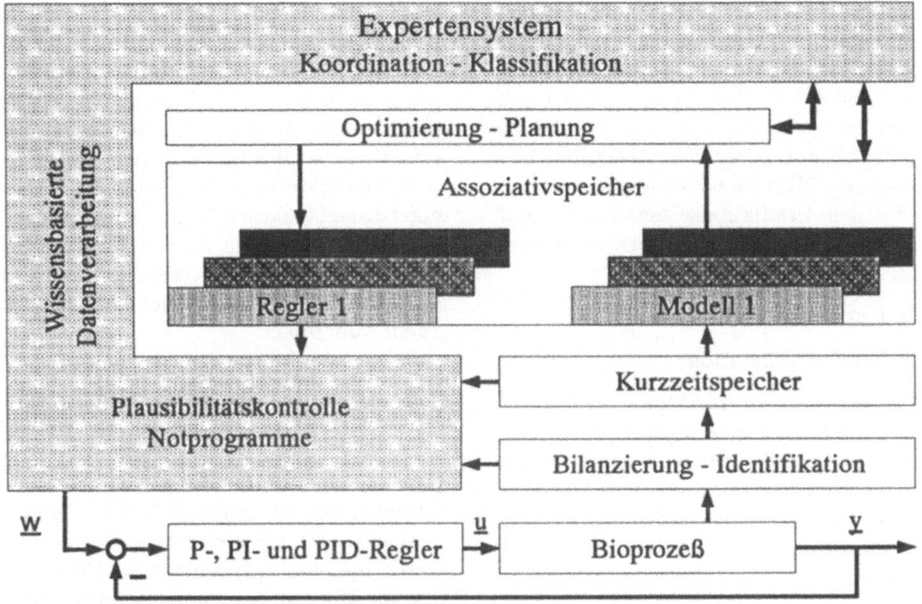

Abbildung 2: Architektur des Regelungssystems *BioX* mit integrierten lernenden Regelungsmechanismen.

2.2 Modellierung und Optimierung

In der mittleren Ebene sind die Bausteine zur prädiktiven, selbstlernenden Modellierung des Prozesses und der numerischen Optimierung angesiedelt. Durch einen in der Verbindung von der unteren zur mittleren Ebene liegenden Kurzzeitspeicher stehen dem Gesamtsystem die Werte der Prozeßeingangsgrößen u_i und der daraus resultierenden, meßbaren Ausgangsgrößen y_j mit einer vorab definierten Historie als „Prozeßsituation" zur Verfügung. Als interpolierende Assoziativspeicher zur Modellierung des Prozesses sind der neuronal motivierte AMS [Tolle et al. 1992] und der mathematisch motivierte MIAS [Tolle et al. 1989] einsetzbar. AMS basiert auf dem CMAC-Ansatz von Albus [Albus 1972]; MIAS ist eine Realisierung vom McLain-Typ. Ganz allgemein dienen sie dazu, die folgende Abbildung zu realisieren:

$$\begin{bmatrix} \underline{U}(k) \\ \underline{Y}(k) \end{bmatrix} \mapsto \underline{y}(k+1)$$

Dabei handelt es sich bei $\underline{U}(k)$ um einen Vektor, der die Zeitreihen

$$\underline{u}_i(k) = [u_i(k), u_i(k-1), ..., u_i(k-m)]$$

zusammenfaßt und bei $\underline{Y}(k)$ um einen Vektor, der aus den

$$\underline{y}_j(k) = [y_j(k), y_j(k-1), ..., y_j(k-m)]$$

zusammengesetzt ist. Das prädiktive Verhalten kann entweder durch

- Off-Line-Training unter Nutzung abgelegter Datensätze oder
- künstliche Verzögerung im On-Line-Betrieb mit Hilfe des Kurzzeitspeichers

erzeugt werden. Wie die bisherigen Untersuchungen [Gehlen et al. 1990]

[Gehlen et al. 1991] gezeigt haben, eignet sich dieses Verfahren hervorragend zur beliebigen nichtlinearen Prozeßmodellierung, ohne dabei auf Strukturvoraussetzungen angewiesen zu sein. Einzig die Kenntnis der für den Prozeß wichtigen Ein- und Ausgangsgrößen ist notwendig.

Bei den Prädiktionseigenschaften muß man zwei verschiedene Formen unterscheiden:

- Kurzzeitprädiktion und
- Langzeitprädiktion.

Unter Kurzzeitprädiktion wollen wir die Vorhersage der Ausgangsgrößen zum nächsten Abtastschritt $k+1$ verstehen, unter Langzeitprädiktion die Vorhersage zu einem späteren Zeitpunkt $k + \Delta k$. Dies ist wiederum auf verschiedenen Wegen möglich:

- Lernen der Vorhersage für spätere Zeitpunkte

$$\begin{bmatrix} \underline{U}(k) \\ \underline{Y}(k) \end{bmatrix} \mapsto \underline{y}(k + \Delta k), \Delta k > 1$$

  oder

- rekursives Wiederaufschalten der Kurzzeitprädiktion.

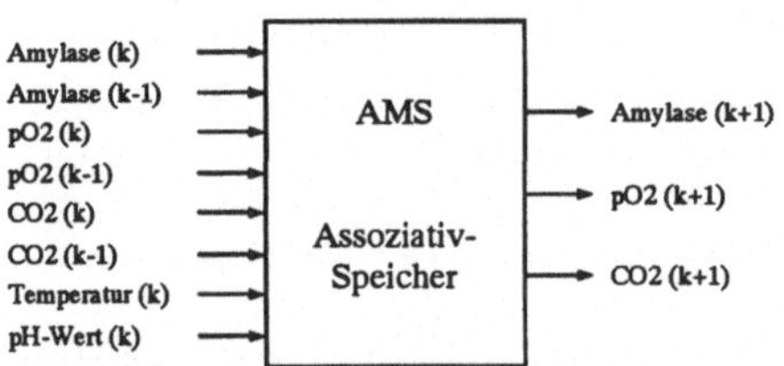

Abbildung 4: Prädiktives Prozeßmodell mit Hilfe von Assoziativspeicherabbildungen

Mit Hilfe dieser in die Zukunft schauenden Modelle können numerische Optimierungen dazu verwendet werden, die Auswirkungen von Stellgrößen auf den Prozeß zu ermitteln und ein vorab definiertes Optimierungskriterium zu minimieren bzw. maximieren. Die entsprechenden Stellgrößen lassen sich ebenfalls situationsabhängig ablegen, womit zu einem gelernten nichtlinearen Prozeßmodell gelernte günstige nichtlineare Regler entstehen, die auf Dauer die Optimierungsebene nur noch in Ausnahmesituationen benötigen. Das zugehörige Strukturbild, der Regelkreisansatz LERNAS, ist in Abbildung 3 dargestellt. Er liefert im betrachteten Fall die Sollwerte für die konventionelle unterste Ebene von *BioX*.

2.3 Wissensbasierte Koordination

Eine nähere Betrachtung von Fermentationsprozessen zeigt, daß sich Phasen stärkerer und schwächerer Aktivität unterscheiden lassen [Halme et al. 1991], die zweckmäßigerweise durch verschiedenartige Modelle erfaßt und evtl. auch nach verschiedenen Kriterien optimiert werden sollten [Gehlen et al. 1992]. Dabei ist das generelle Profil der Phasenverläufe bekannt, kann also heuristisch beschrieben werden. Damit ist die erste Aufgabe der wissensbasierten Ebene die Phasenklassifikation zur Erkennung physiologischer Zustände, z.B. der für eine Batch-Fermentation charakteristischen, einzeln oder auch mehrfach auftretenden Prozeßphasen

- Adaptionsphase,
- Exponentielle Wachstumsphase,
- Übergangsphase,
- Stationäre Phase und
- Absterbephase.

Auf der Grundlage einwandfrei klassifizierter Prozeßphasen lassen sich phasenspezifische Modellspeicher und phasenspezifische Optimierungskriterien auswählen. Eine zweckmäßige Abbildung für die exponentielle Wachstumsphase bei *Bacillus subtilis* – unserem Pilotprozeß – ist die in Abbildung 4 gezeigte. Dabei werden

LERNAS

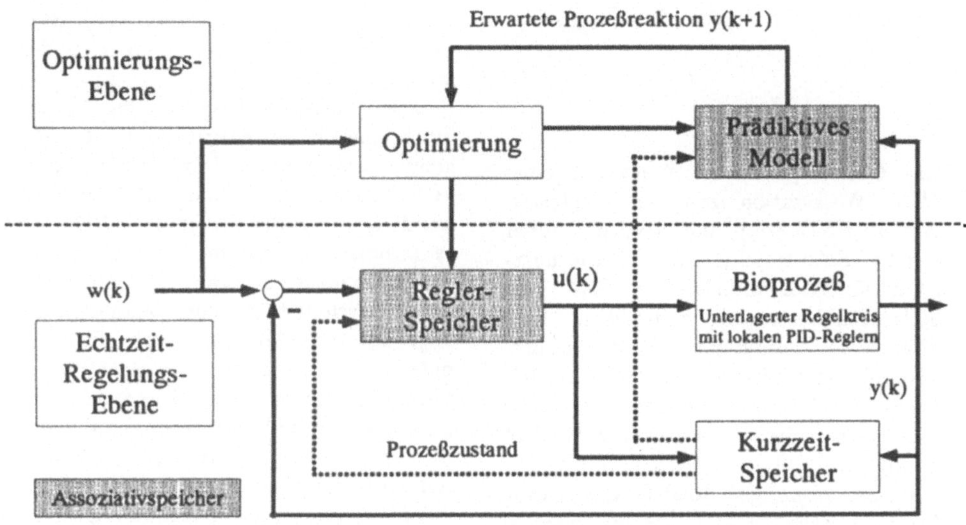

Abbildung 3: Struktur des lernenden Regelkreiskonzeptes LERNAS

die Amylasekonzentration und der Sauerstoffpartialdruck der Flüssigphase, der Kohlendioxidgehalt der Abluft und die Stellgrößen Temperatur und pH-Wert auf die Amylasekonzentration, den Sauerstoffpartialdruck und den Kohlendioxidgehalt abgebildet.

Die obere Ebene leistet zusätzlich eine Fehlerdiagnose, die bei gefährlichen Betriebszuständen, wie stillstehenden Pumpen, verstopften Membranfiltern oder gebrochenen Schläuchen eine Alarmmeldung ausgibt und den Bediener zur Behebung des Fehlers auffordert.

Betrachtet man nun noch einmal den in Abbildung 5 schematisch dargestellten Ablauf eines Bioprozesses nach [Präve et al. 1987], so ergeben sich für die obere wissensbasierte Ebene eine ganze Reihe weiterer Einsatzmöglichkeiten, die jedoch zur Zeit nicht Gegenstand der Untersuchungen mit *BioX* sind. Dazu gehört z.B. die Unterstützung bei der Vorbereitung der Fermentation mit Auswahl des Organismus, Auswahl der Nährmedi-

Schematischer Ablauf eines Bioprozesses

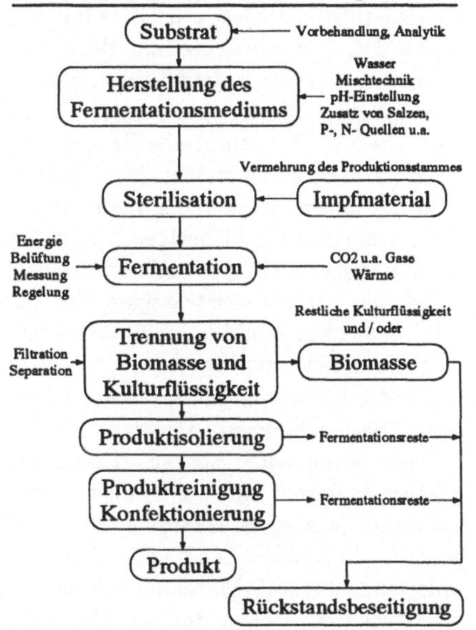

Abbildung 5: Schematischer Ablauf eines Bioprozesses nach [Präve et al. 1987]

enzusammensetzung, Fermenter- und Peripherieauswahl, also rein heuristische Aufgaben als Hilfestellung für den bearbeitenden Biochemiker oder Verfahrenstechniker.

2.4 Status

Das Gesamtsystem *BioX* ist auf einer SUN-4-Workstation mit dem Betriebssystem UNIX implementiert und über serielle Schnittstellen mit Steuerungs-PC's für Meßwerterfassung, FIA und Sollgrößenübertragung verbunden. Eine direkte Kommunikation mit speicherprogrammierbaren Steuerungen oder mittels Local-Area-Network-Konzepten ist ohne weiteres realisierbar, aber zur Zeit nicht erforderlich.

In der bisherigen Realisierung wurde für die mittlere Ebene, die im wesentlichen numerische Bausteine zur Optimierung und zum Lernen beinhaltet, die Programmiersprache C verwendet, während die regelbasierte obere Ebene in der KI-Sprache LISP realisiert war. Dies lag darin begründet, daß zum einen zu Beginn der Arbeit an diesem Projekt keine Programmiersprache verfügbar war, die sowohl numerische und algorithmische Programmierung als auch objektorientierte Programmierung unterstützte, zum anderen konzentrierten sich die bisherigen Aktivitäten auf die Ausgestaltung der mittleren Ebene, wobei die Steuerungsstrategien der oberen Ebene zwar erprobt, im einzelnen aber nicht detailliert wurden.

Da der Schwerpunkt der weiterführenden Untersuchungen in der flexiblen Ausgestaltung der oberen Koordinationsebene liegen soll, um dem Benutzer eine leistungsstärkere und „intelligente", d.h. weitgehend selbständig adaptierende Mensch-Maschine-Schnittstelle zur Verfügung stellen und verstärkt Heuristiken integrieren zu können, war ein vollständiges Re-Design von *BioX* erforderlich, um die programmiertechnische Trennung der mittleren und oberen Expertensystemebene und die damit verbundenen Einschränkungen zu überwinden. Aus diesen Gründen wurde das System *BioX*++ einheitlich in der Programmiersprache C++ realisiert; seine wichtigsten Leistungsmerkmale werden im folgenden kurz erläutert.

Eine wesentliche Frage für die Anwendung eines Expertensystems in der Regelungstechnik ist, wie man ein Echtzeitverhalten erreichen kann. Bei der Verwendung des Betriebssystems UNIX, wie es in unserem System der Fall ist, ist dies zwar nicht zu garantieren, aber man hat ein echtzeit-ähnliches Verhalten infolge der eine Abtastzeit von einer Minute zulassenden Langsamkeit des Prozesses und der hohen Verarbeitungsgeschwindigkeit der SUN-Workstations, z.B. einer SUN 4/25 mit 23,7 MIPS. Dieses Verhalten wird zusätzlich durch das Timing von *BioX*++, dargestellt in Abbildung 6, unterstützt.

Timing von BioX++

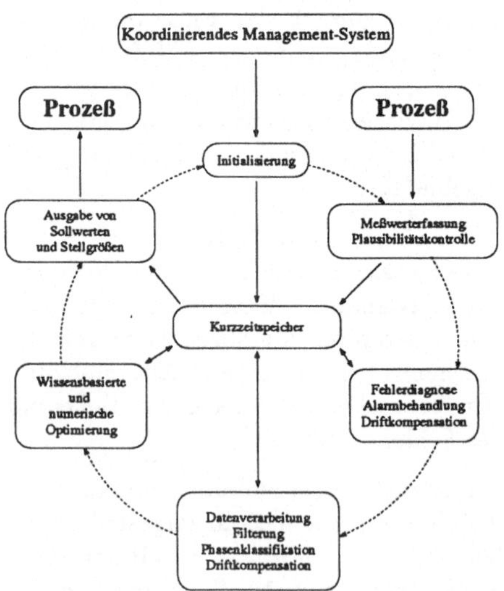

Abbildung 6: Das Timing von *BioX*++

Das Timing stützt sich auf fünf strukturierte Blöcke:

- Meßwerterfassung und Plausibilitätskontrolle,

- Fehlerdiagnose, Alarmbehandlung und Driftkompensation,
- Datenverarbeitung, Filterung, Phasenklassifikation und, falls erneut erforderlich, Driftkompensation,
- wissensbasierte und numerische Optimierung und
- Ausgabe der Sollwerte und Stellgrößen.

In jedem Abtastschritt aktiviert die koordinierende Management-Ebene zuerst den numerischen Kurzzeitspeicher, der die Meßwerte, die Prozeßzustände, die Stellgrößen und die Sollwerte mit ihren aktuellen Werten und einer definierten Vergangenheit und die prädizierten Werte enthält. Nach der Speicherung der neu erfaßten Werte wird eine schnelle Plausibilitätskontrolle durchgeführt, um Fehler, basierend auf Datenübertragungsfehlern, auszuschließen. Falls erforderlich, kann die Übertragung wiederholt werden.

Im nächsten Schritt wird eine Fehlerdiagnose durchgeführt, um anlagenspezifische Probleme wie stillstehende Pumpen, verstopfte Membran-Filter oder gebrochene Schläuche zu erkennen. Wenn einer dieser Fehler auftreten sollte, wird der Bediener zur Kontrolle der Installation aufgefordert. Eine Fehlerroutine wird gestartet und die nachfolgend aufgeführten Schritte werden in diesem Abtastschritt nicht durchgeführt. Die Fehlerdiagnose basiert im allgemeinen auf einem detaillierten Modell und kann keine unscharfen Informationen verarbeiten. Jedoch kann das System die zugehörigen zweiwertigen Zustände als einen Sonderfall der unscharfen Logik handhaben (s.u.).

Sobald die Daten verifiziert und als korrekt akzeptiert sind, wird die numerische und wissensbasierte Datenverarbeitung durchgeführt. Das beinhaltet die Filterung verrauschter Datensätze, die Phasenklassifikation und, falls erneut erforderlich, wiederum eine Driftkompensation.

Die verbleibende Zeit im Abtastschritt wird zur Optimierung der Fermentation unter Verwendung der prädiktiven Modellspeicher und numerischer oder wissensbasierter Optimierungskriterien genutzt werden. Die Anwendung wissensbasierter Kriterien kann sich als hilfreich erweisen, um mit einem iterativen Verfahren arbeitende implizite numerische Optimierungen in bevorzugte Richtungen zu lenken. Sollte die Optimierung zu lange benötigen, wird sie kurz vor dem Ende der Abtastperiode angehalten. Die gefundenen Werte müssen als die besten verfügbaren akzeptiert werden.

Der letzte Schritt ist dann in jedem Abtastschritt die Übermittlung der gefundenen Sollwerte und Stellgrößen an die Steuerungs- und Regelungshardware.

Da der Benutzer im allgemeinen Schwierigkeiten bei der Formulierung scharfer Aussagen hat, wurde das wissensbasierte System mit unscharfen Verarbeitungsmethoden konzipiert [Zimmermann 1991], die allerdings entsprechend Kapitel 2.3 auch Aufgaben der Fehlerdiagnose wahrnehmen sollen, was zum Teil exakte Modelle mit scharfen Regeln erfordert. Dieses Leistungsmerkmal konnte durch einen an anderer Stelle noch zu publizierenden Ansatz sichergestellt werden, bei dem durch die Einstellung einiger einfacher Parameter der Fuzzy-Ansatz in einen scharfen Ansatz überführt werden kann.

3. Untersuchungen

Wie im vorangegangenen Kapitel erläutert wurde, ist die phasenspezifische Modellierung und Optimierung ein wichtiges Element zur Leistungssteigerung des Systems für den Einsatz bei Batch-Fermentationen [Gehlen et al. 1990] [Gehlen et al. 1991].

Voraussetzung für eine erfolgreiche Durchführung dieser Strategie ist die fehlerfreie automatische Klassifikation der Prozeßphasen. Dies gewinnt besonders dann weiter an Bedeutung, wenn sich die dafür notwendigen Eingangsgrößen auf der Grundlage der Optimierung dynamisch verändern. Die Abbildungen 7 und 8 zei-

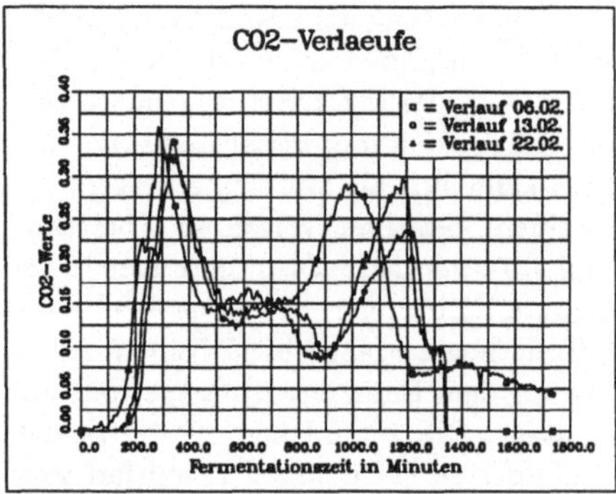

Abbildung 7: CO_2-Verläufe

gen die Verläufe der für die Phasenklassifikation erforderlichen Größen Sauerstoffpartialdruck und Kohlendioxidkonzentration, wobei ein wesentliches Charakteristikum des biochemischen Prozesses die Tatsache ist, daß sich bei - soweit meßbar - gleichen Randbedingungen unterschiedliche Verläufe ergeben. Allerdings sind sich diese in ihren unterschiedlichen Phasen prinzipiell ähnlich.

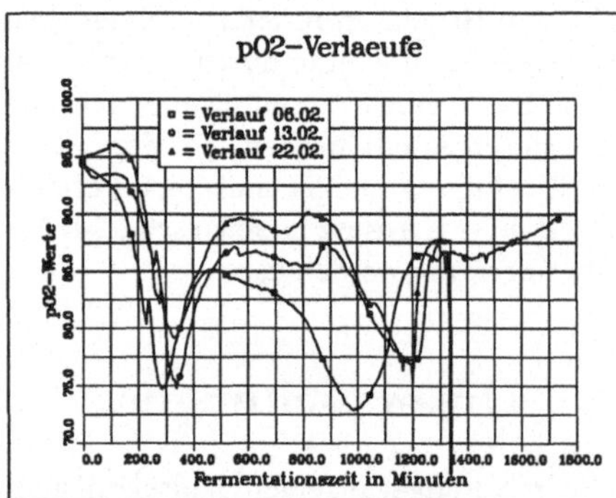

Abbildung 8: pO_2-Verläufe

3.1 Phasenklassifikation

Um die Aktivität des Organismus und damit seinen aktuellen physiologischen Zustand beurteilen zu können, stützt man sich am besten auf die Tendenzen der Meßgrößen CO_2 und pO_2.

In der bisherigen Realisierung wurde dazu eine Ausgleichsgerade durch eine festgelegte Anzahl der letzten Meßwerte mit

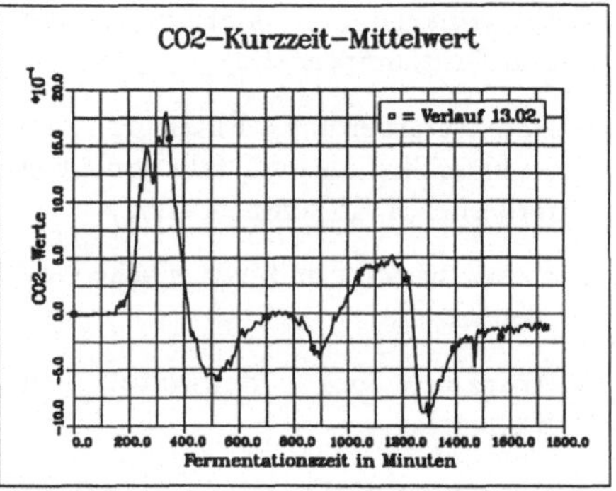

Abbildung 9: CO_2-Kurzzeit-Mittelwert

Hilfe der Methode der kleinsten Quadrate gelegt und deren Steigung beurteilt. Da dieses Verfahren relativ aufwendig und somit zeitintensiv ist, wurde es durch die Berechnung des Differenzenquotienten erster Ordnung mit anschließender rekursiver Kurzzeitmittelwert-Filterung ersetzt.

$$
\begin{aligned}
CO_2\_dq(k) &= (1-\alpha)\cdot CO_2\_dq(k-1) \\
&\quad +\alpha\cdot\frac{CO_2(k)-CO_2(k-1)}{T} \\
pO_2\_dq(k) &= (1-\alpha)\cdot pO_2\_dq(k-1) \\
&\quad +\alpha\cdot\frac{pO_2(k)-pO_2(k-1)}{T}
\end{aligned}
$$

Die Ergebnisse dieser numerischen Datenauswertung für einen der drei oben dargestellten Verläufe und den Vergessensfaktor $\alpha = 0,01$ zeigen die Abbildungen 9 und 10.

Zur Auswertung wurden die folgenden fünf Regeln benutzt:

- **WENN** (CO_2 ist constant) **und** ((PO_2 fällt) **oder** (PO_2 ist constant)) **und** (letzte Phase == Adaptionsphase)
  DANN (neue Phase = Adaptionsphase)

- **WENN** (CO_2 steigt) **und** ((PO_2 fällt) **oder** (PO_2 ist constant)) **und** ((letzte Phase == Adaptionsphase) **oder** (letzte Phase == exponentielle Phase) **oder** (letzte Phase ==

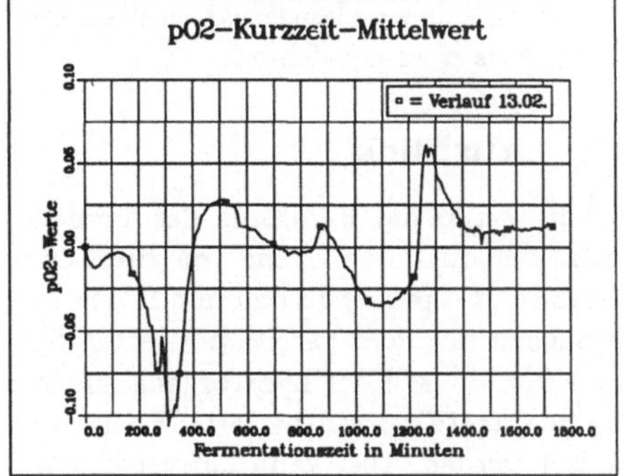

Abbildung 10: pO_2-Kurzzeit-Mittelwert

Übergangsphase) **oder** (letzte Phase == stationäre Phase))
DANN (neue Phase = exponentielle Phase)

- **WENN** (CO_2 fällt) **und** (PO_2 steigt) **und** ((letzte Phase == exponentielle Phase) **oder** (letzte Phase == Übergangsphase))
  DANN (neue Phase = Übergangsphase)

- **WENN** (CO_2 ist constant) **und** (PO_2 ist constant) **und** ((letzte Phase == Übergangsphase) **oder** (letzte Phase == stationäre Phase))
  DANN (neue Phase = stationäre Phase)

- **WENN** (neue Phase ist nicht klassifiziert)
  DANN (neue Phase = letzte Phase)

Diese Regeln werden zur Verdeutlichung noch einmal im Zustandsdiagramm in Abbildung 11 dargestellt; sie sind einfach zu finden und leicht zu implementieren.

Für die numerische Behandlung wurden die folgenden Werte gewählt:

- Keine Phase klassifiziert ↦ Klassifikationswert 0
- Adaptionsphase ↦ Klassifikationswert 1
- Exponentielle Wachstumsphase ↦ Klassifikationswert 2

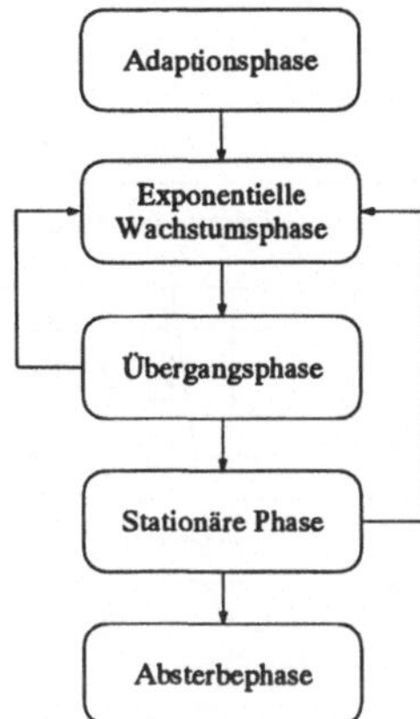

Abbildung 11: Zustandsdiagramm

- Übergangsphase ↦ Klassifikationswert 3
- Stationäre Phase ↦ Klassifikationswert 4

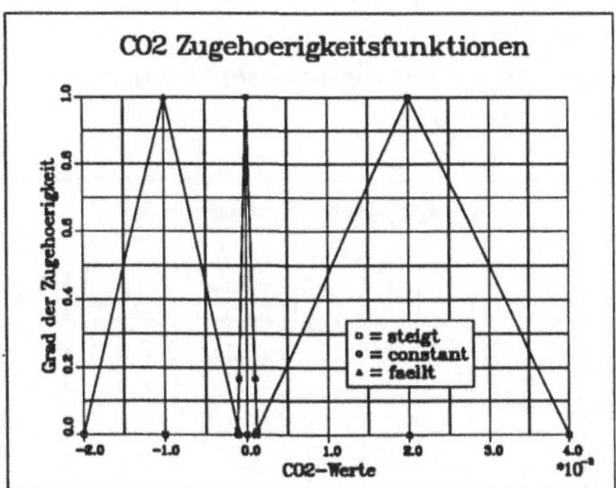

Abbildung 12: CO_2-Zugehörigkeitsfunktionen

Bei den Regeln wurde auf die Absterbephase verzichtet, da sie in keiner der vorhandenen Fermentationsdaten enthalten ist, weil die Versuche jeweils vorher beendet wurden. Die Variablen CO_2 und pO_2 werden als unscharfe Variablen mit den Zugehörigkeitsfunktionen aus den Abbildungen 12 und 13 behandelt, während die letzte Prozeßphase nach der 'winner takes it all' – Strategie bestimmt wird, d.h. ihr Grad der Zugehörigkeit wird für die im letzten Abtastschritt klassifizierte Phase auf Eins, der der anderen dagegen auf Null gesetzt.

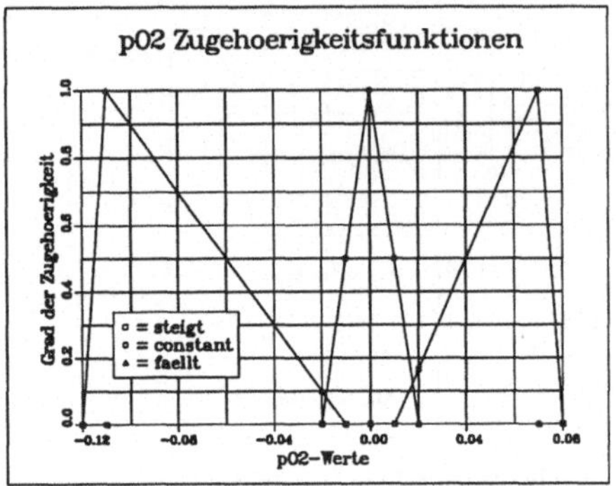

Abbildung 13: CO_2-Zugehörigkeitsfunktionen

Die Defuzzyfizierung erfolgt mit Hilfe der Bestimmung der maximalen Zugehörigkeit zu einem Term. Abbildung 14 zeigt die beeindruckenden Ergebnisse, insbesondere im Hinblick auf die erforderliche geringe Entwicklungszeit und die Anwendbarkeit auf die anderen Fermentationen der Gruppe.

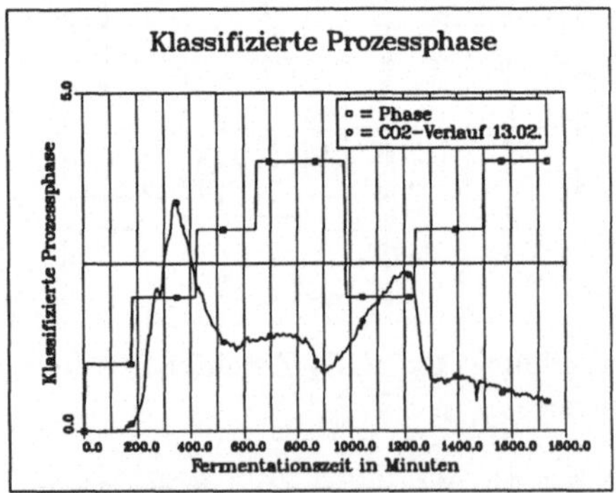

Abbildung 14: Klassifizierte Prozeßphase

Wie Untersuchungen ergeben haben, ist die Regelbasis bis 0,03 unempfindlich gegen Änderungen des Vergessensfaktors α; ab 0,05 tritt eine Steigerung der Empfindlichkeit und damit eine vorschnelle Fehlklassifikation verstärkt auf. Deshalb ist an dieser Stelle eine konservative Wahl des Parameters α zu empfehlen.

3.2 Ausblick

Bisher wurde die Fähigkeit des Lernens nur in der mittleren Ebene von *BioX* eingesetzt und erprobt. In den nun folgenden Versuchen mit dem bereits portierten System *BioX*$^{++}$ soll der Lernvorgang auf die übergeordnete wissensbasierte Ebene erweitert werden. Dies kann auf verschiedenen Wegen geschehen, von denen zunächst einmal zwei Gegenstand der weiteren Untersuchungen sein werden:

- Manipulation der vorgegebenen Zugehörigkeitsfunktionen und
- Modifizierung der Regelbasis.

Jede Zugehörigkeitsfunktion repräsentiert eine Abbildung der Form $R^1 \mapsto R^1$ für jeden Term einer linguistischen Variablen. Die bereits durchgeführten Untersuchungen verwenden lineare Zugehörigkeitsfunktionen, von denen lediglich die Stützstellen gespeichert werden. Dieser Ansatz erlaubt die Approximation jeder gewünschten Funktion durch Polygonzüge. Die Initialisierungswerte dieser linearen Zugehörigkeitsfunktionen könnten in den bereits beschriebenen Assoziativspeichern AMS oder MIAS abgelegt werden. Die Inhalte dieser Speicher können dann on-line oder während einer Off-Line-Vortrainingsphase mit der Optimierungsstruktur von LERNAS verbessert werden.

Für die Modifizierung der Regelbasis ist eine Gewichtung a_{ij} vorgeschlagen, die in Abbildung 15 schematisch für die folgende Regel dargestellt ist:

WENN (CO_2 steigt) **und** (PO_2 fällt) **und** ((letzte Phase == Adaptionsphase) **oder** (letzte Phase == exponentielle Phase))
DANN (neue Phase = exponentielle Phase)

Um diese Struktur in einem komplexen System zu erreichen, müssen die folgenden Bedingungen erfüllt werden:

- Regeln müssen blockorientiert definiert werden.
- Regeln sind zielgerichtet.
- Die Effekte von Konditionen können gewichtet werden.

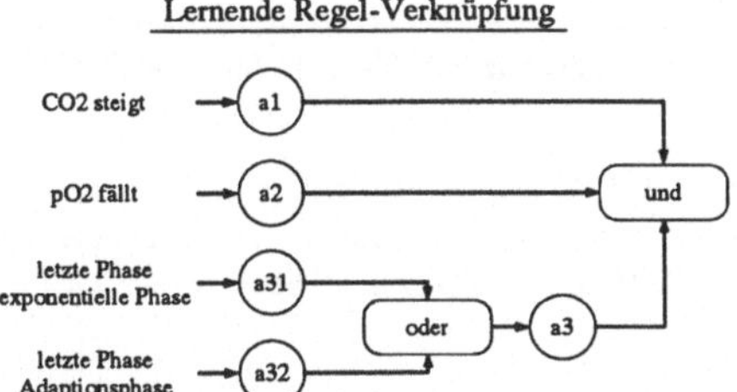

Abbildung 15: Lernende Regelverknüpfung

In unserem Beispiel sind die Und- und Oder-Operatoren als Minimum- und Maximum-Operatoren realisiert. Das Ergebnis jedes Elementarblocks wird mit einem Faktor a_{ij} gewichtet. Die Indizes beschreiben die Nummer des aktuellen Eingangs und die Tiefe der Schachtelung vom Ziel aus betrachtet. Kombinationen solcher Blöcke, bei denen jeder wiederum aus einem Elementarblock besteht, bilden ein Netzwerk von Regeln.

In diesem Netzwerk ist es nicht möglich, neue Regeln zu ergänzen, was in der Struktur begründet liegt; das Vergessen überflüssiger Regeln kann aber durch die Verwendung des Gewichtsfaktors Null erreicht werden. Die Gewichtsfaktoren werden durch die Verwendung numerischer Optimierungskriterien verbessert. Das On-Line-Lernen wird in einem parallelen Prozeß ausgeführt und die Parameter und Gewichtsfaktoren werden während des Initialisierungsschrittes in jedem Abtastschritt aktualisiert.

4. Zusammenfassung

Der vorliegende Artikel beschreibt und erläutert die Entwicklung eines Systems zur erweiterten Regelung biotechnologischer Prozesse. Basierend auf vorangegangenen Ergebnissen, die mit dem lernenden Regelkreis LERNAS und dem System *BioX* erzielt wurden, das lernende Fähigkeiten in den Modellierungs- und Optimierungsbausteinen der mittleren Ebene verwendet, wird *BioX*$^{++}$ diese lernenden Fähigkeiten in die obere wissensbasierte Ebene hinein erweitern. Dies soll den teuren und zeitaufwendigen Scale-Up-Prozeß vereinfachen und den Weg von der Produktidee zur Produktion damit verkürzen. Zusätzlich kann der phasenorientierte Betrieb auf der Basis einer Phasenklassifikation vertieft behandelt werden. Der gewählte unscharfe Ansatz erweitert die bereits vorhandenen Leistungsmerkmale und beinhaltet zusätzlich die Repräsentation scharf abgegrenzten Wissens. Ergänzend zu den Ergebnissen der Phasenklassifikation mit statischen Regeln und Zugehörigkeitsfunktionen wird einer der nächsten Schritte die selbstlernende Phasenklassifikation unter Verwendung interpolierender Assoziativspeicher und der präsentierten lernenden und gewichteten Regelverknüpfung sein.

Literatur

[Albus 1972] J. S. Albus. *Theoretical and experimental aspects of a cerebellar model.* Dissertation, University of Maryland, Maryland, 1972.

[Bailey et al. 1986] James E. Bailey und David F. Ollis. *Biochemical engineering fundamentals.* McGraw-Hill, ISBN 0-07-003212-2, New York, 2. Auflage, 1986.

[Ersü et al. 1984a] Enis Ersü und Jürgen Militzer. Real-Time Implementation of an Associative Memory-based Learning Control Scheme for Non-linear multivariable Processes. In *Symposium: Application of Multivariable System Techniques*, Plymouth, 31. Oktober - 2. November 1984.

[Ersü et al. 1984b] Enis Ersü und Henning Tolle. A new concept for learning control inspired by brain theory. In *9th IFAC World Congress*, Budapest, 1984.

[Gehlen et al. 1988] Stefan Gehlen, Michael Hormel und Stefan Bohrer. A learning control scheme with neuron-like associative memories for the control of biotechnological processes. In *International Workshop on Neural Networks, Neuro-Nîmes*, Nîmes, 1988.

[Gehlen et al. 1990] Stefan Gehlen und Kurt Dirk Bettenhausen. Modelling of biotechnological processes with interpolating associative memories. In *International Symposium on Mathematical and Intelligent Models in System Simulation*, Brüssel, 3.-7. September 1990.

[Gehlen et al. 1991] Stefan Gehlen und Jürgen Kreuzig. Learning by interpolating memories for modelling of fermentation processes. In *IFAC-Symposium on Advanced Control of Chemical Processes, October 14-16*, Toulouse, 1991. to be published.

[Gehlen et al. 1992] Stefan Gehlen, Henning Tolle, Jürgen Kreuzig und P. Friedl. Integration of Expert Systems and Neural Networks for the Control of Fermentation Processes. In *IFAC Symposium on Modeling and Control of Biotechnological Processes*, Keystone, Colorado, USA, 29. März - 2. April 1992.

[Halme et al. 1991] Aarne Halme und Arto Visala. Combining symbolic and numerical information in modelling the state of biotechnological processes. In *ECC 91 - European Control Conference*, Seiten 218–223, Grenoble, July 2-5 1991.

[Kurz 1991] Andreas Kurz. A learning hierarchical control structure for an autonomous mobile robot. In *Workshop on Mobile Robotics for Civil Works*, Brussels, 1991.

[Präve et al. 1987] Paul Präve, Uwe Faust, Wolfgang Sittig und Dieter A. Sukatsch. *Handbuch der Biotechnologie.* R. Oldenbourg Verlag GmbH, ISBN 3-486-20039-9, München, 1987.

[Tolle et al. 1989] Henning Tolle, Jürgen Militzer und Enis Ersü. Zur Leistungsfähigkeit lokal verallgemeinernder assoziativer Speicher und ihren Einsatzmöglichkeiten in lernenden Regelungen. *msr*, 32/3:98–105, 1989.

[Tolle et al. 1992] Henning Tolle und Enis Ersü. *Neurocontrol*, Jgg. 172 of *Lecture Notes in Control and Information Sciences.* Springer-Verlag, ISBN 3-540-55057-7, 1992.

[Zimmermann 1991] Hans-Jürgen Zimmermann. *Fuzzy set theory - and its applications.* Kluwer-Nijhoff Publishing, Boston, 2. Auflage, 1991.

Zelluläre Automaten als Modelle von Musterbildungsprozessen in biologischen Systemen

Andreas Deutsch
Abteilung Theoretische Biologie
Kirschallee 1, Universität Bonn
5300 Bonn 1

1 Einleitung

Zelluläre Automaten sind diskrete dynamische Systeme. Der Begriff geht auf John v. Neumann zurück, der eine sich selbst reproduzierende universelle Turingmaschine in Gestalt eines zweidimensionalen zellulären Automaten konstruierte (v. Neumann, 1966). Populäres Beispiel ist Conways 'Spiel des Lebens' (Gardner, 1983).

Zelluläre Automaten werden zur Modellierung raum-zeitlicher Strukturbildung sowohl physiko-chemischer als auch biologischer Systeme verwendet (vgl. z.B. Demongeot et al., 1985, Farmer et al., 1984, Wolfram, 1986). Die numerische Lösung partieller Differentialgleichungen, die traditionell zur Untersuchung solcher Systeme eingesetzt werden, erfordert eine Diskretisierung des zumeist kontinuierlich gegebenen Problems. Hingegen ist ein zellulärer Automat ein diskreter Formalismus per se – Rundungsfehler werden vermieden (Toffoli, 1984a). Die Automaten können parallele Algorithmen und Speicherplatz effizient nutzen (Hillis, 1984, Preston, 1984, Toffoli, 1984b) und werden als sogenannte Gittergas-Automaten zur Lösung rechenintensiver Probleme eingesetzt, so bei der Analyse hydrodynamischer Fragestellungen (Doolen et al., 1990, Manneville et al., 1989).

Im typischen Fall liegt ein diskreter Raum vor, z.B. ein zweidimensionales Gitter. Die Anfangsbedingung bestimmt eine Verteilung von Zellen in diesem Raum. Die Zellen nehmen Zustände aus demselben zumeist endlichen Zustandsraum an. Es existieren eine räumliche Nachbarschaftsbeziehung (Abb. 1) und eine Übertragungsregel, die die zeitliche Dynamik des Automaten definiert und in jedem (diskreten) Zeitschritt parallel für alle Zellen ausgewertet wird.

Einfachste Realisierungen – eindimensionale Automaten mit Zustandsraum $\mathbb{Z}_2$ – sind bereits zu raum-zeitlicher Strukturbildung fähig (Wolfram, 1984). Zu räumlicher Strukturbildung kommt es insbesondere bei der Morphogenese von Organismen in Form charakteristischer Zellverteilungsmuster. Es bestehen prinzipiell zwei Möglichkeiten der Musterentstehung: Entweder differenziert eine Zelle am 'Musterort' oder die Differenzierung einer Zelle erfolgt zunächst unabhängig von ihrer endgültigen Position, die sie erst durch aktive und/oder passive Bewegung erreicht.

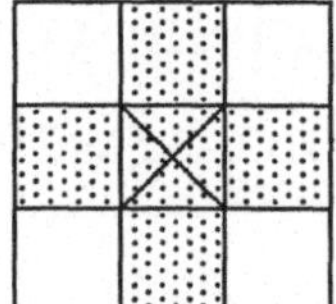

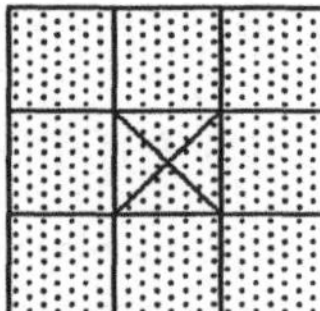

Abbildung 1: Gebräuchliche Nachbarschaftsbeziehungen in zellulären Automaten: von Neumann- (links) und Moore-Nachbarschaft (rechts). Die Zellen der jeweiligen Nachbarschaft einer Zelle (X) sind gepunktet markiert.

Es wird zu beiden Typen morphogenetischer Musterbildung ein Beispiel vorgestellt (Abb. 2, 3): Die Sporen des Schlauchpilzes *Neurospora crassa* differenzieren am 'Musterort', während die Pigmentzellen bestimmter Salamander in einer embryonalen Struktur (Neuralleiste) differenzieren und sukzessive entlang der Larvenflanken zu ihrem Bestimmungsort wandern. Simulationen mit zellulären Automaten (als diskretes Aktivator-Inhibitor bzw. differentielles Adhäsions-Modell) liefern mögliche Erklärungen für die Pilz- und Salamandermuster.

2 Differenzierungsmuster eines Schlauchpilzes

2.1 Der Ascomycet *Neurospora crassa*

In Petrischalen-Kulturen wachsen und verzweigen sich vegetative Hyphen (Wachstumshyphen) der band-Mutante des Ascomyceten *Neurospora* radial von einem punktförmigen Inokulat (Deutsch, 1991). Sporen bilden sich im Verlauf des asexuellen Entwicklungszyklus durch Differenzierung von Lufthyphen (spezialisierte Wachstumshyphen). Sporendifferenzierung der band-Mutante wird durch eine circadiane Rhythmik, aber auch durch Streß in Form von Licht, Hitze oder Hungerbedingungen induziert (Rensing, 1992). Typische Sporenmuster sind konzentrische Ringe und radiäre Zonierungen, die bei Veränderung des Wachstumsmediums entstehen (Abb. 2).

2.2 Ein diskretes Aktivator-Inhibitor-Modell

Das Modell interpretiert die Differenzierungsmuster als Konsequenz räumlich und zeitlich wirkender Aktivator-Inhibitor-Systeme und ist an anderer Stelle ausführlich beschrieben (Deutsch, 1992). Die Analyse von Aktivator-Inhibitor-Systemen geht auf Gierer und Meinhardt (1972) zurück. Die Zellen des Automaten entsprechen Hyphensegmenten im biologischen System. Der Automat generiert eine Folge von 'Basisräumen', die den sich verlängernden Wachstumsfronten des Pilzes entsprechen (Abb. 4). Diesen sind die Differenzierungsmuster überlagert.

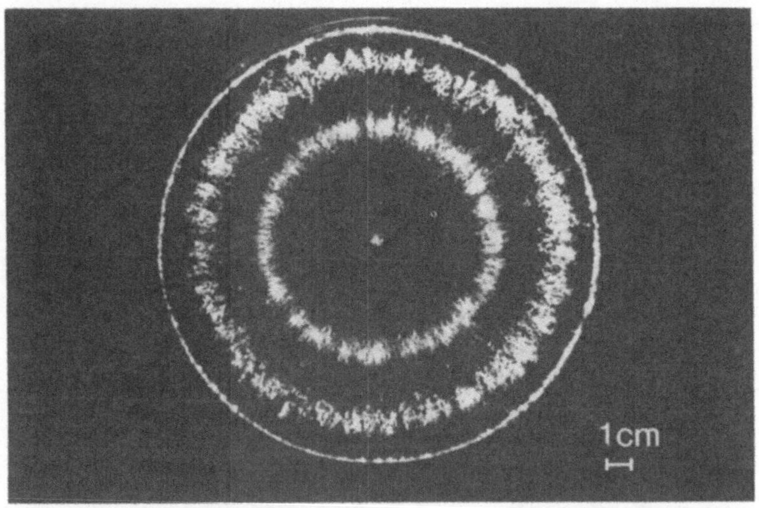

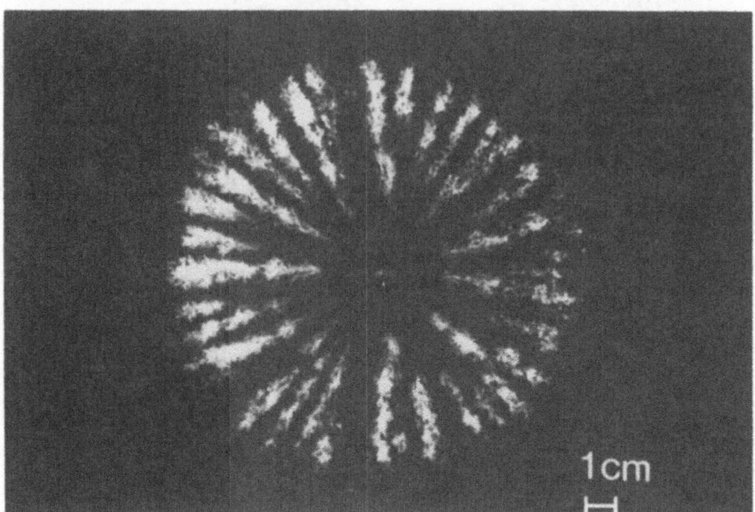

Abbildung 2: Differenzierungsmuster von *Neurospora crassa*: Konzentrische Ringe (oben), radiäre Zonierungen (unten) entstehen durch Veränderung bestimmter Salzkonzentrationen im Wachstumsmedium (vgl. Deutsch, 1991).

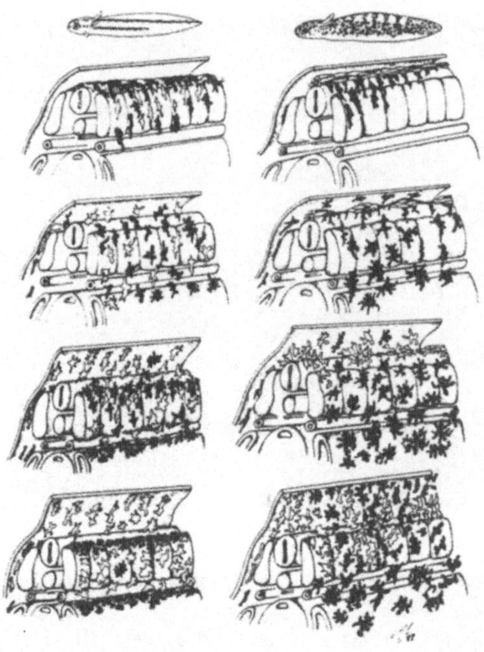

Abbildung 3: Entstehung der Pigmentzellmuster bei Larven von Alpenmolch und Axolotl (Schema aus Olsson und Löfberg, 1992). Am oberen Ende der linken Spalte ist das fertig entwickelte Muster des Alpenmolchs zu sehen. Darunter ist eine Folge von Entwicklungsschritten abgebildet (Epidermis entfernt). Auf der rechten Seite ist die entsprechende Entwicklungsfolge für den Axolotl gezeigt (schwarze Zellen: Melanophoren).

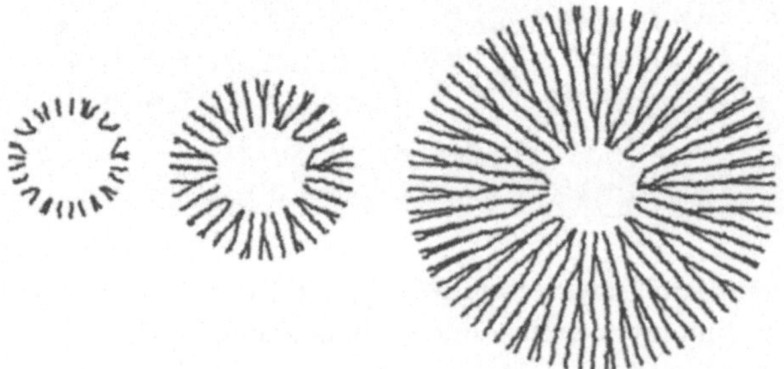

Abbildung 4: Mikroskopisches Muster des zellulären Automaten (zu verschiedenen Zeitpunkten t=0 (links), 30, 100). Das Muster bestimmt die 'Geometrie' des Automaten und entsteht aus einer Folge von 'Basisräumen (vgl. Deutsch, 1992). Diese entsprechen sukzessiven Wachstumsfronten eines von einem punktförmigen Inokulat aus wachsenden Pilzmyzels.

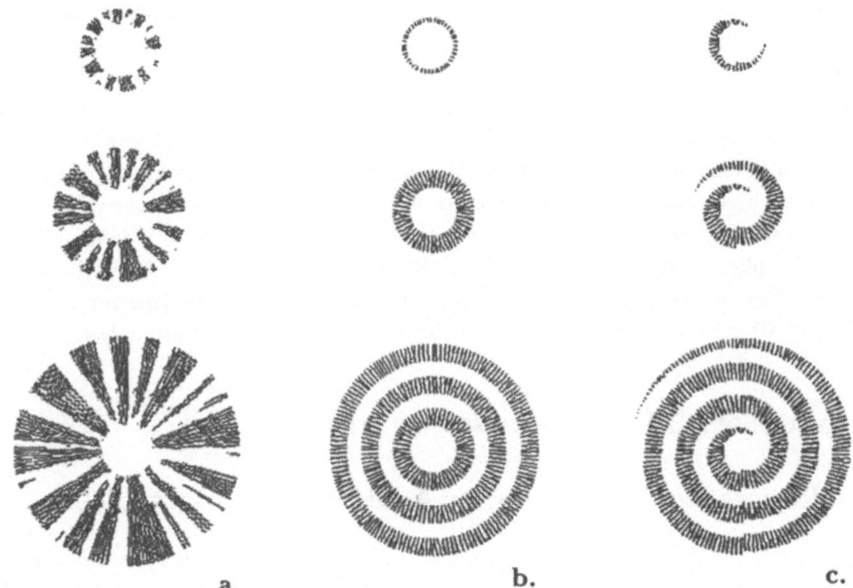

Abbildung 5: Simulationen der Musterbildung mit diskretem Aktivator-Inhibitor-Modell. **a.** radiäre Zonierungen, **b.** konzentrische Ringe, **c.** Spirale (zu Zeitpunkten t=10 (oben), 30, 100).

Das (räumliche) Aktivator-Inhibitor-System führt zu radiären Zonierungen der differenzierten Strukturen (Abb. 5a). In jedem Zeitschritt entscheiden wachsende Hyphen – abhängig von der Größe eines sogenannten morphogenetischen Wertes – zwischen zwei Alternativen: entweder üben sie aktivierende und inhibierende Wirkung auf ihre Umgebung aus oder sie differenzieren. Durch den morphogenetischen Wert wird der kombinierte Einfluß aktivatorischer bzw. inhibitorischer Wirkung auf die betreffende Hyphe beschrieben. Fällt dieser Wert unter eine kritische Größe ('Streßwirkung'), so differenziert die entsprechende Hyphe.

Ein (zeitliches) Aktivator-Inhibitor-System (endogene circadiane Sporulationsrhythmik) kann zu diachronen Mustern führen: Haben die Hyphen des Inokulats identische Phase, so resultieren konzentrische Ringe (Abb. 5b). Hingegen können Spiralen als Folge von Phasengradienten in den Anfangsbedingungen entstehen (Abb. 5c). Es wurden allerdings bei Versuchen mit *Neurospora crassa* – unter der Simulation nachempfundenen Bedingungen – niemals Spiralbildungen beobachtet. Wahrscheinlich werden anfängliche Phasendiskontinuitäten durch die Eigenart des Pilzwachstums ausgeglichen (Deutsch, 1991).

Im biologischen Experiment bestimmen insbesondere bestimmte Salze im Wachstumsmedium über den vorherrschenden Induktionsmechanismus. Eventuell induzieren beide postulierten Mechanismen intrazellulär über dasselbe Second-Messenger-System die Differenzierung. Es gibt bereits Kandidaten für die Aktivator-/Inhibitor-Morphogene, nämlich zyklische Monophosphate (Deutsch, 1991).

L-Systeme Das Modell ließe sich auch in der Sprache kontextsensitiver L-Systeme formulieren. L-Systeme wurden zur Simulation von Pflanzenformen, insbesondere von Verzweigungs- und Gewebestrukturen eingeführt (Lindenmayer, 1967, 1975). In der Sprache der L-Systeme werden komplexe Objekte durch ein Anfangsobjekt – eine Kette von Symbolen, die einem vorgegebenen Alphabet entnommen sind – und geeignete Ersetzungsregeln beschrieben. Die Regeln definieren eine zeitliche Dynamik, indem sukzessiv das Anfangsobjekt bzw. die daraus entstehenden Objekte durch Ersetzungen der Objektsymbole verändert werden. Dabei ersetzen kontextfreie L-Systeme in jedem Zeitschritt Symbole unabhängig von in der Kette benachbarten Symbolen. Ersetzungsregeln kontextsensitiver L-Systeme sind hingegen abhängig von den Symbolen einer geeignet gewählten Nachbarschaft und entsprechen den Übertragungsregeln zellulärer Automaten.

3 Musterbildung bei Salamanderlarven

3.1 Pigmentzellwanderung in Axolotl und Alpenmolch

In den Larven von Axolotl (*Ambystoma mexicanum*) und Alpenmolch (*Triturus alpestris*) bilden Pigmentzellen (Melano- und Xanthophoren) vertikale bzw. horizontale Sreifenmuster (Abb. 3). Von ihrer ursprünglichen Position in der Neuralleiste (oberhalb des Neuralrohres) wandern die Pigmentzellen durch ein dreidimensionales extrazelluläres Fibrillennetzwerk, die extrazelluläre Matrix (EZM).

Die Bedeutung der EZM für die Musterbildung beweist die weiße Mutante des Axolotls (dd), bei der die Pigmentzellen niemals die Neuralleiste verlassen. Während die Pigmentzellen der dd-Mutante normal sind, weist die EZM dieser Mutante einen transienten Defekt auf (Olsson und Löfberg, 1992). Der 'Defekt' ist eventuell durch eine zeitweilig zu hohe Konzentration von Zellwanderungs-Inhibitoren bedingt. Hat sich die Konzentration der Inhibitoren verringert, so sind die dann gealterten Pigmentzellen nicht mehr zur Wanderung in der Lage. Frische, aus Wildtyp-Embryonen transplantierte Pigmentzellen, können jedoch in gealterter EZM von dd-Embryonen wandern. Zur Entstehung des arttypischen Musters müssen folglich die Entwicklung von EZM und Pigmentzellen geeignet korreliert sein (Heterochronie, vgl. Gould, 1977).

Die Wanderung der Pigmentzellen ähnelt Bewegungsphänomenen auch anderer aus der Neuralleiste abgeleiteter Zellen (z.B. Ganglion-, Glia- und periphere Nervenzellen). Es gibt Konvektionsphänomene (Bronner-Fraser, 1982, 1984) und aktive Bewegung (Löfberg et al., 1980). Zur Erklärung der Direktionalität der Zellwanderung wurden u.a. 'long range' Taxismen (Chemo- und Galvanotaxis), Kontaktinhibition (Zellen ändern nach einer Kollision ihre Richtung voneinander weg), Gradienten in der Zell-Zell-Adhäsivität (Zellen wandern von weniger zu stärker adhäsiven Nachbarn), Zell-EZM-Interaktionen (z.B. Haptotaxis, d.h. Zellen wandern entgegen eines Adhäsivitätsgradienten im Substrat) und Kontaktführung (Zellen folgen Diskontinuitäten im Substrat, z.B. orientierten Fibrillen) vorgeschlagen. Es gibt Hinweise, daß alle diese Mechanismen sowohl in vivo als auch in vitro wirksam sind. Ihre relative Bedeutung bei der Pigmentzellmusterbildung ist allerdings unklar (Epperlein und Löfberg, 1990).

3.2 Ein diskretes differentielles Adhäsions-Modell

Ein zellulärer Automat, dessen zeitliche Dynamik vornehmlich durch differentielle Adhäsion zweier Zelltypen bestimmt ist, simuliert die Entstehung periodischer Streifenmuster. Die Existenz von interzellulären 'junctions' und Zell-Adhäsions-Molekülen (CAMs) in Pigmentzellen von Salamanderlarven ist bekannt (Olsson und Löfberg, 1992). Die Bedeutung von Adhäsionsprozessen für die biologische Musterbildung wurde bereits von Steinberg (1963) erkannt.

Im Modell läßt sich der Unterschied horizontaler und vertikaler Streifenmusterbildung auf die verzögerte Entstehung eines EZM-Vormusters zurückführen. Damit ist die Bedeutung der Heterochronie zumindest in Simulationen gezeigt.

Die Musterbildung wird in der Embryonalentwicklung initiiert, wenn die Unterschiede in der Zellaffinitität entstehen. So ist bei den Salamanderlarven der Beginn der Zellwanderung mit dem Verlust bestimmter Zelladhäsions-Moleküle korreliert (Olsson und Löfberg, 1992). Die grobe Entscheidung 'mehr-weniger' (bzgl. der Affinitäten) genügt im Modell, um den Musterbildungsprozess in Gang zu setzen. Sowohl Zell-Zell als auch Zell-EZM-Interaktionen sind anscheinend notwendig für die Entstehung der Muster und können eine gerichtete Zellbewegung erklären.

Modellbeschreibung Zwei Zelltypen x_1 und x_2 (Melano- und Xanthophoren) sind auf einem zweidimensionalen (i x j)-Gitter (i=0,..,m; j=0,..,n) verteilt. Jeder Gitterpunkt trägt entweder eine Zelle des Typs x_1 bzw. x_2 oder ist leer. Eine Seite des Gitters entspricht der Neuralleiste (in den Simulationen oBdA links und drei Zellreihen umfassend). Nach einer 'Reifezeit' (t_e) geht die EZM – bezüglich der Affinität zu den Pigmentzellen – von einem homo- in einen heterogenen Zustand über: Es liegen für $t > t_e$ streifenmusterartig unterschiedliche Affinitäten der EZM zu einem Zelltyp vor (oBdA zu x_1, vgl. Abb. 6).

Zur Bildung neuer Zellen kommt es primär in der Neuralleiste, und zwar nur an leeren Zellpositionen. In jedem Zeitschritt werden dort mit Wahrscheinlichkeit p_1 bzw. p_2 Zellen vom Typ x_1 bzw. x_2 erzeugt. Es teilen sich aber auch Zellen, die bereits die Neuralleiste verlassen haben (mit Rate r). Teilung findet nur statt, falls in der Moore-Nachbarschaft der betrachteten Zelle mindestens eine freie Position existiert.

Die **Adhäsivität** einer Zelle ist ein Maß für die Stärke der Bindungen (insbesondere durch CAMs) zu ihren Nachbarn. Entsprechend sei die Adhäsivität einer Zelle an der Position (i,j) zu ihren acht (Moore-) Nachbarn wie folgt definiert (vgl. Sekimura und Kobuchi, 1986):

$$a(x,y) = \sum_{(i',j') \in M(i,j)-(i,j)} \lambda_{x(i,j)x(i',j')}$$

Dabei ist M(i,j) die Menge der Moore-Nachbarn von (i,j), $x(i,j) \in \{x_1, x_2\}$ und ein positives λ_{xy} ist die Affinität ('Bindungsstärke') zwischen Zellen vom Typ x und y ($x, y \in \{x_1, x_2\}$). Entsprechend ist ein negativer λ_{xy}-Wert ein Maß für die 'Abstoßungsstärke' zwischen den beiden Zelltypen.

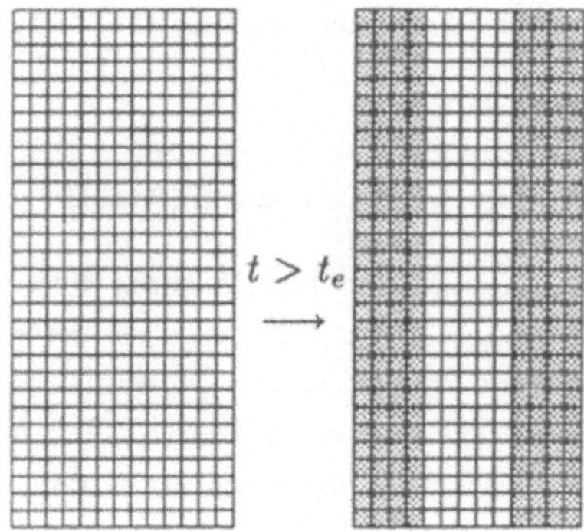

Abbildung 6: Reifung der extrazellulären Matrix. Entstehung eines Vormusters (zur Zeit t_e). Die Bereiche der EZM mit veränderter Affinität zu Zelltyp x_1 sind gepunktet markiert.

Zellen wandern, wenn sich dadurch ihre 'Adhäsionsbilanz' verbessert. Diese Wanderung läßt sich im Modell als Positionstausch simulieren. Seien also Positionen (i,j), $(k,l) \in M(i,j) - (i,j)$ gegeben. Zu einem Tausch der Zellen in (i,j) und (k,l) kommt es, falls sich die 'Gesamtadhäsion' durch den Tausch vergrößert. Mit anderen Worten, falls die **Adhäsionsbedingung** erfüllt ist:

$$a'(i,j) + a'(k,l) - a(i,j) - a(k,l) > 0$$

Hier ist a' die Adhäsivität bei getauschten Zellen (i,j) und (k,l).

Zeitliche Dynamik Die Zeit ist diskret. In jedem Zeitschritt hat jede Zelle z(i,j) (i=0,..,m; j=0,..,n) zwei Möglichkeiten. Mit einer Wahrscheinlichkeit r teilt sie sich. Andernfalls wandert sie mit einer Wahrscheinlichkeit D_1 (falls $x(i,j) = 1$, bzw. D_2 falls x(i,j)=2) oder aber sie tauscht ihre Position mit einem (Moore-) Nachbarn, falls die Adhäsionsbedingung erfüllt ist (s.o.).

Die Wanderung wird durch die zufällige Wahl einer Richtung simuliert. In diese Richtung verändert die Zelle ihre Lage, falls die (Moore-) Nachbarposition in dieser Richtung (k,l) noch unbesetzt ist.

Simulationen In allen Fällen ist zu Beginn (t=0) eine zufällige Verteilung von Pigmentzellen in der Neuralleiste gegeben ($|x_1| : |x_2| = 1 : 1$, vgl. Abb. 7a,b links). Die Vermehrungsrate r ist immer 0. Erhöhung von r führt voraussichtlich zur Verstärkung der beobachteten Effekte. Notwendige Voraussetzung für jegliche Streifenbildung ist $\lambda_{11}, \lambda_{22} > \lambda_{12}$. Die Simulationen in Abb. 7a und b unterscheiden sich in der Wahl von t_e (t_e(vertikale Streifen)>> t_e(horizontale Streifen)) und D_i (i=1,2). Für $\lambda_{11}, \lambda_{22} < \lambda_{12}$ bilden sich 'gemischte' Muster (Abb. 8a).

Abb. 8b zeigt eine Simulation mit denselben Parametern wie Abb. 7a; allerdings sind die Anfangsbedingungen verschieden: Es ist eine zufällige Verteilung von Pigmentzellen auf dem ganzen Gitter gegeben. Es kommt zu Flecken- aber keiner Streifenbildung. Für

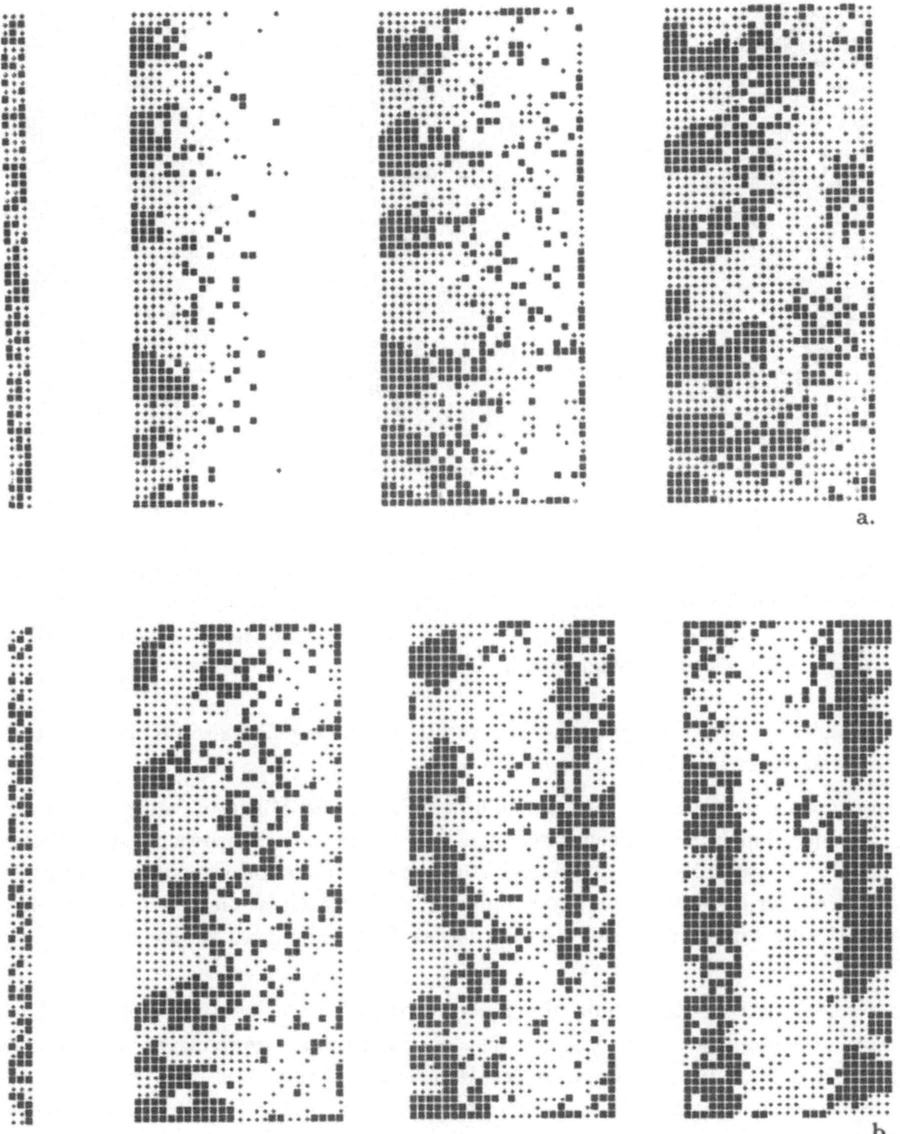

Abbildung 7: Simulationen mit differentiellem Adhäsions-Modell. (gezeigt ist jeweils die Musterentwicklung für verschiedene Zeitpunkte t, von links nach rechts). **a.** vertikales Streifenmuster, t=0, 10000, 55000, 125000 ($\lambda_{11} = 20, \lambda_{22} = 20, \lambda_{12} = -50, D_1 = D_2 = 5, r = 0, t_e = 100000$), **b.** horizontales Muster, t=0, 24500, 35000, 45000 ($\lambda_{11} = 20, \lambda_{22} = 20, \lambda_{12} = -50, D_1 = D_2 = 15, r = 0, t_e = 25000$).

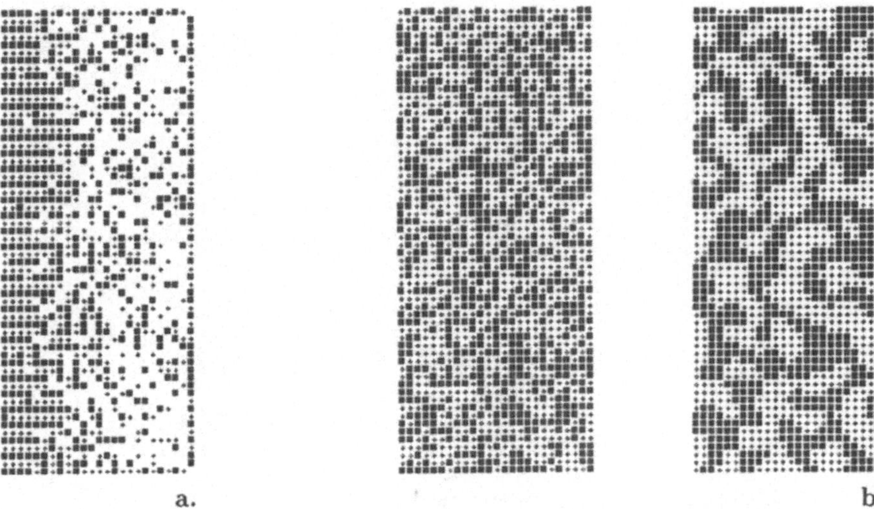

Abbildung 8: Simulationen mit differentiellem Adhäsions-Modell (Fortsetzung). **a.** 'gemischtes' Muster für t=1000 ($\lambda_{11} = 20, \lambda_{22} = 20, \lambda_{12} = -50, D_1 = D_2 = 15, r = 0, t_e = 100000$), **b.** 'Flächen'-Muster t=0, 1000 ($\lambda_{11} = 20, \lambda_{22} = 20, \lambda_{12} = -50, D_1 = D_2 = 15, r = 0, t_e = 100000$) (Erläuterungen im Text).

die Entstehung von 'Fleckenrichtungen', also Streifenbildung sind also die Anfangs- bzw. Randbedingungen entscheidend.

Es kann noch keine Aussage über die Stabilität der vertikalen Musterbildung gemacht werden. In allen Simulationen beobachtet man 'Übergänge' zwischen benachbarten Balken (vgl. Abb. 7a). Zu prüfen ist, ob dieses Phänomen ein Simulationsartefakt oder eventuell auch typisch für die Salamanderpigmentmuster ist. Hingegen ist die horizontale Musterbildung in der Simulation relativ stabil, da das EZM-Vormuster als konstant gegeben ist.

Eine systematische Untersuchung des Parameterraums sowie weitere biologische Experimente sind zur Untermauerung der aus den Simulationen gewonnenen Erkenntnisse nötig. Für quantitative Vorhersagen des Modells ist insbesondere die Korrelation mit der in-vivo-Zellzahl und den Salamanderdimensionen (Länge und Breite der Körperflanken) notwendig. Ferner gibt es in bestimmten Ambystomatidenarten ein intermediäres Muster zwischen dem Axolotl- und Wassermolchmuster, das ähnlich dem des Axolotls initiiert wird (Olsson und Löfberg, 1992). Dieses und andere Muster sollten sich mit dem beschriebenen Modell simulieren lassen und eventuell Hinweise auf die Musterevolution geben.

4 Ausblick

Die Beispiele zeigen, daß einfache dynamische Systeme morphogenetische Prozesse wie Wachstum, Differenzierung und Bewegung simulieren können. Die Simulationen machen deutlich, daß kurzreichweitige (mikroskopische) Prozesse zur Ausbildung makroskopischer Ordnungsphänomene führen können. Besonders zur Analyse raum-zeitlicher Wechselwirkungen in Vielkomponenten-Systemen - Zellverbände in der Embryogenese sind nur ein Beispiel - sind zelluläre Automaten in hervorragender Weise geeignet.

5 Literatur

1. Bronner-Fraser, M. (1982) Dev. Biol. **91**: 50-63.
2. Bronner-Fraser, M. (1984) J. Cell Biol. **98**: 1947-1960.
3. Demongeot, J., Goles, E., Tchuente, M. (Hrsg.) (1985) Dynamic Systems and Cellular Automata. Academic Press, London.
4. Deutsch, A. (1991) Musterbildung bei dem Schlauchpilz *Neurospora crassa*: Mathematische Modellierung und experimentelle Analyse. Preprint Series of the Research Group on Combinatorics and its Applications (1990/91) at the Center for Interdisciplinary Research (ZiF) of the University of Bielefeld (ZiF-Nr. 91/35), University of Bielefeld.
5. Deutsch, A. (1992) In: Rensing, L. (Hrsg.) Oscillations and Morphogenesis. Marcel Dekker, New York.
6. Doolen, G.D., Frisch, U., Hasslacher, B., Orszag, S., und Wolfram, S. (1990) Lattice Gas Methods for Partial Differential Equations. Addison-Wesley, Redwood City, CA.
7. Epperlein, H.-H., und Löfberg, J. (1990) The Development of the Larval Pigment Patterns in *Triturus alpestris* and *Ambystoma mexicanum*. Springer, Berlin.
8. Farmer, D., Toffoli, T., und Wolfram, S. (Hrsg.)(1984) Cellular Automata. Physica 10D, North-Holland Physics Publishing, Amsterdam.
9. Gardner, M. (1983) Wheels, Life and Other Mathematical Amusements. Freeman, San Francisco.
10. Gierer, A., und Meinhardt, H. (1972) Kybernetik **12**: 30-39.
11. Gould, S.J. (1977) Ontogeny and Phylogeny. The Belknap Press of Harvard Univ. Press, Cambridge MA, London.
12. Hillis, W. D. (1984) In: Farmer, D., Toffoli, T., und Wolfram, S. (Hrsg.)(1984) Cellular Automata. Physica 10D, North-Holland Physics Publishing, Amsterdam.
13. Lindenmayer, A. (1967) J. theor. Biol. **30**: 455-484.
14. Lindenmayer, A. (1975) J. theor. Biol. **54**: 3-22.

15. Löfberg, J., und Ahlfors, K. (1978) In: Jacobson, C.-O., und Ebendal, T. (Hrsg.) Formshaping Movements in Neurogenesis. Almquist and Wiksell, Stockholm.

16. Löfberg, J., Ahlfors, K., und Fällström (1980) Dev. Biol. **75**: 148-167.

17. Manneville, P., Boccara, N., Vichniac, G.Y., und Bidaux, R. (1989) Cellular Automata and Modeling of Complex Physical Systems. Springer, New York.

18. v. Neumann, J. (1966) Theory of Self-Reproducing Automata. University of Illinois Press, Urbana.

19. Olsson, L., und Löfberg, J. (1992) In: Rensing, L. (Hrsg.) Oscillations and Morphogenesis. Marcel Dekker, New York.

20. Preston, K. (1984) In: Farmer, D., Toffoli, T., und Wolfram, S. (Hrsg.)(1984) Cellular Automata. Physica 10D, North-Holland Physics Publishing, Amsterdam.

21. Rensing, L. (1992) In: Rensing, L. (Hrsg.) Oscillations and Morphogenesis. Marcel Dekker, New York.

22. Sekimura, T., und Kobuchi, Y. (1986) J. theor. Biol. **122**: 325-338.

23. Steinberg, M.S. (1963) Science N.Y. **141**: 401-408.

24. Toffoli, T. (1984a,b) In: Farmer, D., Toffoli, T., und Wolfram, S. (Hrsg.)(1984) Cellular Automata. Physica 10D, North-Holland Physics Publishing, Amsterdam.

25. Wolfram, S. (1984) In: Farmer, D., Toffoli, T., und Wolfram, S. (Hrsg.)(1984) Cellular Automata. Physica 10D, North-Holland Physics Publishing, Amsterdam.

26. Wolfram, S. (1986) Theory and Applications of Cellular Automata. Advanced Series on Complex Systems - Vol.1, World Scientific, Singapore.

Zum Stand der fraktalen Nervenzellsimulation

Neurochirurgie Bonn
P. Hamilton

Zusammenfassung:

Im Verlauf der letzten zweieinhalb Jahre haben wir an der Neurochirurgischen Universitätsklinik Bonn Erfahrungen mit der Computersimulation von Neuriten auf fraktaler Basis gesammelt. Wir haben hierzu u.a. ein Werkzeug entwickelt, mit welchem wir eine systematische Annäherung an die simulative Beschreibung neuronaler Interaktionen verifizieren können. Unsere Experimentalplattform ermöglicht es dem Anwender, spezifisches neuroanatomisches Wissen über Nervenzelltypen in eine Modellierung direkt zu übertragen. Zu diesem Zweck haben wir eine Graphengrammatik eingeführt, mit deren Hilfe einzelne Neuritentypen nicht im Sinne von mathematischen Formeln (vgl. z.B.(Letrourneau, 1979)) oder Wahrscheinlichkeitsfeldern, sondern als Zeichenketten formuliert werden können. Unter Verwendung spezieller Buchstaben aus einem Funktionsalphabet werden "Worte" gebildet, welche in eindeutiger Weise einzelne Nervenzellen beschreiben. Die sinnvolle Zusammensetzung dieser Zeichensequenzen entsteht als Resultat eines empirisch, evolutionären Anpassungsprozesses seitens des Anwenders. Die so gewonnenen Worte, verbunden mit den entsprechenden Regeln werden zur Generierung eines für den Computer lesbaren Steuercode herangezogen, mit dessen Hilfe eine zur Zeit zweidimensionalen Computergrafik erstellt werden kann.

Da dieses Verfahren als fraktal zu betrachten ist, soll der Schwerpunkt dieses Beitrags auf der Beziehung zwischen Stochastik und Deterministik in den angularen Strukturen dieser Kunstobjekte liegen.

Einführung:

In der Pflanzenbiologie wurde von Lindenmayer in den frühen siebziger Jahren ein Verfahren eingeführt, welches als L-System in die Literatur eingegangen ist (Lindenmayer, 1968a), (Lindenmayer, 1968b), (Lindenmayer, 1974). Er wendete es auf die Entwicklung niedriger Formen pflanzlichen Lebens an, etwa die Rotalge. Das L-System hat seitdem in vielen sehr unterschiedlichen Bereichen, etwa der Theorie formaler Sprachen, bzw. der Biomathematik, Einzug gehalten. Es ist der großen Klasse von "Rewriting--String"-Verfahren zuzuschreiben.
Für uns ist dieses System ein Ausgangspunkt, von welchem aus wir eigene Weiterentwicklungen hinzugefügt haben, um auf diese Weise die Vorzüge dieses Systems auf das Wachsen und Interagieren von einzelnen Nervenzellen zu applizieren. Es ist für uns ein Einstiegspunkt, um zunächst im Mikroskopischen, in einer späteren Stufe jedoch auch im Makroskopischen neuronale Plastizität zu simulieren und auf diese Weise deren Wirkprinzipien besser zu verstehen. Bei dem Bemühen cerebrale Plastizität simulativ zu umschreiben, mußten wir in der interdisziplinären Zusammenarbeit zwischen Computerwissenschaften und Medizin/ Philosophie den Mangel an einem geeigneten deskriptiven Ansatz erkennen. Konnektivistische Modelle, mit denen wir nach geeigneten Ansätzen suchten, führten zu keinem befriedigenden Ergebnis. Ebensowenig erwiesen sich Verfahren aus der Wahrscheinlichkeitstheorie als ungeeignet, da ein Rückgriff auf konkrete biologische Formen hiermit nur schwerlich möglich ist.

L- System
Generierungssystem
Stochastik / Deterministik
Erweiterte Funktionen

Erst intensive Literaturrecherchen, gerade bei anderen naturwissenschaftlichen Disziplinen führten uns zu der Erkenntnis, daß hier recht dünnbesiedeltes Neuland zu betreten ist. Chaostheorie, Fraktale und zuletzt Lindenmayer-Systeme zeigten uns neue Möglichkeiten auf, um der Frage der Plastizität neuronaler Systeme unter einer neuen Prämisse nachzugehen.

Codegenerierung mittels L-System:

Wie wir in unseren Veröffentlichungen (Hamilton, 1991), (Hamilton, 1992) unter verschiedenen Aspekten ausgeführt haben, geht es darum, daß Zeichenketten als Steuersequenzen zur graphischen Beschreibung von Wachstumssequenzen benutzt werden können.

In seinem deterministischen L-System (DOL-System) zeigte Lindenmayer, daß die Verzweigungsschemata von einfachen filamentösen Organismen formalisiert werden können (Lindenmayer, 1968a), (Lindenmayer, 1968b). Das

L- System an sich verfügt über keine einen Objektgenerierungsregeln, sondern liefert nur eine Zeichensequenz. Diese muß durch weitere Faktoren, ergänzt werden, um den durch das L-System erhaltenen Genotypus in einen Phänotypus zu überführen.- Folgt man dem Konzept des "rewriting systems", so kann ein Alphabet definiert werden, welches aus einem Satz von Buchstaben { *a,b,c,d,...* } besteht. Ein String- OL System ist nach Prusinkiewics (Prusinkiewics, 1989) ein geordnetes Triplett **G**, bestehend aus einem Buchstaben, der Element eines Alphabetes ist, sowie einem Wort, dessen einzelne Buchstaben ebenfalls nur zu dem Alphabet gehören. Es kommt bei der Objektgenerierung zu einer Produktion, d.h. einem sequentiellen Austausch des vorliegenden Buchstabens gegen die hierzu definierte Zeichenkette. Verfügt ein Buchstabe über keine eigene Zeichenkette, so wird er durch sich selbst ersetzt. Um das L-System zu betreiben, muß der Benutzer aus dem gegebenen Zeichenvorrat **G** ein initiales Wort bilden, sowie n Produktionen K_n $<\mathbf{G}, w_n, \mathbf{P}_n>$, wobei w das Startsymbol charakterisiert und $\mathbf{P}$ die Austauschregel. Als letztes muß vom Anwender festgelegt werden, wie oft der gesamte Prozeß iteriert werden soll, was gleichbedeutend mit der Anzahl der Selbstaustausche innerhalb der Zeichenkette ist.

Ist der Austauschprozeß abgeschlossen, so wird die gewonnene Zeichenkette als Sequenz von Steuerzeichen für die Führung eines virtuellen Plotters verwendet. Somit läßt sich das Grundprinzip auf zwei aufeinanderfolgende Arbeitsschritte zurückführen:

1. Die Graph-Grammatik, nach welcher die Zeichenketten aus initialen Kombinationen gebildet werden und die gleichzeitig die Regeln zur Konstruktion nachfolgender Generationen aufstellt. - Sie wird in unseren Simulationen mit Teilen der in der DNA kodierten Information gleichgesetzt.

2. Die Übersetzung der in 1) gebildeten Strings in graphische Befehle, sowie deren Darstellung auf dem Bildschirm. - Dies ist gleichgesetzt mit dem Auslesen der genetischen Information aus dem Nucleus und der Ausführung der gewonnenen Information.

Von der Botanik zur Neurobiologie - Erweiterungen des L-Systems:

Basierend auf den o.g. Übertragungsformen mußten wir feststellen, daß für typische Nervenzellen im menschlichen Gewebe (z.B. Pyramidenzellen), weitere Operatoren zu definieren sind, durch welche rotationssymmetrische Eigenschaften um einen gegebenen Nucleus mit dem typischen Erscheinungsbild eines Axons verbunden werden können (vgl. hierzu Abb. 3a,b). Der Operator ist zu konstruiert, daß er innerhalb der L-Systems durch Klammerungen einen Zellkörper ausdrückt, von welchem aus n gleichgestaltete Zweige, verteilt über einen gegebenen Winkelbereich auswachsen und darüberhinaus ein gegebenes Axon mit eigener Architektur vom Nucleus auswächst. U.a. wurde ein weiterer Operator wurden hinzugefügt, welcher in der Lage ist das Wachsen eines Weginkrementes über einen gewissen Zeitraum zu ermöglichen. Dies kann bei der "Rewriting- String- Methode" per se nicht berücksichtigt werden, da stets einmalige und diskrete Wachstumsschritte als Folge der gegebenen Zeichensequenz erzeugt werden.

Auf der Suche nach simulierbarer Plastizität

Das, was uns zwischen statischen Objekten, chaotischen Objekten und biologischen Objekten unterscheiden läßt, ist durch den Begriff der Natürlichkeit umschreibbar. Hiermit ist eine Art des Wachsen umrissen, die zum einen ganz klaren Vorgaben folgt und zum anderen Ausführungen im Detail zuläßt, die Ihrem Charakter nach als fraktal zu betrachten sind. Dieser Begriff der Natürlichkeit steht in engem Zusammenhang zur Plastizität. In der Definitionen dessen, was Plastizität ist, schließen wir uns einer Definition von Gaze & Taylor (1987) an:

> *"... Plasticity in the nervous system: An alternation in the structure or function brought about by development, experience or injury..."*

Plastizität, so Gaze & Taylor, ist aber mehr als nur eine unspezifische Veränderung, sie läßt sich vielmehr wie folgt eingrenzen:

> *1. Die Veränderungen müssen ein Muster aufweisen, das biologisch sinnvoll ist.*
>
> *2. Die Veränderungen müssen positiver Natur sein, d.h. sie müssen z.B. zugezogenen Verletzungen entgegenwirken.*

Stochastik versus Deterministik - oder Von der Natürlichkeit simulierter Dendriten:

Auf der Suche nach der Berücksichtigung solcher Natürlichkeit im Rahmen von dendritischen Wachstumssimulationen bedarf es einer Ausgrenzung von Nachbarbereichen: Will man Wachstumsbiologie eingrenzen, so ist festzustellen, daß sie sowohl deterministische, wie auch stochastische Züge trägt, aber keines von beiden in Reinform zur Grundlage hat. In gleicher Weise wird man sich auf das Dilemma einer dualistischen Betrachtung des wachsenden Objektes einlassen müssen, welches Eigenschaften aufweist, die durch feldtheoretische Modelle beschreibbar ist, aber über Aspekte verfügt, die vor allem geometrisch zu umschreiben sind.

Begrenzen wir uns auf den ersten Aspekt, so ist zu fragen, was den Unterschied zwischen einem rein deterministischen System mit fraktalen Eigenschaften (z.B. eine Schneeflocke) und einem rein stochastischen System (z.B. die Brown'sche Molekularbewegung) darstellt.

Abb. 1

Eine Teilantwort hierauf soll intuitiv gegeben werden durch die Betrachtung der Bildserie in Abb. 2. Die hier gezeigten Bilder weisen alle ein- und dasselbe architektonische Grundmuster, also einen identischen Genotypus aus. Dieses Grundmuster, welches in der oben umrissenen Methode der L-Systeme generiert wurde, ist in unterschiedlichem Maße überlagert von einer stochastischen Funktion, welche sowohl die einzelnen Winkelinkremente, wie auch die Weginkremente betrifft.

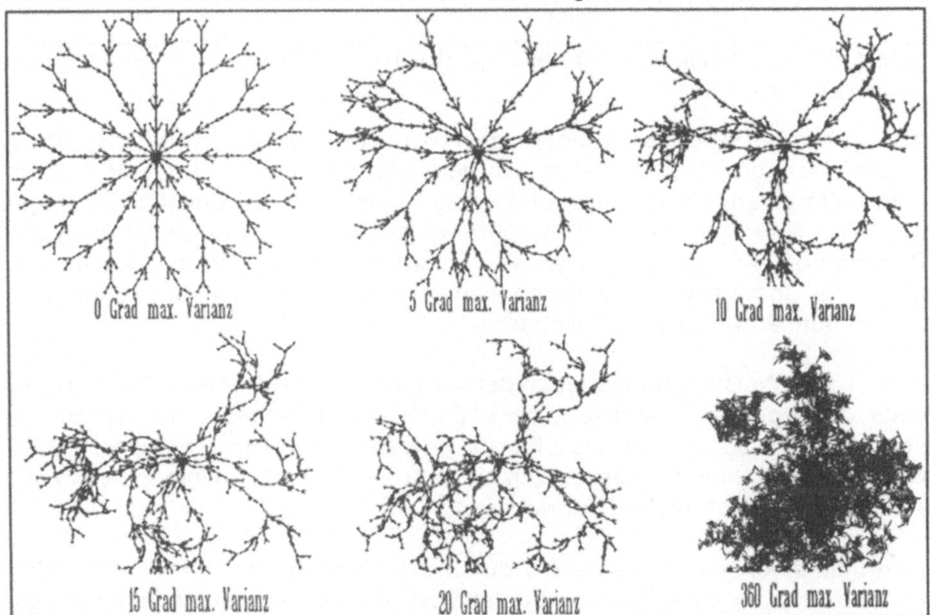

Abb. 2 Von deterministischen zu stochastischen Formen

Das Resultat aus dieser Interaktion zwischen Genotypus und Zufallsfaktoren liefert die jeweiligen Phänotypen. Die Betrachtung des ersten Bildes zeigt eine schneeflockenartige Struktur, während das letzte Bild nur noch ein Knäuel von Strichen repräsentiert, welches auf kein Grundmuster mehr schließen läßt. Zwischen diesen beiden Extremata gibt es jedoch einen Bereich, welcher sehr wohl den Grundtyp erkennen läßt, aber gleichzeitig ein unterschiedliches Maß an Individualität repräsentiert.

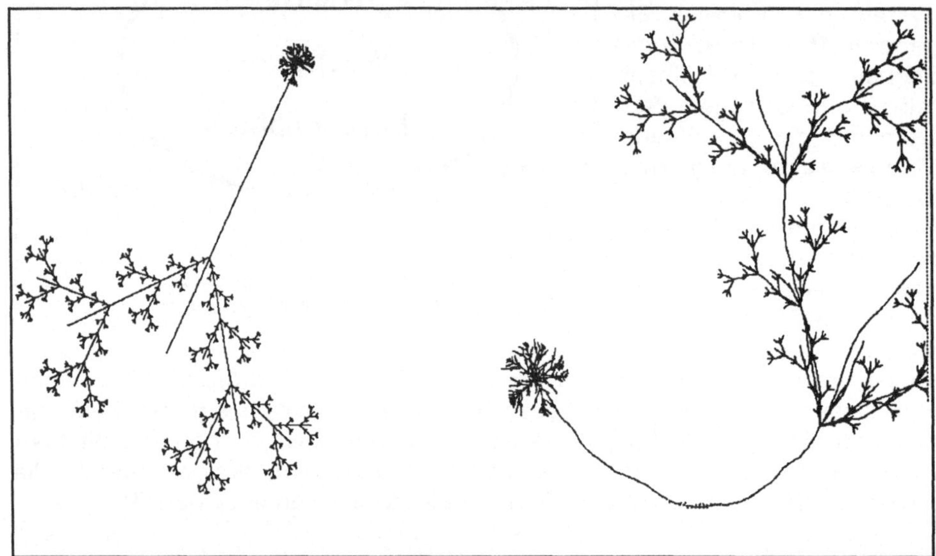

Abb. 3 Fraktale Wirklichkeit (A) ohne und (B) mit Berücksichtigung eines geeigneten "Naturalisierungswinkels"

Auf Grund dieser Beobachtungen haben wir unser System mit einer stochastischen Variablen superponiert. Bei dem von uns verwendeten Verfahren wird nach jedem Bewegungsbefehl eine randomisierte Winkelgröße eingefügt. Das Maximum diese "Naturalisierungswinkels" ist an der Wurzel des Dendritenbaumes größer als an den Enden. Wir tragen hiermit Rechnung, daß dicke, somit also ältere Zonen weniger stark variiert werden können, als dies in dünneren Zonen möglich ist.

In ähnlicher Weise unterliegt auch der weiter oben beschriebene Zelloperator einer überlagerten Stochastik. Zwar definiert der Benutzer die Anzahl der abgehenden Neuriten und den hierfür gewünschten Winkelbereich, jedoch zeigt sich auch hier die Notwendigkeit einer gewissen Unsymmetrie, um den Ausdruck des Natürlichen zu wahren.

Im allgemeinen werden Ansätze durch die Verwendung rein deterministischer Verfahren verfolgt. In unserem Versuch geht es darum, in einem gewissen Maß die Deterministik einzubeziehen, da deutlich wird, daß der in der Natur gegebene Ansatz zum einen aus einem diskret beschriebenen Ansatz (der DNA) besteht, welche alle notwendigen Informationen zum Bau und zur Reproduktion der einzelnen Zellen, deren Spezifizierung, sowie deren Inter-

aktionsmethoden enthält. Gleichzeitig wird durch das Studium des Neuritenwachstums, wie es z.B. durch Forschungen am Growthcone (Bastiani & al., 1985; Greene & Shooter, 1980) gegeben ist, deutlich, daß jede einzelne Zelle ein hohes Maß an Individualität in bezug auf seine konkrete Ausformung enthält.
In allen Fällen wurde exakt dieselbe Struktur mit exakt denselben Weg- und Winkelwerten verwendet. Der einzige Unterschied bestand in der Zufallsüberlagerung mit einem Winkelwert von max. definierter Größe nach jedem Weginkrement. Die Abbildung verdeutlicht bei 0 Grad den statischen Aufbau, wie er z.B. in Kristallen aufzufinden ist, nicht aber in der belebten Natur. Auch das andere Extrem, bei dem der Zufallsgenerator alle Werte im Vollkreis generieren kann, liefert keine Verteilung der belebten Natur. Im Gegensatz hierzu lassen die anderen Beispiele sehr viel mehr Realitätsbezug erkennen.

Praktische Anwendungen:

Den beschriebenen deterministisch/ stochastischen Ansatz konnten wir in unseren Simulation auf den sog. Growth-Cone (Brown, 1991) anwenden. Hierbei handelt es sich um den Funktionsmechanismus einer Nervenzelle, der zielgerichtete Auswachsen der Neuriten bewirkt, somit für die "Verdrahtung" der Nervenzellen untereinander die zentrale Rolle spielt.
Wie aus verschiedenen Untersuchungen hervorgeht, wachsen Dendriten in einem inhibierenden, bzw. excitatorischen Gradientenfeld. Innerhalb der neurobiologischen Forschung wurde u.a. gezeigt, daß bei der Pfadfindung der einzelnen Dendriten chemische Gradientenfelder, offenbar auf der Basis von Ca^{++}- Konzentration, als wegweisende Faktoren wirken. -

Die ersten Untersuchungen zu diesen Eigenschaften zur Erkundung der geometrischen Zusammenhänge wurden in diesem Programm durch die Einführung eines rotationssysmmetrischen Potentialtopfes realisiert. Diese Größe, die wiederum externen und zudem globalen Charakter hat, wirkt von außen auf die wachsenden Strukturen.

Wir haben diesen Ansatz als Arbeitshypothese eingesetzt. Jedem Objekt ordnen wir aufgrund seines individuellen Aufbaus ein spezifisches Attraktor- und ein Effektorfeld zu. Das Attraktorfeld wird dadurch generiert, daß in die o.g. L- Struktur hinein dezidierte Attraktoren eingebaut werden können. Durch den "Rewriting-Prozeß" verteilen sich die Attraktoren, entsprechend der Einbauregeln, über das ganze Objekt. Im Gegensatz hierzu gehen wir bei den Effektoren davon aus, daß potentiell jede freie Nervenendigung sensibel auf Attraktoren wirken kann. Neben der Art der Generierung gelten zwei weitere Unterschiede für diese Felder. Für die Attraktoren gilt, daß sie nicht-rotationssymmetrisch aufgebaut sind und daß sie eine "Fernwirkung"[1] haben.

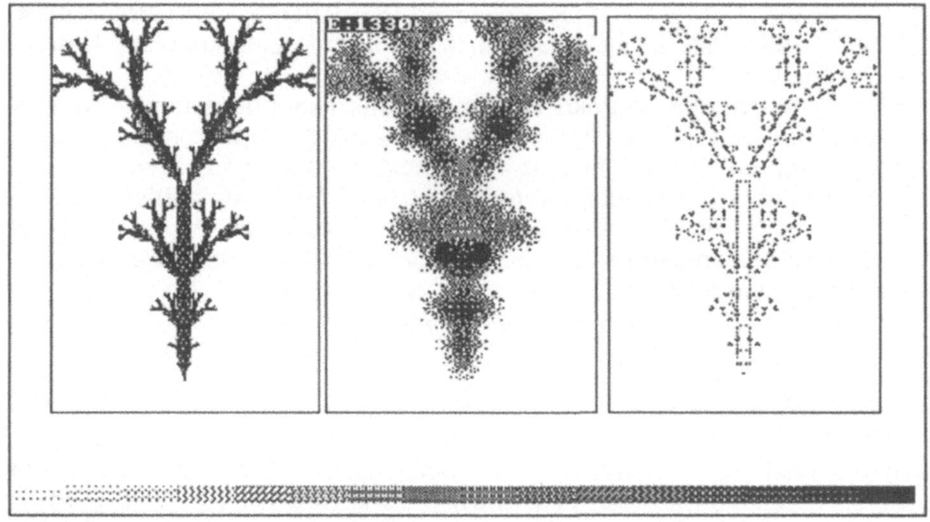

Abb. 4 Beispiel eines Attraktor- Effektorfeldes. (A) Originales Objekt, (B) gesamte Feldverteilung, (C) Verteilung der Feldauslösenden Punkte innerhalb des Objektes.

Bei den Effektoren verwenden wir rotationssymmetrische Felder mit recht geringer Feldausdehnung, also einer "Nahwirkung". - Es ist notwendig auf die Effektoren als Feld darzustellen, da nur über die Ermittlung eines Richtungsvektors, der sich aus dem relativen Konzentrationsgefälle der beiden sich überlagernden Felder ergibt, eine Richtungsbeeinflussung errechnet werden kann.- Dadurch daß diese Felder zum einen durch den Genotypus vorgegeben ist, zum anderen aber Nachbarschaftsbeziehungen unterliegt, erreichen wir mit Hilfe dieses Verfahrens, daß wir keine Feldformen vorgeben müssen. Vielmehr entstehen diese temporären Dichteverteilungen aus dem Wachstumsprozeß und unterliegen einem Abklingverhalten (vgl. Abb 4).

Da der Zielpunkt unserer Untersuchungen in der Bildung von Synapsen liegt, bietet sich diese Art der Betrachtung an, um anhand lokaler Maxima im überlagerten Feld von Effektoren und Attraktoren Synapsen entstehen zu lassen.

[1] Wenn wir in diesem Zusammenhang von Fernwirkung sprechen, so tun wir es nicht im rein physikalischen Sinne, sondern verstehen hierunter ein Feld, welches seine Wirkung über einen größeren, jedoch klar begrenzten Raumbereich innerhalb der von uns definierten Miniaturwelt hat. Als Analogie hierfür, wie auch die anschließend erwähnte Nahwirkung können z.B. Duftstoffe betrachtet werden. Diese verteilen sich mit einer bestimmten Dichtekonzentration um deren Quelle herum. Duftsensoren müssen sich innerhalb des duftenden Bereiches befinden, um denselben zu registrieren.

Literatur:

Bastiani, M. J., & al., e. (1985). Neuronal specifity and growth cone guidance in grasshopper. Trends in Neuroscience, 8, 257-266.
Brown, M. C. (1991). Essentials of neural development. Cambridge: Cambridge Univ. Press.
Greene, L. A., & Shooter, E. M. (1980). The nerve growth factor: biochemistry, synthesis and mechanisms. Acti Rev. Neurosci., 3, 353-402.
Hamilton (1991). Computer Simulations in Cerbral Growth. In 14th Annual Meeting of the European Neuroscience Association, . Oxford: Oxford Univ. Press.
Hamilton, P. (1992). Computing Dendritic Growth. Ass. of Comp. Machinery, SIGBIO newsletter, 12(2), 38-43.
Letrourneau, P. C. (1979). Cell substratum adhesion of neurite growth cones and its role in neurite elongation. Exp. Cell res., 124, 127-138.
Lindenmayer, A. (1968a). Mathematical Models for Cellular Interactions in development, 1: Filaments with one-sided Inputs. J. Theo. Biol., 18, 280-299.
Lindenmayer, A. (1968b). Mathematical Models for Cellular Interactions in Development, II. Simple and Branching Filaments with two-sided Inputs. J. Theo. Biol., 18, 300-315.
Lindenmayer, A. (1974). Adding continues components to L-Systems. In G. Rozenberg (Eds.), L-Systems New York: Springer.
Prusinkiewics, P. (1989). Lindenmayer Systems, Fractals and Plants. New York: Springer.

MOBIS – Ein wissensbasiertes Experimentiersystem zur Simulation biologisch orientierter neuronaler Netze

Oliver Wendel
Universität Kaiserslautern
FB Informatik
AG Künstliche Intelligenz/Expertensysteme
Postfach 3049
W-6750 Kaiserslautern
wendel@informatik.uni-kl.de

Abstract

Dieser Beitrag diskutiert die Verwendung wissensbasierter Methoden in einem Experimentiersystem zur Simulation biologisch orientierter neuronaler Netze. Das vorgestellte System *MOBIS* (Modellierung Biologischer Systeme) dient der Unterstützung eines Neurophysiologen beim Entwurf, der Simulation und der Auswertung von Simulationsexperimenten mit biologischen neuronalen Netzen. Neben allgemeinen Methoden und Verfahren der Künstlichen Intelligenz (KI) wird insbesondere der Ansatz des fallbasierten Schließens (CBR, Case-Based Reasoning) verfolgt. Detailliert wird auf die Analyse der Experimente eingegangen, die die numerischen Simulationsergebnisse in eine symbolische Beschreibung des Netzwerkverhaltens transformiert, die wiederum für Inferenzen durch das System selbst geeignet ist.

1 Einleitung

Computersimulation kann als ein Problemlöseprozeß aufgefaßt werden, der den zukünftigen Zustand oder das Verhalten eines hypothetischen bzw. real existierenden Systems vorhersagt, indem ein idealisiertes Computermodell des Systems an dessen Stelle betrachtet wird. Simulationen werden durchgeführt, um Vorhersagen machen zu können, die zu überprüfen am realen Objekt zu "teuer" oder überhaupt nicht durchführbar wären. Durch Simulationsexperimente erhaltene Informationen tragen zu Erkenntnissen und Entscheidungen über das reale System bei. Seit längerem schon wird die Integration von wissensbasierten Methoden der Künstlichen Intelligenz und traditionellen Simulationstechniken in sogenannten *wissensbasierten Simulationssystemen* angestrebt ([8]). Eine gute Übersicht über Ansätze hierzu geben [7], [14] und [17]. Ein Beispielsystem ist in [9] beschrieben. Wissensbasierte Systeme können theoretisch alle Schritte von der Modellbildung bis zur Erklärung von Simulationsergebnissen unterstützen.

MOBIS ist ein interdisziplinäres Projekt zwischen Biologen und Informatikern, das sich ein solches wissensbasiertes Simulationssystem zur Aufgabe gestellt hat. Ziel auf biologischer Seite ist die Untersuchung der neuronalen Grundlagen des beobachtbaren Verhaltens von Organismen. Ein spezieller Untersuchungsgegenstand ist das neuronale Netz des Femur-Tibia-Regelkreises von Stabheuschrecken sowie des zentralen Flugmustergenerators von Wanderheuschrecken. Simulation mit realistischen Neuronenmodellen (vgl. auch [3]) dient einerseits der Überprüfung experimentell und in-vivo gewonnener Erkenntnisse; andererseits erlaubt die flexible und von aufwendigen Laborbedingungen unabhängige Simulation mehr Experimente in kürzerer Zeit durchzuführen und führt somit möglicherweise zu interessanten Simulationsexperimenten, die es wiederum wert sind, am biologischen Organismus überprüft zu werden. Ziel auf der Informatikseite ist zum einen die mathematische Modellierung und Computersimulation biologisch orientierter neuronaler Netze; andererseits — und hierauf wird im folgenden der Akzent gesetzt — ist ein zentrales Ziel die Entwicklung eines fallbasierten, interaktiven Experimentiersystems zur Unterstützung von Neurophysiologen beim Entwurf, der Simulation und insbesondere der Analyse solcher Netzwerke.

Der nächste Abschnitt diskutiert den sogenannten *Simulationslebenszyklus* und deutet jeweils an, wie die Vorgehensweise und der Erfahrungsschatz eines Neurophysiologen für seine Expertendomäne *biologische neuronale Netze* durch Methoden des fallbasierten Schließens nachgebildet werden kann. Auf diese Methoden wird dann im Abschnitt 3 eingegangen, Abschnitt 4 diskutiert die Besonderheiten der hier zu betrachtenden Fälle. Abschnitt 5 stellt die eingesetzten Verfahren zur Analyse der Simulationsergebnisse dar. Im Mittelpunkt des Interesses stand nicht primär die geeignete statistische oder graphische Aufbereitung neuronaler Potentialkurven, sondern deren Transformation in eine symbolische Beschreibung, die Basis für Inferenzprozesse des Experimentiersystems sein kann. Der letzte Abschnitt faßt zusammen und beschreibt den gegenwärtigen Stand sowie weitere Arbeiten.

2 Simulationslebenszyklus

Die typischen Aktivitäten eines Neurobiologen beim Experimentieren lassen sich in die drei Phasen *Entwurf* des Experiments, *Ausführung* des Experiments und *Analyse* der Experimentergebnisse gliedern. Analog hierzu kann man bei Simulationsexperimenten von der *Design-*, der *Simulations-* und der *Analysephase* sprechen. Diese drei Phasen stellen den sogenannten *Simulationslebenszyklus* dar (siehe Abb. 1, vgl. auch [17]).

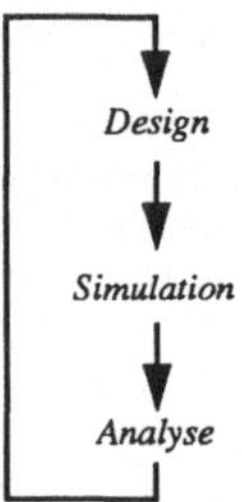

Abb. 1: *Der Simulationslebenszyklus.*

2.1 Design von Simulationsexperimenten

Zum Design eines Simulationsexperiments gehören im Kontext der Simulation biologisch orientierter neuronaler Netze

- die Wahl allgemeiner Simulationsparameter wie Simulationsdauer und -schrittweite,
- die Festlegung von Netztopologie und Neuronenkonnektivität mittels eines graphischen Editors,
- die Wahl von Netzwerk-, Neuronen- und Synapsenparametern (z.B. Anzahl der dendritischen Compartments, Kanalparameter der Na-, K- und Ca-Kanäle, externe Reizströme, synaptische Übermittlungszeiten und Kopplungsfaktoren, Synapsentypen, Transmitterfreisetzungsschwellen und viele andere).

Abb. 2 zeigt ein Beispiel eines zu simulierenden neuronalen Netzes, wie es mit dem interaktiven graphischen Netzwerkeditor des Systems erstellt werden kann. Ergänzend sind in der Abbildung Erläuterungen angefügt. Ein Neurophysiologe hat mit dem Entwurf eines Simulationsexperiments meist auch eine gewisse Vorstellung über den Experimentausgang und kann Hypothesen bezüglich des zu erwartenden Netzwerkverhaltens formulieren. Bei der Vielzahl mögli-

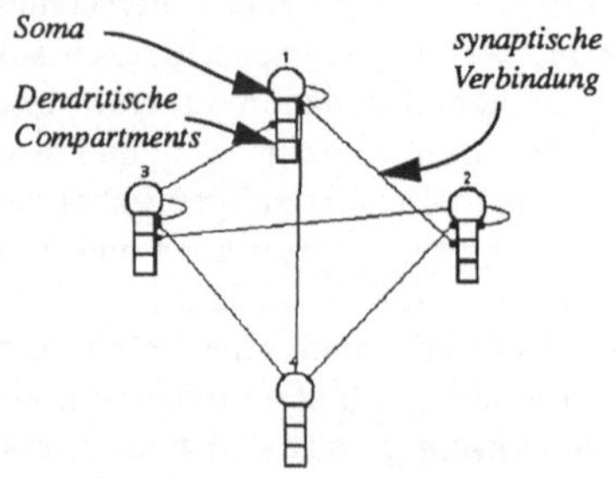

Abb. 2: *Ein Netzwerk aus 4 Neuronen.*

cher Parameterbelegungen scheitert eine erschöpfende Suche durch den potentiellen Experimentraum, der durch die möglichen Ausprägungen aller relevanten Parameter eines Experimentes aufgespannt wird, selbst bei nur einer invarianten Netztopologie an der *kombinatorischen Explosion*. Um den Suchraum einzuschränken wird in der KI Domänen- oder allgemeines heuristisches Wissen verwendet. Das fallbasierte Schließen imitiert die Verwendung von Erfahrungswissen durch einen Experten: Bereits gemachte Erfahrungen aus alten Simulationsexperimenten oder Beobachtungen am realen biologischen System bieten dem Experimentator beim Entwurf eines neuen Experiments Unterstützung. Sie können gezeigt haben, daß einige Parameter besonders sensitiv sind und diese daher sehr fein um bestimmte kritische Werte variiert werden müssen. Erfahrungen fokussieren also auf den Entwurf möglichst aussagekräftiger oder vielversprechender Experimente. Alte Experimente mit interessanten Ergebnissen, die in einer Simulationsfallbasis aufbewahrt werden, dienen im *MOBIS*-System als Ausgangspunkte für ähnliche, aber leicht modifizierte Experimente. Experimente werden z.B. aufgrund der Netzwerkstruktur und des Netzwerkverhaltens, der Parameterbereiche für bestimmte Variablen, bestimmter qualitativer Maße bezüglich des Simulationsergebnisses oder z.B. durch die subjektive Vergabe eines *Interessantheitsmaßes* indiziert. Solche Indexingmethoden und heuristische Suchverfahren dienen zur Auswahl von Experimenten aus dieser Fallbasis. Das System wählt einen alten Simulationslauf aus der Fallbasis aus, schlägt ein ähnliches Experiment mit modifizierten Parametern vor und führt es aus. Bestimmte Hypothesen, wie z.B. das mit einer Netzwerktopologie assoziierte Verhalten, können so viel gezielter überprüft werden.

2.2 Simulation

Die eigentliche Simulation kann prinzipiell rein numerisch, rein qualitativ oder auch als Kombination erfolgen. Im *MOBIS*-System besteht die Simulation aus der numerischen Lösung von Differentialgleichungen, die das zugrundeliegende mathematische Modell von Neuronen und Synapsen beschreiben. Die Simulation liefert wiederum numerische Ergebnisse, die sich z.B. als Graph darstellen lassen (vgl. Abb. 4). Sie erfolgt nicht qualitativ, etwa unter Verwendung eines Domänenmodells, wodurch eine klare Abgrenzung zu qualitativer Simulation gegeben ist. Für die Ergebnisanalyse werden die errechneten numerischen Werte allerdings in eine qualitative symbolische Beschreibung des Netzwerkverhaltens transformiert (vgl. Abschnitt 4), die ihrerseits für die Weiterverarbeitung durch das System selbst geeignet ist. Die Berechnung der das mathematische Neuronenmodell konstituierenden Differentialgleichungen erfolgt in einer eigenständigen Komponente, dem Simulator *BioSim*, der mit dem Experimentiersystem gekoppelt ist. Für die Simulation stehen unterschiedliche Neuronenmodelle zur Auswahl: On-Off Modell, SWIM-Modell, Hodgkin-Huxley-Modell und das Golowasch-Buchholz-Modell.

2.3 Ergebnisanalyse

Wurde ein Simulationsexperiment beendet, so muß das Ergebnis der Simulation bewertet und analysiert werden. Typische Fragen sind:

- Verhielt sich das simulierte Neuronennetz in der erwarteten Art und Weise (Hypothesenüberprüfung)?
- Gibt es Auffälligkeiten und Besonderheiten im Experimentergebnis (Intra-Experimentanalyse)?
- Welche Wirkungen hatten Parameteränderungen im Vergleich zu älteren Simulationsläufen und ergaben sich ähnliche Resultate wie bei vergangenen Experimenten, die sich evtl. als qualitative Zusammenhänge formulieren lassen (Inter-Experimentanalyse, Trajektorienanalyse)?

- Können allgemeinere Zusammenhänge, Muster oder gar Gesetzmäßigkeiten erkannt werden?

Neben der adäquaten graphischen oder textuellen Darstellung und statistischen Aufbereitung der Simulationsergebnisse (Histogramme, Instantaneous Frequency Plot etc.) wären in dieser Phase auch weitergehende Systemfähigkeiten wünschenswert, so etwa das Erkennen kausaler Zusammenhänge, das Vorschlagen von Änderungen, eine Bewertung der Simulationsergebnisse und evtl. eine Klassifikation von Experimenten. Interessante Fragestellungen sind daher auch:

- Lassen sich bestimmte Klassen von Neuronenverbänden mit *prototypischem Verhalten* erkennen (z.B. Oszillatoren, Rhythmusgeneratoren o.ä.)?
- Können Substrukturen in Netztopologien identifiziert werden, die für einen bestimmten Verhaltensaspekt verantwortlich sind? Dies führt auf die Frage nach Verschaltungsprinzipien neuronaler Netze, ähnlich den Grundschaltungen der digitalen Elektronik.

Der nächste Abschnitt diskutiert das fallbasierte Schließen und seine Anwendung im *MOBIS*-System.

3 Fallbasiertes Schließen

Fallbasiertes Schließen ist ein allgemeines Paradigma für das Schließen aus vergangener *Erfahrung*, die in Form konkreter *Fälle* vorlag. Es beschreibt ein *Gedächtnismodell* zum Repräsentieren, Indizieren und Organisieren vergangener Erfahrung und ein *Verarbeitungsmodell* zum Wiederauffinden und Modifizieren alter und zum Integrieren neuer Fälle (vgl. [2], [6] und [10]. Eine ausführliche Darstellung aktueller Forschungsergebnisse im Bereich fallbasiertes Schließen gibt [15].).

Expertise beinhaltet Erfahrung. Ein Experimentator, der beim Experimentieren in seiner Domäne ja in gewisser Hinsicht ein Experte ist, erinnert sich, welche Experimente er bereits durchgeführt hat, welche davon erfolgreich bezüglich eines bestimmten Ziels waren und welche nicht. Er weiß, wie er alte Experimente so anpaßt, daß sie neuen Anforderungen gerecht werden oder wie sich durch gezielte Modifikation der experimentellen Anordnung evtl. Hypothesen überprüfen lassen können. Von diesem Blickwinkel des Experimentierens lassen sich auch die grundlegenden Operationen und Strukturen beim fallbasierten Schließen betrachten (die Begriffe *Experiment* und *Fall* werden hier als synonym angesehen):

- *Zuweisung von Indices:* relevante Merkmale eines Experiments dienen als Indices in das Fallgedächtnis.
- *Retrieval:* Indices werden zum Wiederauffinden von alten, ähnlichen Fällen verwendet.
- *Modifizieren:* alte Experimente werden abgeändert, wenn sie nicht zur Bestätigung oder Widerlegung einer Hypothese geführt haben.
- *Testen:* die erhoffte Wirkung wird durch Ausführen des Experiments überprüft.
- *Speichern:* das durchgeführte Experiment wird in die Fallbasis aufgenommen.
- *Fallgedächtnis:* das Fallgedächtnis enthält alle bisherigen Fälle. Typischerweise ist ein Fallgedächtnis keine Sammlung einfach nur additiv angehäufter Erfahrungen, sondern es enthält die Experimente als gesammelte und strukturiert organisierte Erfahrung.
- *Ähnlichkeitsmaße:* Ähnlichkeitsmaße müssen verwendet werden, um aus mehreren möglichen Experimenten das zur aktuellen Situation am stärksten ähnliche Experiment aus dem Fallgedächtnis auszuwählen.

- *Modifikationsregeln:* Kein alter Fall entspricht 100% einer aktuellen Situation, d.h. ist ein exakter Match. Modifikationsregeln dienen der Änderung alter Experimente. Hierzu ist Wissen darüber nötig, welche und wie Parameter des Simulationsmodells modifiziert werden können.

Wieso scheinen gerade Methoden des fallbasierten Schließens in einer wissensbasierten Experimentierumgebung zur Simulation neuronaler Netze geeignet?

- Das Fallgedächtnis ist hauptsächlich *episodisch* organisiert, die Gedächtnisinhalte sind Erfahrungen. Die Vorgehensweise beim Experimentieren basiert zu einem Großteil auf bereits gemachten Erfahrungen des Experimentators mit alten Experimenten und deren Ergebnissen, Erkenntnissen, widerlegten Hypothesen etc.
- Das Fallgedächtnis ist reichlich *indiziert.* Gedächtnisinhalte sind in mannigfacher Weise miteinander verbunden und zueinander in Beziehung gesetzt.
- Das Fallgedächtnis ist *dynamisch.* Seine Organisation und Struktur verändert sich im Laufe der Zeit mit zunehmender Erfahrung, d.h. jedes neue durchgeführte Simulationsexperiment modifiziert das Fallgedächtnis. Typisch ist die Durchführung ganzer Sequenzen von Einzelexperimenten mit dem Ziel der Hypothesenüberprüfung.
- Die bereits gemachten Erfahrungen steuern das weitere Vorgehen, die Gestaltung neuer Experimente und die mit ihnen verknüpften Hypothesen.
- Lernen und Erkenntnis wird durch Hypothesenbestätigung und Hypothesenwiderlegung erlangt.

Beim Versuch der Umsetzung dieser mehr allgemeinen Betrachtungen zum fallbasierten Schließen in die konkrete Domäne der Simulation biologischer Neuronennetze, ergeben sich sofort folgende Fragestellungen:

1. Wie sieht ein konkreter Fall aus? Was sind Inhalt und Struktur eines Falles im Fallgedächtnis?
2. Wie wird das Fallgedächtnis repräsentiert und wie wird es organisiert? Welche (Mengen von) Indices sind geeignet, um Fälle zu klassifizieren, d.h. was sind die relevanten Deskriptoren? Welche Suchalgorithmen werden zum Durchsuchen des Fallgedächtnisses verwendet?
3. Wie wird das Fallgedächtnis verändert? Wann, was und wie wird vergessen? Wie ändern sich die Indices?
4. Wie werden alte Experimente neuen Problemstellungen angepaßt? Wie werden neue Fälle als ähnlich zu alten Fällen erkannt? Wie sieht das Ähnlichkeitsmaß aus?
5. Wie kann aus nicht bestätigten Hypothesen gelernt werden?
6. Gibt es die Möglichkeit, Generalisierungen vorzunehmen, d.h. gibt es so etwas wie prototypische Experimente die von den konkreten Fällen abstrahiert werden können? Lassen sich Klassen oder Cluster von Experimenten bilden?

Diese Fragen werden in den nachfolgenden Abschnitten wieder aufgegriffen. Auf einige werden Antworten gegeben, andere sind derzeit noch offen. Im vorliegenden Kontext "Experimentieren und Simulation" kommt ein fallbasierter Ansatz der natürlichen Vorgehensweise eines menschlichen Experimentators offenbar sehr nahe: bereits durchgeführte Experimente werden in ein Fallgedächtnis integriert und dann sowohl zum Design neuer als auch zur Analyse alter Experimente verwendet. Abschnitt 2 stellte den sog. Simulationslebenszyklus vor und deutete bereits an, an welchen Stellen fallbasierte Methoden eingesetzt werden sollen. Die hier zu betrachtenden Fälle sind insofern interessant, als sie neben einer komplexen strukturellen

Komponente (der Netzwerktopologie und seiner Parametereinstellungen) auch eine sehr komplexe zeitliche Komponente enthalten, nämlich das Verhalten von Einzelneuronen und das Verhalten des Gesamtnetzwerkes (vgl. Abb. 3). Dieses Verhalten ließ sich bisher lediglich als graphische Repräsentation der von der Computersimulation gelieferten numerischen Daten darstellen. Ein wichtiger Schritt ist deshalb die automatische Transformation der numerischen Daten in eine symbolische Beschreibung und ihre anschließende Interpretation durch das System selbst. Dies schafft erst die Voraussetzungen, um an fallbasiertes Schließen denken zu können. Abschnitt 4 diskutiert die Besonderheit der in dieser Domäne auftretenden Fälle und gibt bereits Antworten auf einige der in diesem Abschnitt gestellten Fragen.

4 Fälle mit komplexer Struktur- und Verhaltenskomponente

Ein *Fall* in unserer Domäne ist gleichbedeutend einem *Simulationsexperiment*, das wiederum durch eine *Struktur-* und eine *Verhaltensbeschreibung* charakterisiert ist (siehe Abb. 3, vgl. auch [4], [16]). Die Strukturbeschreibung entspricht dabei der Topologie des simulierten Netzwerkes und der Einstellung diverser Modellparameter für Neurone, Synapsen, externe Reizfunktionen und Parameter für das Netzwerk selbst. Je nach ausgewähltem Netzwerkmodell ergeben sich so bis zu ca. 100 verschiedene Parameter, die jedoch nicht alle gleich häufig geändert werden und die sich in bestimmte Parameterklassen einteilen lassen.

Die Verhaltensbeschreibung entspricht der symbolischen bzw. textuellen Beschreibung des numerischen Simulationsergebnisses. Aus neurophysiologischer Sicht ist das die Beschreibung der beobachteten Membranpotentialänderungen eines Neurons in Begriffen, wie sie auch ein Neurophysiologe verwenden würde. Welche Beschreibungsprimitive dabei verwendet werden, wird in Abschnitt 5 erläutert. Ein besonderes Problem ist die Tatsache, daß die Ergebnisse der Simulation, so wie sie von der Simulationskomponente *BioSim* geliefert werden, zunächst lediglich numerischer Natur und mithin für eine Weiterverarbeitung oder Interpretation durch das System selbst nicht geeignet sind. Es wurden verschiedene Verfahren entwickelt und implementiert, mittels derer eine Transformation der numerischen Simulationsdaten in eine symbolische Beschreibung auf der Basis von *Features* ermöglicht wird: ausgehend von den rein numerischen Daten wird die Potentialkurve durch *Scale Space* Methoden, Filterung und andere Vorverarbeitungsschritte in verschiedene Intervalle segmentiert. Mengen von Einzelsegmenten werden mittels eines Regelinterpreters unter Verwendung von Domänenwissen als Features erkannt und eventuelle Wiederholungen von Features zu Repetitionen zusammengefaßt. Schließlich kann hieraus eine symbolische Beschreibung generiert werden, die z.B. in textueller Form angezeigt werden kann. Diese Transformationsschritte werden ebenfalls ausführlich noch in Abschnitt 5 vorgestellt (siehe auch [11]). Die symbolische Beschreibung kann dann zum Finden von Ähnlichkeiten im Verhalten von Neuronen verwendet werden. Abb. 4 zeigt beispielhaft die graphische Darstellung des Verhaltens eines Einzelneurons nach der Simulation des zugehörigen neuronalen Netzwerkes und die hieraus generierte textuelle Beschreibung. Die in Abschnitt 3 gestellten Fragen lassen sich nun (zum Teil zumindest) beantworten.

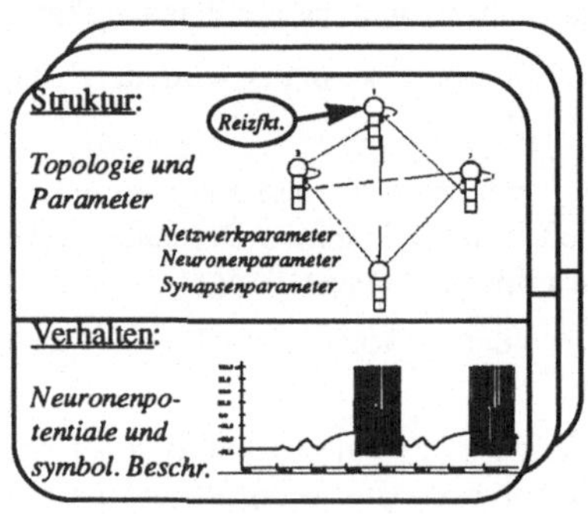

Abb. 3: *Experimente als Fälle, bestehend aus komplexen Struktur- und Verhaltenskomponenten.*

(a)

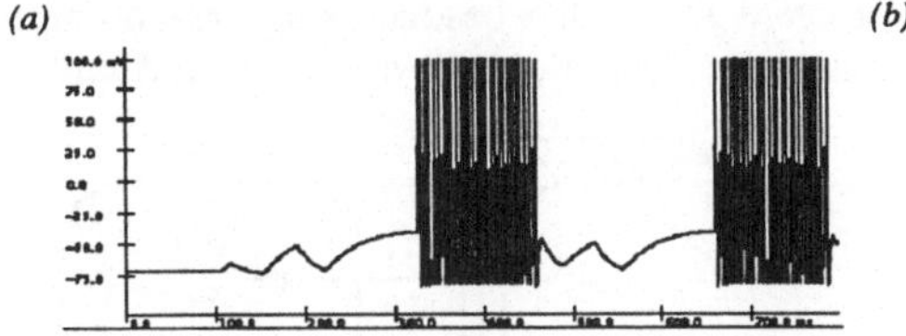

(b)

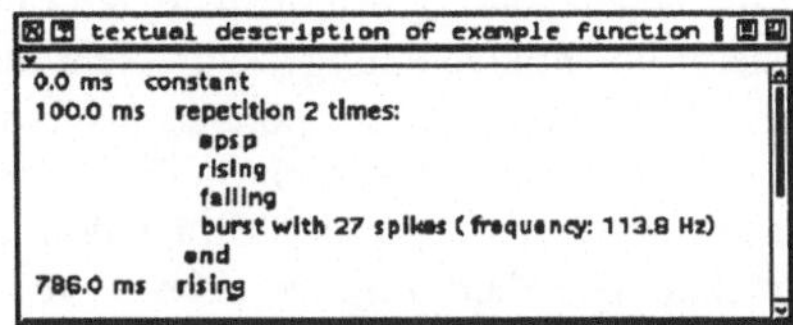

Abb. 4: *(a) Typisches Verhaltensmuster eines simulierten Neurons. Dargestellt ist das Somapotential in Millivolt aufgetragen gegen die Zeit in Millisekunden. (b) Symbolische textuelle Beschreibung der Somapotentialkurve.*

1. *Fälle* sind Simulationsexperimente mit biologisch realistischen neuronalen Netzen, bestehend aus der Netztopologie und den Parametereinstellungen sowie dem Experimentergebnis nach durchgeführter Simulation.

2. Die Organisation des Fallgedächtnisses geschieht durch eine Reihe von Indices: Indices bezüglich der Netztopologie (Anzahl und Typen der Neurone, Verbindungsmuster) und Indices aus der Ergebnisanalyse (Klassen von Neuronennetzen mit charakteristischen Aktivitätsmustern, Aktivitätsmuster von Einzelneuronen, Spikefrequenzen, Spikehäufigkeiten, Synchronitäten von Aktionspotentialen verschiedener Neurone, u.a.).

3. Jedes neue Experiment wird in die Fallbasis aufgenommen. In der Gesamtheit der Experimente lassen sich u.U. *Cluster* von ähnlichen Experimenten identifizieren, die beispielsweise ähnliche Aktivitätsmuster des Neuronennetzes aufweisen, obwohl andere Topologien vorlagen. Ein anderes Beispiel sind Netzwerke mit redundanten Neuronen, Rhythmusgeneratoren mit typischen Oszillationsmustern usw.

4. Neue Experimente werden ausgehend von alten generiert, sofern sie nicht vollständig vom Experimentator über den interaktiven graphischen Netzwerkeditor erzeugt werden. Alte Experimente können interessante Ergebnisse gezeigt haben und die Weiterverfolgung bestimmter, vielversprechender Konfigurationen durch Variation bestimmter Parameter führt zur Erzeugung neuer Experimente. Die Interessantheit eines Experimentes sollte berechnet werden können. Ein Problem ist dabei natürlich, wie solch ein *Interessantheitsmaß* aussehen könnte. Mögliche und vor allem sinnvolle Änderungen werden durch Wissen über die Domäne bestimmt.

5. Aus nicht bestätigten Hypothesen kann gelernt werden, indem die zugehörigen Experimente in die Fallbasis integriert werden und neue, zielgerichtet geänderte Experimente durchgeführt werden.

6. Vorstellbar ist auch die Generalisierung von Experimenten, wenn verschiedene Experimente von einem *prototypischen* Experiment subsumiert werden oder wenn Parameteränderungen in bestimmten Bereichen keine Effekte zeigten. Die so subsumierten Experimente können dann vergessen werden, dürfen aber auch nicht erneut durchgeführt werden.

Ein Fall wird im *MOBIS*-System in zweierlei Hinsicht verwendet:

1. Beim Design eines neuen Experimentes wird auf bereits durchgeführte Experimente in der Fallbasis Bezug genommen und als Grundlage für den Entwurf eines neuen Experiments verwendet.

2. Die Analyse des Simulationsergebnisses versucht unter anderem, einen Match zwischen aktuellem und älteren Experimenten zu etablieren, um Hinweise auf Netzwerktopologien mit ähnlichem Verhalten, aber möglicherweise anderer Struktur zu erhalten, was wiederum zum Entwurf eines neuen Simulationsexperiments führen kann.

Für die Untersuchung von *Struktur-Wirkungsbeziehungen* ist dies besonders interessant: digitalisierte Potentialableitungen von Neuronen aus realen Experimenten, die mit dem Analysemodul bearbeitet werden, können als Index zum Auffinden von Netzwerktopologien verwendet werden, die in der Simulation ein ähnliches Verhalten zeigten. Abb. 5 veranschaulicht das.

Auf diese Weise können *Hinweise* auf Netzwerkstrukturen gegeben werden, die zumindest ein vergleichbares Verhalten zeigten und es entspricht dem *sich Erinnern* eines menschlichen Experten.

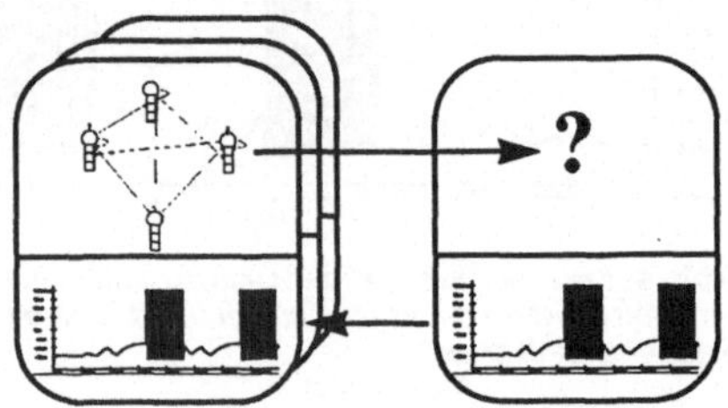

Abb. 5: *Retrieval neuronaler Strukturen, die ein bestimmtes, beobachtbares Verhaltensmuster produzieren.*

5 Experimentanalyse

Simulatoren für biologisch orientierte neuronale Netze generieren typischerweise numerische Rohdaten, die graphisch dargestellt und evtl. noch mit statistischen Methoden ausgewertet werden können (vgl. das Simulationssystem *GENESIS*, [18]). Für einen Neurophysiologen sind allerdings oft abstraktere, *qualitative Merkmale* eines Simulationsergebnisses relevant (vgl. [5], [12], [13]). Wir skizzieren nun die verschiedenen Transformationsschritte von den numerischen Rohdaten bis zur symbolischen Repräsentation (vgl. auch [11]). Diese *Episodenstruktur* genannte Repräsentation hat folgende Eigenschaften:

- Sie ist eine qualitative Beschreibung des Simulationsergebnisses mit Beschreibungsprimitiven, wie sie auch ein Neurophysiologe bei der Interpretation der Potentialkurven verwenden würde.
- Sie realisiert Datenkompression bei gleichzeitiger Datenabstraktion.
- Sie ist für weitere Inferenzprozesse durch das System selbst geeignet.

Die einzelnen Transformationsschritte sind in Abb. 6 dargestellt. Die im folgenden besprochenen Verarbeitungsschritte realisieren diesen Transformationsprozeß.

Abb. 6: *Transformationsschritte der Analysephase.*

5.1 Segmentierung in Intervalle: Scale Space und Intervallbaum

Zur Segmentierung einer Potentialkurve (im weiteren auch *Funktion* genannt) in bedeutungstragende Intervalle können beispielsweise ihre Extremstellen oder die ihrer Ableitungen dienen. Ein Problem ist dabei, daß an potentiellen Segmentierungsstellen uninteressante Effekte unterdrückt werden müssen, ohne dabei wichtige Details zu übergehen (siehe hierzu Abb. 7).

Diese Anforderung führt auf das Problem des *Scale* und verlangt nach einem variablen und adaptiven Filterparameter, der die Funktion an jeder Stelle in Abhängigkeit von der Umgebung

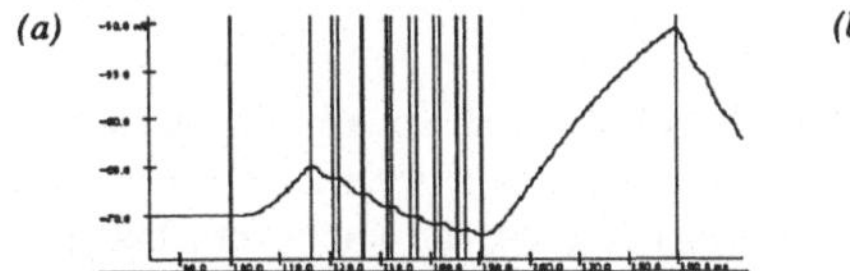

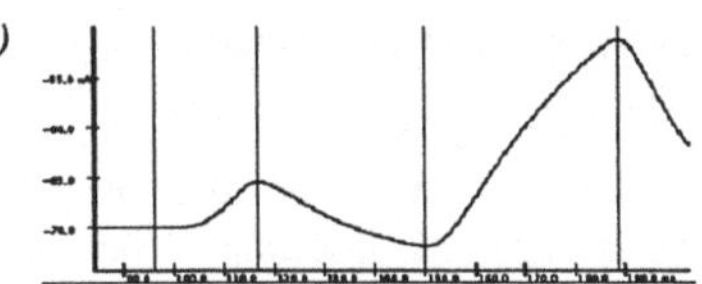

Abb. 7: *Ausschnitt von Abb. 4 im Bereich 90 ms bis 200 ms. Gefundene Segmentierung (a) ohne und (b) mit Filterung: irrelevante Details verschwinden.*

dieser Stelle betrachtet. Segmentierung der Funktion mit verschiedenen Scales (d.h. Auflösungen) wird durch wiederholte Glättung mit einem variablen Filterparameter erreicht. Zunächst zu beobachtende Extrema verschwinden dann bei einer bestimmten Filterstärke. Extrema, deren Scales eine festgelegte Schwelle σ übersteigen, partitionieren die Funktion in Intervalle. Für verschiedene Schwellen σ können diese Intervalle wiederum in Subintervalle unterteilt werden, sodaß die ganze Funktion auch als hierarchische Baumstruktur gesehen werden kann: Wurzelknoten ist die vollständige Funktion, Nachfolgeknoten die zugehörigen Subintervalle bei entsprechendem Scale. Ein Stabilitätskriterium entscheidet, welche Segmentierung gewählt wird.

5.2 Feature-Klassifikation

Feature-Klassifikation ist der Transformationsschritt, bei dem zum ersten Mal Domänenwissen zum Tragen kommt. *Features* stellen charakteristische Bereiche in einer Funktion dar, die unmittelbar mit einer domänenspezifischen Interpretation versehen werden können (Abb. 8). Features werden mit Hilfe eines Regelinterpreters entdeckt, der aufeinanderfolgende Funktionssegmente aufgrund spezifischer Eigenschaften wie z.B. Segmentlänge, Steigung, Krümmung etc. zu bedeutungstragenden Einheiten zusammenfaßt. Ein Beispiel für eine Regel ist in Abb. 9 zu sehen.

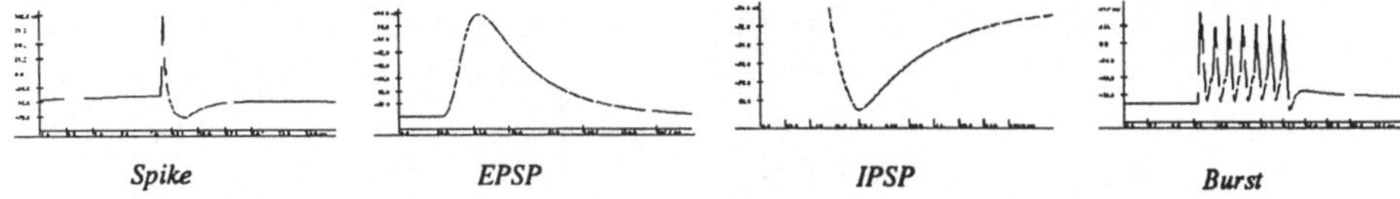

Abb. 8: *Features der Membranpotentiale eines Neurons.*

Bei Funktionen, die Membranpotentiale darstellen, werden als Features Spikes (`spike`), exzitatorische und inhibitorische postsynaptische Potentiale (`epsp`, `ipsp`), Bursts (`burst`) als Repetition von Spikes, ansteigende (`rising`) sowie abfallende (`falling`) Potentiale erkannt. An Neuronen applizierte Reizfunktionen werden bisher lediglich durch die Features `rising`, `falling`, `constant` und `zero` beschrieben. Alle Features sind attribuiert; ein Burst beispielsweise enthält Zusatzinformation wie etwa Anzahl der Spikes, Dauer, Frequenz u.ä.

```
self makeRule:
      [:each :following |
      (each firstValue < (each lastValue))
      & (following firstValue
            > (following lastValue))
      & (each firstValue
            < (following lastValue))
      & (each slope abs
            > (following slope abs))]
is: Epsp.
```

Abb. 9: *Beispiel einer Regel zur Erkennung eines exzitatorischen postsynaptischen Potentials (EPSP).*

5.3 Erkennen von Wiederholungen

Einige Features (wie beispielsweise Spikes) treten oft in Folge auf, sodaß es Sinn macht, *Episoden* als *Wiederholung von Features* anstelle einzelner Features zu betrachten. Das Analysemodul findet die kürzest mögliche Wiederholung von Features, die auch verschachtelt sein können. Sind z.B. A, B und C Features, dann wird die Beschreibung der Sequenzen ABABCABC und AAABCAAABC zu $AB(ABC)^2$ und $(A^3BC)^2$ respektive.

5.4 Symbolische Beschreibung

Die Erkennung und Behandlung von Repetitionen stellte den letzten Schritt in Richtung auf eine symbolische Beschreibung des Neuronenverhaltens dar. Die gefundene Episodenstruktur kann nun z.B. textuell visualisiert werden. Abb. 4 zeigte bereits ein Beispiel hierfür. Da Experimente häufig in Serie mit jeweils leichter Variation bestimmter Parameter durchgeführt werden, ist es interessant, die möglicherweise auftretenden Änderungen im Netzwerkverhalten vergleichen zu können. Die Analysekomponente von *MOBIS* stellt einen Matchingalgorithmus für Episodenstrukturen zur Verfügung, mit dem Ähnlichkeiten in Episoden festgestellt werden können: zwei Episoden sind *ähnlich*, wenn sie beide Features desselben Typs oder beide Repetitionen desselben Patterns sind. Damit ist es möglich, Abhängigkeiten zwischen Parametern des Experiments und dem Neuronenverhalten zu entdecken.

5.5 Neuronenpotentiale als Patternsprache?

Eine interessante Fragestellung ist die Interpretation der symbolischen Beschreibung als *Satz* S *einer Patternsprache* L, die das Neuron "spricht".

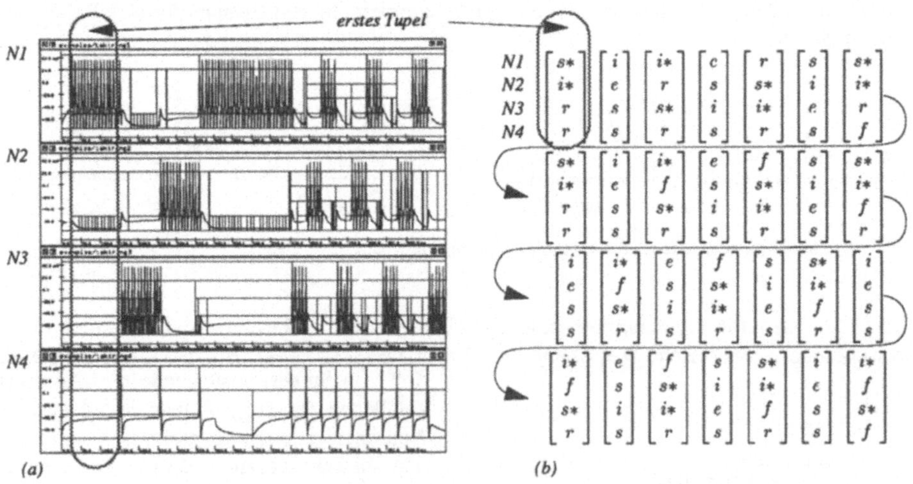

Abb. 10: *(a) Gleichzeitige Darstellung des Aktivitätsmusters aller vier Neurone N1 bis N4 des Netzwerks aus Abb. 2 mit den gefundenen Episodenstrukturen. (b) Patternbeschreibung des Aktivitätsmusters.*

Die sich anschließende Frage wäre dann: "Was ist die zugrundeliegende *Grammatik* G dieser Sprache L mit L = L(G)?"

Die in Abb. 10 dargestellte neuronale Aktivität und damit das Gesamtverhalten des Netzwerkes aus Abb. 2 kann als Folge von Tupeln gesehen werden, deren Elemente gleichzeitig auftretende Episoden der vier Neurone sind. Das erste Tupel `[s*,i*,r,r]`^{T} wird dabei gelesen als gleichzeitiges Auftreten einer `spike`-Folge in Neuron 1, einer `ipsp`-Folge in Neuron 2 sowie ansteigenden Potentialen (`rising`) in Neuron 3 und 4. Diese Repräsentation erlaubt das Erkennen interessanter Zusammenhänge: im ersten Tupel treten Spikes in Neuron 1 (`s*`) gleichzeitig mit IPSPs in Neuron 2 (`i*`) auf. Beide Neurone zeigen ein ähnliches Verhalten fünf Tupel später wieder (Einzelspike und IPSP) und induzieren somit die Hypothese, daß diese Neurone inhibitorisch miteinander gekoppelt sein müssen. Eine charakteristische Eigenschaft dieses Netzwerkes ist, daß immer nur eins der vier Neurone feuern kann, es stellt einen Taktring dar.

6 Zusammenfassung und weitere Arbeiten

MOBIS ist ein fallbasiertes Experimentiersystem zum Design, zur Simulation und zur Analyse biologisch orientierter neuronaler Netze. Die Funktionsweise kleinerer Netze wird bereits mittels Computersimulation untersucht und mit Ergebnissen realer neurophysiologischer Experimente verglichen. Der vollständig implementierte Simulator ist mit dem Prototyp des Experimentiersystem gekoppelt. Dieser Prototyp bietet in seinem aktuellen Implementierungsstand die Möglichkeit des Entwurfs von Netzwerken mit einem interaktiven graphischen Editor und unterstützt den Analyseprozeß durch die Generierung einer symbolischen Beschreibung des Verhaltens von Einzelneuronen. Mit dieser Repräsentation können Aktivitätsmuster von Neuronen miteinander gematcht werden, um Ähnlichkeiten zu erkennen. Ein weiteres implementiertes Hilfsmittel erlaubt die Erstellung und Manipulation von Reizfunktionen, die dann an Neuronen appliziert werden können.

Problematisch ist bisher noch die Beschreibung des *Gesamtverhaltens* eines Netzwerkes und das Finden dafür geeigneter Features. Das Fallgedächtnis für Experimente und die zugehörigen Verarbeitungsmethoden sind bisher nur in einer rudimentären Form implementiert. Ideen, die ebenfalls weiterverfolgt werden, sind die Verwendung der Allen'schen Zeitrelationen zur Beschreibung zeitlich miteinander zusammenhängender Features (vgl. [1]) und die angedeutete Verwendung von Resultaten aus dem Bereich der Patternsprachen zur Beschreibung komplexeren Netzwerkverhaltens.

Der Simulator *BioSim* ist vollständig in C auf einer IBM RS/6000 unter Motif implementiert und als eigenständige Applikation verwendbar. Die realisierten Teile des Experimentiersystems *MOBIS* sind in der objektorientierten Programmierumgebung Objectworks\Smalltalk-80™ implementiert und damit binärkompatibel auf allen gängigen Hardwareplattformen (Sun, IBM, HP, DEC, Apple Macintosh, PC) lauffähig.

Dank

Dank geht an alle Beteiligten des *MOBIS*-Projektes, insbesondere an Prof. M. M. Richter für seine Kommentare und Anregungen und die Studenten, die in Form von Diplom- und Projektarbeiten sowie als studentische Hilfskräfte wesentlich zum gegenwärtigen Stand des Systems beigetragen haben.

Literatur

[1] Allen J.: *Towards a general theory of action and time.* In: Artificial Intelligence 23 (2), 123-154, 1984.

[2] Barletta R.: *An introduction to case-based reasoning.* In: AI Expert, August 1991, 43-49, 1991.

[3] Bässler U., Koch U. T.: *Modelling of the active reaction of stick insects by a network of neuromimes.* In: Biol. Cybern. 62, 141-150, Springer Verlag, 1989.

[4] Brandau R., Lemmon A., Lafond C.: *Experience with Extended Episodes: Cases with Complex Temporal Structure.* In: Procs. Case-Based Reasoning Workshop, 1-12, May 1991, Washington D.C., 1991.

[5] Eisenberg M.: *Descriptive simulation: combining symbolic and numerical methods in the analysis of chemical reaction mechanisms.* In: Artificial Intelligence in Engineering, Vol. 5, No. 3, 161-171, 1990.

[6] Kolodner J. L.: *An introduction to case-based reasoning.* In: Artificial Intelligence Review 6, 3-34, 1992.

[7] Kowalik J.S.: *Coupling symbolic and numerical computing in expert systems.* Elsevier Science Publishers, The Netherlands, 1986.

[8] Ören T. I., Zeigler B. P.: *Artificial Intelligence in modelling and simulation: Directions to explore.* In: Simulation 48: 4, 131-134, 1987.

[9] Pinkowski B.: *CLUSTERT - A simulation-based expert system.* In: Simulation, May 1989, pp. 179-185, 1989.

[10] Schank R. C., Slade S. B.: *The future of artificial intelligence: learning from experience.* In: Applied Artificial Intelligence: 5:97-107, 1991.

[11] Schrödl S.: *Kombination von symbolischen und numerischen Methoden bei der Analyse neurophysiologischer Experimente.* Diplomarbeit, Universität Kaiserslautern, 1992.

[12] Schrödl S., Wendel O.: *Analysis of neurophysiological experiments using a combination of numerical and symbolic methods.* In: N. Elsner, D. W. Richter (eds.): Procs. of the 20th Göttingen Neurobiology Conference, S. 736, Thieme Verlag Stuttgart, 1992.

[13] Schrödl S., Wendel O.: *Automated data analysis and discovery in neurophysiological simulation experiments using a combination of numerical and symbolic methods.* In: Procs. Machine Learning 92, Workshop on Machine Discovery,, 131-136, Aberdeen, Scotland, 1992.

[14] Shannon R. E., Mayer R., Adelsberger H.: *Expert systems and simulation.* In: Simulation 44: 6, 275-284, 1985.

[15] Slade S.: *Case-Based Reasoning: A Research Paradigm.* In: AI Magazine, Spring 1991, 42-55, 1991.

[16] Wendel O.: *Case-Based Reasoning, Experimente und Simulation: Fälle mit komplexer zeitlicher Struktur.* In: K.-D. Althoff, S. Wess, B. Bartsch-Spörl, D. Janetzko (eds.): Workshop Ähnlichkeit von Fällen in Systemen des fallbasierten Schließens, SEKI-Report, Universität Kaiserslautern, SFB-314, 25-26. Juni, 1992.

[17] Widman L. E., Loparo K. A., Nielsen N. R.: Artificial Intelligence, Simulation, and Modeling. Wiley, New York, 1989.

[18] Wilson M. A., Bhalla U. S., Uhley J. D., Bower J. M.: *GENESIS: A system for simulating neural networks.* Technical report, California Institute of Technology, 1990

Springer-Verlag und Umwelt

Als internationaler wissenschaftlicher Verlag sind wir uns unserer besonderen Verpflichtung der Umwelt gegenüber bewußt und beziehen umweltorientierte Grundsätze in Unternehmensentscheidungen mit ein.

Von unseren Geschäftspartnern (Druckereien, Papierfabriken, Verpackungsherstellern usw.) verlangen wir, daß sie sowohl beim Herstellungsprozeß selbst als auch beim Einsatz der zur Verwendung kommenden Materialien ökologische Gesichtspunkte berücksichtigen.

Das für dieses Buch verwendete Papier ist aus chlorfrei bzw. chlorarm hergestelltem Zellstoff gefertigt und im ph-Wert neutral.